"十四五"职业教育国家规划教材

高等职业教育"互联网+"新形态一体化教材

航空电气设备维修

主　编　牛　武

副主编　秦　硕　吴德华　高　昆

参　编　谢卫华　王志敏　肖　飞　苏　龙　彭艳云

机械工业出版社

本书是“十四五”职业教育国家规划教材。本书共分为9章，主要内容包括航空电气系统概述、航空输配电设备、航空交流电源系统、航空直流电源系统、航空发动机控制系统电气设备、环境控制系统电气设备、照明系统和告警信号系统、飞机操纵系统电气设备、燃油系统的电气控制。每章后都编有励志篇，融入了思想教育内容，并配有复习思考题，便于学生检验学习效果。本书配置了大量微课视频，置于对应知识点处，学生用手机扫描二维码即可观看，有助于提升学生的学习兴趣，且便于自学。

本书可作为高等职业院校飞机机电设备维修、飞机电子设备维修、飞行器制造技术等专业的教材，也可作为相关专业人员的参考用书。

本书配有电子课件、微课视频、模拟试卷及习题解答等资源，凡使用本书作为教材的教师可登录机械工业出版社教育服务网（www. cmpedu. com）注册后免费下载。咨询电话：010-88379375。

图书在版编目（CIP）数据

航空电气设备维修/牛武主编. —北京：机械工业出版社，2021.9（2025.2重印）

高等职业教育“互联网+”新形态一体化教材

ISBN 978-7-111-68488-6

Ⅰ.①航… Ⅱ.①牛… Ⅲ.①航空电气设备-维修-高等职业教育-教材 Ⅳ.①V242

中国版本图书馆CIP数据核字（2021）第113368号

机械工业出版社（北京市百万庄大街22号 邮政编码100037）

策划编辑：刘良超 责任编辑：刘良超

责任校对：陈 越 封面设计：王 旭

责任印制：刘 媛

天津嘉恒印务有限公司印刷

2025年2月第1版第10次印刷

184mm×260mm · 11.75印张 · 282千字

标准书号：ISBN 978-7-111-68488-6

定价：38.00元

电话服务

客服电话：010-88361066

010-88379833

010-68326294

网络服务

机 工 官 网：www. cmpbook. com

机 工 官 博：weibo. com/cmp1952

金 书 网：www. golden-book. com

机工教育服务网：www. cmpedu. com

关于“十四五”职业教育
国家规划教材的出版说明

为贯彻落实《中共中央关于认真学习宣传贯彻党的二十大精神的决定》《习近平新时代中国特色社会主义思想进课程教材指南》《职业院校教材管理办法》等文件精神，机械工业出版社与教材编写团队一道，认真执行思政内容进教材、进课堂、进头脑要求，尊重教育规律，遵循学科特点，对教材内容进行了更新，着力落实以下要求：

1. 提升教材铸魂育人功能，培育、践行社会主义核心价值观，教育引导学生树立共产主义远大理想和中国特色社会主义共同理想，坚定“四个自信”，厚植爱国主义情怀，把爱国情、强国志、报国行自觉融入建设社会主义现代化强国、实现中华民族伟大复兴的奋斗之中。同时，弘扬中华优秀传统文化，深入开展宪法法治教育。

2. 注重科学思维方法训练和科学伦理教育，培养学生探索未知、追求真理、勇攀科学高峰的责任感和使命感；强化学生工程伦理教育，培养学生精益求精的大国工匠精神，激发学生科技报国的家国情怀和使命担当。加快构建中国特色哲学社会科学学科体系、学术体系、话语体系。帮助学生了解相关专业和行业领域的国家战略、法律法规和相关政策，引导学生深入社会实践、关注现实问题，培育学生经世济民、诚信服务、德法兼修的职业素养。

3. 教育引导学生深刻理解并自觉实践各行业的职业精神、职业规范，增强职业责任感，培养遵纪守法、爱岗敬业、无私奉献、诚实守信、公道办事、开拓创新的职业品格和行为习惯。

在此基础上，及时更新教材知识内容，体现产业发展的新技术、新工艺、新规范、新标准。加强教材数字化建设，丰富配套资源，形成可听、可视、可练、可互动的融媒体教材。

教材建设需要各方的共同努力，也欢迎相关教材使用院校的师生及时反馈意见和建议，我们将认真组织力量进行研究，在后续重印及再版时吸纳改进，不断推动高质量教材出版。

机械工业出版社

前　言

目前，适用于高等职业教育层次航空电气设备课程的教材较少，而本科教材由于理论性强，不便于高等职业院校选用，尤其对于军民融合类高等职业院校，既要培养面向民航的学生，又要培养军队士官学生，更是难以选到合适的教材。在此背景之下，编者广泛选取航空行业实际案例，并结合多年教学改革经验，编写完成了本书。

本书主要内容包括航空电气系统概述、航空输配电设备、航空交流电源系统、航空直流电源系统、航空发动机控制系统电气设备、环境控制系统电气设备、照明系统和告警信号系统、飞机操纵系统电气设备、燃油系统的电气控制 。本书内容基本涵盖了航空电气设备课程的所有知识点，既有航空电气理论知识，又有设备故障修理维护内容，使学生同时具备理论基础和实际操作能力，为成为高素质技能型人才打下基础。每章后都编有励志篇，融入了思想教育内容，并配有复习思考题，便于学生检验学习效果。党的二十大报告指出，“推进教育数字化，建设全民终身学习的学习型社会、学习型大国”。为响应二十大精神，本书配置了大量微课视频，置于对应知识点处，学生用手机扫描二维码即可观看，有助于提升学生的学习兴趣且便于自学。本书中所用电气图形符号、文字符号与航空行业技术资料相接轨，与现行国家标准有一定出入，读者可查阅相关资料对比学习。

本书可作为高等职业院校飞机机电设备维修、飞机电子设备维修、飞行器制造技术等专业的教材，也可作为相关专业人员的参考用书。

本书由长沙航空职业技术学院牛武担任主编，秦硕、吴德华、高昆担任副主编，谢卫华、王志敏、肖飞、苏龙、彭艳云参与了本书编写。

由于编者水平有限，书中难免存在疏漏之处，恳请广大读者批评指正。

编　者

二维码索引

（续）

（续）

名称	二维码	页码	名称	二维码	页码
5.2 发动机起动点火装置（2）		114	6.3 防冰防雨系统（1）		130
6.1 空调系统电气设备		126	6.3 防冰防雨系统（2）		130
6.2 防火系统		128	8.3 起落架收放与制动防滑系统		156

目　录

第1章　航空电气系统概述

航空电气系统是航空供电系统和用电设备的总称，它利用电气、自动化等技术实施飞行控制与航空管理，是现代飞机的重要组成部分。

1.1　航空电气系统的功能和组成

航空电气系统由供电、配电、用电三个子系统组成。供电系统又称为电源系统，它为飞机上各种用电设备提供电源；配电系统也称为飞机配电线路系统，包括导线组成的电网、各种配电器件及监控和检测仪表；用电系统包括飞机上各种用电设备。

1.1　电气系统的作用和组成

1.1.1　电源系统

电源系统主要由主电源、二次电源和应急电源组成，大中型飞机上还包括辅助电源，它的主要功能是产生或存储机载用电设备所需的电源，保证机上各种用电设备的电能供应。

航空主电源是由航空发动机直接或间接驱动的发电系统，飞行中，由主电源给各种用电设备提供电能。通常由一台发动机驱动一台或两台发电机，由多发电机构成的飞机主电源，其工作可靠性较高。

二次电源是将主电源变换为另一种形式或规格的电能装置，以满足不同用电设备的电压与功率要求。例如，在低压直流电源系统中，将低压直流电变换为交流电或其他规格的直流电；在交流电源系统中，将交流电变换为直流电或其他规格的交流电。

应急电源是一套独立的电源系统。飞行中，当主电源发生故障时，应急电源起动，为机上重要设备供电。常用的应急电源有航空蓄电池与应急发电机。

辅助电源是在航空发动机不运转，主电源不工作时，为机载用电设备提供电能的装置，它包括航空蓄电池和辅助动力装置，以及地面电源等类型，小型飞机多采用航空蓄电池，大型飞机多采用辅助动力装置。

1.1.2　配电系统

配电系统的主要功能是将电源系统电能传输、分配到用电设备，当电气参数异常或设备故障时，能隔离故障，保护用电设备。它通常由输电线路、供配电管理装置、保护设备、检测仪表和抗干扰装置组成。

输电线路称为飞机电网，它包括汇流条、接线板、配电板、连接器等。电网中电流的汇集处称为电流条，它是输电线路的一部分，飞机上一般设有电源汇流条和用电设备汇流条，电源汇流条与用电设备汇流条之间的输电线路称为供电电网，用电设备汇流条与用电设备之间的输电线路称为配电电网。

供配电管理装置是确定飞机配电系统输电线路中功率开关设备正确闭合或断开的控制管理装置，它包括开关、接触器、继电器、固态功率控制器等。在正常状态下，它能实现供电电源的正常转换，如外部电源与飞机主电源间转换、辅助电源与主电源间转换、外部电源与辅助电源间转换、主电源间的相互转换等；当主电源出现故障时，它能实现电源与汇流条间的切换，将故障主电源隔离，并保证机载重要用电设备的供电。

保护设备是防止导线和设备遭受短路和过载危害的电路保险装置，它包括熔断器、断路器和保护继电器等。由于飞行过程中不可能更换器件，因此飞机电网中大量采用可重复工作的热断路器或磁断路器等。

检测仪表主要用来检测并显示电气参数，例如电流值、工作时间等，包括各种指示、显示仪表、信号装置等。抗干扰装置用来消除或防范电气干扰，包括各种滤波器、防波套及其他屏蔽装置等。

飞机电网按供电的性质可分为低压直流电网、高压直流电网和交流配电电网三种。直流电网常采用负线与机身搭接的单线制，交流电网常采用三相四线制。

飞机电网按结构可分为集中式、分散式、混合式及独立式四种。采用集中式电网时，所有电能都输送到中央配电装置，然后由该装置将电能分配到各用电设备。采用分散式电网时，各电源产生的电能输送到各自的配电装置，然后由其配送给对应的用电设备。混合式供电的原理是由电源产生的电能都输送给中心配电装置，一般系统的电源汇流条均设置于此装置中。除中心配电装置外，系统还设有分配电装置，它们安装在飞机不同部位。各用电设备可分别就近由上述两种配电装置获取电能；而一些大功率用电设备，一般由中心配电装置供电。独立配电是指供电系统中，每个电源各自设置配电装置和相应的用电设备相连接，往往由多个集中配电子系统或混合配电子系统构成。

1.1.3 用电设备

用电设备是使用电能进行工作的设备。用电设备通过将电能转换为机械能、热能、光能、声能、化学能等实现设备功能。随着航空技术的发展，飞机上的用电设备的数量与种类越来越多。通常，飞机用电设备可按其特定用途分为以下几类。

1）飞机电力传动设备，如调整片电动机构、起落架收放和舱门启闭设备等。

2）发动机的起动、喷油和点火设备，如电力起动机、起动箱、起动自动定时器、高能点火装置等。

3）飞行控制设备，如电动地平仪、转弯仪、自动驾驶仪等仪器、仪表，各种电力电子装置构成的控制系统，用于通信、导航的航空电子设备等。

4）完成飞行任务所需的设备，这与飞机的类型与用途有关，如战斗机的火控设备、导弹瞄准设备、侦察设备、电子干扰设备等。

5）机上人员工作和生活必需的设备，如座舱环境控制系统、照明与加温设备、制氧设备、安全与救生设备等。

根据用电种类不同，也可将用电设备划分为直流用电设备与交流用电设备。直流用电设备由直流电源供电，例如直流电动机、机载电子设备等，其电路参数应符合设备要求（例如额定电压、额定电流、额定功率等）。交流用电设备由交流电源（一般为三相交流供电系统）供电，例如三相异步电动机。交流用电设备根据频率要求又可分两类：一类是对频率无要求的设备，例如照明设备、加温设备；另一类是要求频率特定且稳定的设备，例如交流电动机。

此外，根据功能重要性不同，可将用电设备划分为一般用电设备、重要用电设备、关键用电设备。一般用电设备是改善飞行条件而不影响飞行任务与安全的设备，如客机厨房中的用电设备；重要用电设备是指完成飞行任务所必需的设备，如战斗机中的火控设备、电子干扰设备；关键设备是确保飞行安全所必需的最低限度的用电设备，如飞行控制设备、飞行指示设备、应急通信设备和着陆系统等。

1.2　航空电源系统的现状和发展

自1914年航空直流发电机首次应用以来，航空电源系统经历了低压直流、交流、高压直流的发展历程。近年来，多电技术得到快速发展，电源系统朝着功率更大、集成化程度更高、性能更优化的趋势发展。

1.2　电源系统的现状与发展

1.2.1　航空电源系统的发展历程

1. 低压直流电源系统

低压直流电源系统是飞机最早采用的电源，在第二次世界大战期间趋于成熟。其额定电压由6V、12V、24V提高到28V，并沿用至今。28V低压直流电源系统主要由直流发电机、调压器、滤波器和蓄电池等组成，其主要优点是简单可靠，特别是蓄电池作备用应急电源很方便实用。近年来，低压直流电源系统在技术上取得了很大进展，无刷直流发电机、静止变流器、发电机综合控制器等设备的使用，使系统结构更加简单，系统可靠性、维护性、可控性等性能明显提升。

2. 交流电源系统

20世纪50年代以来，随着飞机用电设备的增加，低压直流电源系统已经不能满足要求，交流电开始应用到航空电源系统，并先后出现了变速变频、恒速恒频和变速恒频三种电源系统。

变速变频交流电源系统是最早使用在上飞机上的交流电源系统，该系统利用发动机驱动发电机发电，因而输出的电源频率随发动机的转速变化而变化。新一代的飞机A380和B787已使用360～800Hz的宽变频交流电源。该系统的优点是结构简单，电能转换效率高，功率密度高，缺点是只适用于对频率无要求的用电设备。

恒速恒频电源系统是一种通过各种恒速传动装置使发电机恒速运行产生恒频交流电的系统，目前，飞机通常采用的恒定频率是400Hz。该电源系统的优点是允许的工作环境温度高，过载能力强；缺点是制造、维护困难，电能转换效率低。

变速恒频电源系统是将发电机发出的变频交流电通过转换器变换为恒频交流电的系统。

该系统中，交流发电机由飞机发动机直接驱动，电源频率随发动机转速变化，通过转换器后变为400Hz的恒频交流电。该系统具有可靠性高、供电质量好、电能转换效率高等突出优点；其主要缺点是允许的工作环境温度低，承受过载与短路的能力差。

3. 高压直流电源系统

20世纪80年代，随着电力电子技术、电动机控制技术的发展，飞机电源系统重新采用了直流电源系统，但此时的直流电源系统输出电压更高，可达270V，输出容量更大。例如，美国F－22型战斗机采用270V、65kW的高压直流电源系统，而F－35型战斗机则采用270V、250kW的高压直流电源系统。该系统的特点是结构简单、电能转换效率高、功率密度高、使用安全等，是今后飞机电源系统的发展方向。

1.2.2 先进航空电源系统现状

随着电子技术的发展，用电能代替液压能与气压能的多电技术开始出现，多电与全电飞机成为一个新的发展趋势。

A380型飞机是一种典型的多电商用飞机。它完全按多电飞机电力系统来设计，其总的发电容量是915kVA，其中，发动机驱动4台150kVA的变频交流发电系统，发电容量共600kVA，频率为360～800Hz；辅助动力装置（APU）驱动两台120kVA的恒速发电机，发电容量共240kVA；空气冲压涡轮驱动一个75kVA的发电系统作为应急电源。电源系统采用固态配电技术，配电系统采用集中控制，使飞机可靠性大为提高，大部分作动装置采用电力作动，设计更为简单，所需地面保障设备少，性能大为提高。

波音787型飞机与A380型飞机相比，更接近全电飞机。它的总发电容量为1400kVA，其中，两台发动机驱动四台225kVA的变频交流起动/发电机，辅助动力装置驱动两台225kVA的变频交流发电机，空气冲压涡轮驱动一个50kVA的交流发电机。除了采用固态配电技术外，作动装置几乎全部采用电力作动，飞机的重量大大降低，可靠性显著提高。

F－35型战斗机是一种典型的多电战斗机，总发电容量是250kVA。F－35型战斗机采用固态配电技术，对飞机的电力系统进行了优化设计，一次配电和二次配电采用集中控制，作动装置几乎全部采用电力作动，飞机重量大大降低、可靠性大为提高、地面保障设备减少、性能更为优越，很接近于全电飞机。

1.2.3 航空电源系统的发展方向

随着技术进步与功能完善，现代飞机系统更为复杂，用电设备容量也更大，例如，B737－800型与B737－300型相比，驾驶舱仪表板采用了大尺寸显示器，增加了航空电子设备，驾驶舱与客舱的用电量也从120kVA增加到180kVA。此外，为了提高飞机的可靠性、使用寿命、可维护性、减轻重量等性能，人们设想用电传机构代替液压、机械传动机构。由此，出现了多电飞机与全电飞机的概念。

如前所述，A380型、波音787型、F－35型是典型的多电飞机。多电飞机与全电飞机的特征是具有大容量的供电系统和广泛采用电力作动技术，例如，加大电气容量，飞机舵面和起落架采用电力操纵和电力传动，舱门、阻力板采用电力传动，燃料输送和供给采用电气控制，座舱和设备舱采用电力空气调节等。

多电飞机的发展，推动电源系统朝着大功率、高可靠性、高集成化方向发展。在大型民用飞机领域，变频交流电源或交直流混合的供电系统得到广应用；而在军用领域，270V 高压直流电源系统倍受青睐，是目前研发的重点和热点；另外，飞机起动/发电系统的高速化、集成化、高可靠性和高功率密度也是现代飞机电源系统的热门研究方向。

1.3　航空电源系统的基本参数

供电系统的基本参数是指系统的电气参数、结构及其连接方式等技术指标与形式，与供电系统以及用电设备的质量、体积、大小、功率和性能等有密切关系。

1.3.1　直流供电系统的基本参数

直流供电系统的最主要的电气参数是额定电压值，电压选择要考虑配电系统质量、传输功率大小、线路功率损耗、馈电电线长度、传输线机械强度、人员安全性、导线截面积等因素，此外也要考虑经济性和历史继承性。目前，绝大部分飞机仍为低压直流供电系统，其额定电压值为 28V，少数先进飞机采用高压直流供电系统，其额定电压值为 270V。

额定容量、额定电流也是电气系常见的电气参数，它与系统构成以及工作条件有关。例如，常见的低压直流发电机，其额定容量有 3kVA、6kVA、9kVA、12kVA、18kVA，其对应的额定电流分别为 100A、200A、300A、400A、600A。

飞机直流供电系统的供电线路连接方式，大多采用负线接地，即负线连接飞机机身壳体的单线制，以有效减小飞机电网质量。

1.3.2　交流供电系统的基本参数

交流供电系统最主要的电气参数是额定电压与频率，相数和相位也是其基本电气参数。

115/200V 是目前飞机广泛采用的额定相电压、线电压值，随着飞机设备与用电量的增加，供电系统的额定电压值有继续提高的趋势，230/400V 额定电压值也成为一种优选方案。

交流供电系统的频率选择与系统中电磁器件质量、性能、材料、结构、成件技术等因素有关，而交流电动机的转速与极对数直接影响电源频率，轴承寿命和旋转部分结构强度等因素也会对电源频率有影响。频率越高，电磁器件的体积质量越小，但频率过高，会使馈电电线压降与损耗增大。目前，恒频交流供电系统的频率是 400Hz，而变频飞机的频率取决于发动机的转速变化，如 A380 型飞机的频率范围为 360 ~ 800Hz。

飞机交流供电系统一般采用三相四线制，中线接地，即连接飞机机身壳体。此连接方式的优点是可以减少输电电线，减小飞机质量。

1.4　航空用电设备的特性

航空用电设备的种类与数量很多、在不同工作环境与工作状态下，体现出不同的工作与故障特点。例如，沿海地区的飞机，由于大气中盐分较多，电器元件易发生金属腐蚀；沙漠地区的飞机由于空气中沙尘较多，电器元件易受污染而发生故障；另外一些器件的绝缘材料由于老化会出现破损从而导致导线或器件内部短路。下面，分别从用电设备的电气参数、工作环境、工作状态三个方面来讲述其工作特性。

1.4.1 电气参数

用电设备按其供电形式可以分直流用电设备与交流用电设备两类，一般而言，对于用电设备当中某一特定电路，其供电形式只能是两类当中确定的一类，例如，某型飞机窗户防冰加热控制系统的加热控制单元采用交流供电，而测试系统采用28V直流供电。用电设备的电气参数主要包括电压、电流以及交流电的频率。

用电设备一般要求在额定电压下工作，电压过高或过低都可能使器件的性能受到影响。例如，电动机的电压降低，其转矩就会下降，其转速跟着下降，当转矩低于临界转矩时，电动机会无法起动（堵转）而可能导致烧坏，当电压过高时，电动机会因为过热而减少使用寿命；对于变压器，当电压高于额定电压时，其空载损耗会明显增大，影响设备运行的经济效益。

电流通过用电设备时，在阻抗元件上会产生压降和热量，当电流过大时易烧坏元器件，有时甚至由于过热而引发火灾。因此，用电设备上多装有保护装置，当电流过大时自动切断电流。

航空电器中的部分电磁器件对交流电的频率较敏感。例如，交流电通过导线时，频率越高，运动电荷越趋向导体表面，即趋肤效应越明显，从而使得导线的电阻增大，损耗增大。对于像航空交流接触器之类的开关电器，当频率偏离400Hz时，电弧腐蚀的速率会发生变化，开关的电寿命也会随之变化。

1.4.2 工作环境

航空电器的工作环境主要是指气压、温度、湿度、大气成分等因素。

随着高度增加，空气密度会变低，大气压力会降低，会使电器散热变慢，温度升高，加速绝缘层的老化，对于接触器或继电器而言，其触点间的断弧能力会下降，触点间隙击穿电压会下降；对于行波管而言，工作时压力不够容易引起打火现象，损害行波管。

许多电器的工作状态会受到温度影响，例如，半导体器件工作时，温度升高会使得其漏电流明显升高；同时，温度也会改变材料的物理结构，例如，高温会加速金属的氧化和有机材料的老化，会使弹性材料的弹性变差，使导电材料的电阻率增加；而低温会使绝缘材料龟裂、弯曲、硬化，导电材料电阻率下降，磁性材料的磁性能变差等。因此，飞机电器一般工作在一定温度范围之内。

绝大部分电器要求在较干燥环境中存放与工作。湿热的环境易使航空电器的绝缘材料发霉变质而降低绝缘性能；金属材料在潮湿空气中更易产生电化学腐蚀而造成接触不良故障；另外，湿气进入集成电路内部后，会造成元器件之间短路故障。

大气成分不同对航空电气设备的影响也较大。例如，在沿海地区，大气中含有盐分，会使得金属材料易发生腐蚀；灰尘较多的地区，易使电气设备受到灰尘污染而故障。

1.4.3 工作状态

飞机实施小半径拐弯、俯冲、着陆等动作或受气流冲击时要经受机械过载的冲击，一些运动器件会受到明显的影响。通常，机械过载的造成因素包括振动、冲击和加速三类。

由于发动机状态改变，空中气流冲击等多种因素影响，航空电器在空中飞行时会产生强烈振动，其振动频率最高可达4000Hz，振动加速度可达20～50g（g为重力加速度），振动会导致接触器和继电器的触点接触压力不稳定，软磁材料磁导率降低，永磁材料去磁。

冲击主要发生在着陆、制动、突然变速等情况，冲击造成的危害与振动类似，一般冲击次数可达40～100次/min，冲击加速度为4～50g。

战斗机在做特技飞行或完成作战任务时，要做爬高、转弯、俯冲、横滚等各种机动动作，这时飞机处于加速状态，其加速度可达15g，这个加速度会给电器增加一个力矩，从而引起触点间隙改变、电器连接脱落或接头松动等。

励志篇

长志气的现代战斗机——歼－20

歼－20型战斗机是中航工业成都飞机工业集团公司研制的一款具备高隐身性、高态势感知、高机动性等能力的第五代战斗机。歼－20采用了单座双发、全动双垂尾、DSI鼓包进气道、上反鸭翼带尖拱边条的鸭式气动布局。头部、机身呈菱形，垂直尾翼向外倾斜，起落架舱门为锯齿边设计，机身以高亮银灰色涂装（原型机为深绿墨色）。侧弹舱采用创新结构，可将导弹发射挂架预先封闭于弹仓内，发射时展开至于机体外侧，同时配备专为歼－20量身定做的PL－15和PL－21空空导弹。歼－20是用于接替歼－10、歼－11等机型的中国第五代战斗机，于1997年正式立项，首架技术工程验证机于2009年制造成功，并于2011年1月11日在成都黄田坝军用机场实现首飞。2016年11月1日，歼－20参加珠海航展并首次对外进行双机飞行展示。2017年3月9日，中央电视台报道第五代战斗机歼－20已正式进入空军序列，同时也意味着中国是继美国之后世界上第二个走完第五代战斗机论证评价、设计、研发、原型机测试、定型生产、最终服役全部阶段的国家。

复习思考题

1. 简述航空供电系统的组成及其各部分功能。
2. 航空电源系统可以分为哪几个发展阶段？每个阶段的特点与优、缺点是什么？
3. 何谓多电飞机与全电飞机？有什么特征？
4. 航空交流供电系统包括哪些参数？其典型参数值是多少？
5. 航空电器的工作环境主要是指哪些因素？试举例说明各因素对电气设备的工作影响。
6. 航空低压直流供电系统的额定电压是多少？选择电压的考虑因素包括哪些？

第2章　航空输配电设备

航空输配电设备是指配电系统中起电能传输、分配、保护与控制作用的系列设施设备，它主要由导线、电缆、断路器、熔断器、继电器和接触器等组成。

2.1　导线和电缆

导线和电缆是组成飞机电源配电系统的重要装置，它连接在飞机电源与用电设备，或不同用电设备之间，用来传输电能或信号。

2.1.1　导线与电缆的结构与分类

包裹在同一层绝缘材料之下的单一实心导体或扭绞导体称为导线。导线通常具有导体、绝缘层与外护套三层结构，如图2-1所示。导体多由多股细铜丝或铜合金丝绞合而成（同轴电缆只有一根铜芯线），绝缘层低压时采用塑料管，高压时采用橡胶套，外套多是涂有蜡克油的棉纱纺织套或尼龙套。

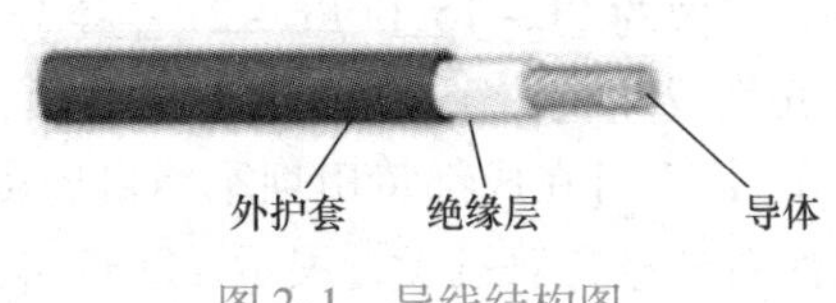

图2-1　导线结构图

成束的导线一般称为电缆。通常，电缆外部套有特定作用的保护层，因而有较完善的防护能力，例如具有较强的抗拉、抗压、耐蚀、防水、阻燃、抗屏蔽等特性，如同轴电缆、屏蔽电缆等。

导线按其结构、性能可以分为普通导线、屏蔽导线、同轴电缆和特殊导线四类。普通导线用于传输电能和一般的电信号，例如电源供电线、控制系统、传感系统等线路；按波音导线标准，普通导线和电缆可分成从BMS13－05～BMS13－65共几十个型号，多种类别与型别。

屏蔽导线是导体外带有由铜铝等非磁性材料做成的屏蔽层的导线，主要用于对电磁干扰敏感的系统部件的控制、检测、指示线路上，如发动机燃油系统翼梁活门的线路。图2-2所示为以纯铜材料纺织成屏蔽层的屏蔽导线。

同轴电缆主要用于高频信号的传输，它以硬铜线为芯，外包一层绝缘层，再用密织的网状导体环绕，用于屏蔽外界的电磁干扰，网外最后覆盖一层保护层，其结构如图2-3所示。同轴电缆用于部分高频信号传输，燃油量、润滑油量、液压油量之类液体体积的测量及指示线路上。

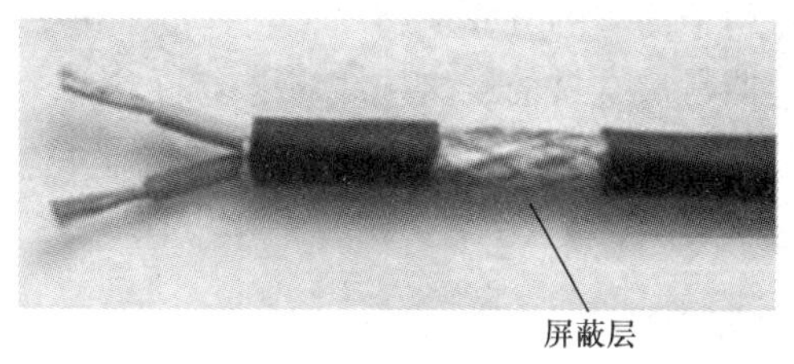

图 2-2 屏蔽导线

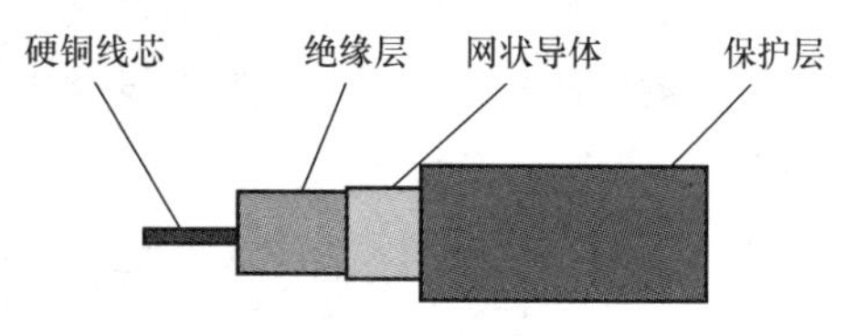

图 2-3 同轴电缆结构

特殊导线是指有特殊性能与用途的导线，例如热电偶导线可用于测量发动机和 APU 发动机等高温区域的温度。

2.1.2 导线的识别

通常，导线按导体截面积大小、导线颜色、绞合线根数等信息编码成导线号来加以划分与识别。例如波音导线号包括导线束号、导线序列号、颜色代码、线规号四个部分，其结构如图 2-4 所示。

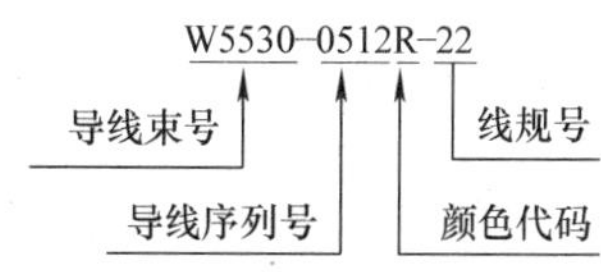

图 2-4 波音导线号

导线的线规号是一个表征导线的导体截面积大小的号码。通常用美国线规号（AGW）表示，线规号越大，导体的截面积就越小，反之，截面积越大。美国线规号共 44 个等级，按导体的截面积从大到小依次为 0000、000、00、0、1、2、…、40，例如，线规号 20 的导线其直径为 0.813mm，其横截面面积为 0.5189mm^2。

导线的颜色一般是指两根以上扭绞导线中各导线的颜色，标识颜色可便于工作人员从多根扭绞导线中识别目标导线。导线的颜色一般用该颜色对应的英文字母标示，如蓝色用 B（BLUE）标示，绿色用 G（GREEN）标示，黑色用 K（BLACK，最后一个字母）标示。

每一导线束有一个导线束号码，它由英文字母 W 加上一组派生自导线束图样号的四位数字构成。四位数字范围为 0000 ~ 8999，客户自定义新的导线束号码时可采用 9001 ~ 9999。

导线序列号是指该导线在导线束中的排序，不同型号飞机关于导线序列号的规定也不相同。

导线的件号是用来确定导线的材料、类型以及规格的。波音导线的件号标示如图 2-5 所示，其中，BMS 部分标示材料类型，共几十类；T 部分标示导线类型，包括材料、粗细、涂层等信息；C 部分标示导线级别，分 1、2 两级，前者可防液体，后者不防液体；G 部分标示导线线规号。可以根据导线的导线号依查找手册查得导线的件号。

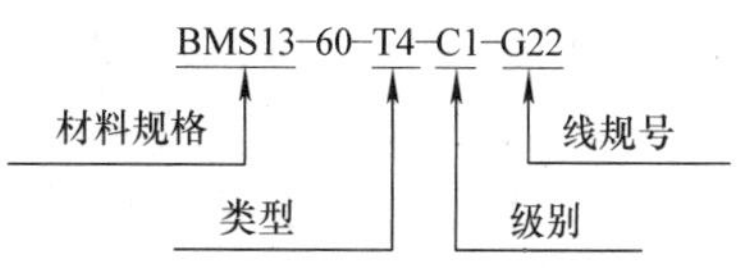

图 2-5 波音导线的件号标示

2.1.3 导线的连接与布局

为了拆装与维护需要，通常用专门的连接装置将两条或多条导线连接起来。常见的连接装置有接线钉、汇流条、接线盒和电连接器，如图 2-6 所示。接线钉可以是螺钉或螺栓，用来将导线连接到供电系统、飞机壳体或其他固定装置上；汇流条也称为接线条，是一种多层层压结构的导电连接部件，主要用于电能分配，具有感抗低、抗干扰、高频滤波效果好、可靠性高、节省空间、装配简洁快捷等优点；接线盒用于简单的分支电路中，它是由带单个或多个接线柱的胶木座与胶木盖组成的盒体；电连接器是最常见的连接导线与电缆的方式，它可以用来连接单根与多根导线，电连接器由插头与插座组成，通过插针和插孔连接而导电，并传递信号。

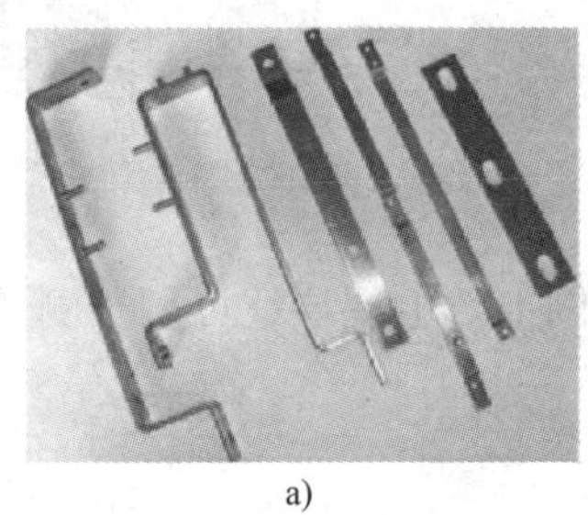

a)

b)

图 2-6　连接装置

a）汇流条　b）电连接器

电缆在飞机上的走向既要考虑电源系统与用电设备之间的位置关系，又要考虑信号之间的干扰、设备安全以及对系统进行安装、隔离、测试等问题。通常，电缆的布局可分为开放式机架和涵道式机架两种。

开放式机架布局中，电缆按设备来源与走向被蜡克编织线捆成一束或用 PVC 套管套住，然后通过夹子被固定在电缆机架上。涵道式布局中，电缆通过涵道连接到各设备之间，一个涵道可以包括多个通道，每个通道的电缆来自于同一特定的用电设备，并用彩色的蜡克编织线加以区分走向。

2.1.4　导线的选择

影响导线选择的因素包括线路容许电压降、线路容许电功率损耗、绝缘层的耐热性等。

线路容许电压降等于负载最大电流与线路容许的电阻的乘积。负载最大电流也就是导线截面上的最大电流，它影响截面上的电流密度。如果导线电流密度太小，会使得截面过大，从而重量过大且不经济，而电流密度过小，又会使得电阻过大，损耗增加，故电流密度一般选择 3 ~ 5A/mm^2，应根据负载最大电流与导线截面电流密度要求选取导线的截面积大小；另一方面，在线长确定的情况下，线路容许电阻决定了导线单位长度的电阻值。某些波音标准的导线单位长度的直流电阻值见表 2-1。实际应用中，容许电压降的最大值做了一个限定，在不同的交直流系统中，限定值见表 2-2。

表 2-1　在 20℃时第 1000ft 导线的最大直流电阻　（单位：Ω）

线规号	BMS13 - 46	BMS13 - 48	BMS13 - 60	
	退火电解韧铜线或无氧高导电率铜线	镀锡或镀银退火铜线	镀镍高强度铜合金导线	镀银高强度铜合金导线
26	42.7	—	58.4	56.4
24	26.5	26.2	30.1	28.4
22	17.3	16.2	18.6	17.5

（续）

线规号	BMS13-46	BMS13-48	BMS13-60	
	退火电解韧铜线或无氧高导电率铜线	镀锡或镀银退火铜线	镀镍高强度铜合金导线	镀银高强度铜合金导线
20	10.4	9.97	11.4	10.9
18	6.8	6.23	6.8	6.8
16	—	4.81	5.5	5.3

注：1ft（英尺）=0.3048m。

表 2-2 传输线路中推荐的最大电压降

交流和直流系统电压/V	容许电压降/V	
	连续工作负载	间歇工作负载
14	0.5	1
28	1	2
115	4	8
200	7	14

线路中容许电功率损耗是线路中的最大电流的二次方与线路中容许的电阻值的乘积，当此容许的电阻值大于线路容许压降中要求的线路容许电阻值时，按线路容许压降选择线路容许电阻值，反之，按线路容许电功率损耗选择线路容许的电阻值。依据单位长度电阻值，就可以从有关手册中查寻需要的导线。

线路损耗会在线路上产生热量，再加上周围环境温度的影响（例如发动机热辐射等），要求导线绝缘层具有适当的耐温性能。表 2-3 是 BMS13-60 各型导线的额定温度值。

表 2-3 BMS13-60 各型导线的额定温度值

型号	额定温度值/℃	
	最小	最大
1~3、5、13~15、24、26、28、31~34	-65	150
4、6、7~12、16~21、23、25、27、29、30、43~54	-65	260
22	-65	175
35~42	-65	200

此外，导线的耐压、绝缘、防液体等性能也是选择导线时的常见考虑因素。

2.2 电路保护控制装置

电能输送与分配过程中，为了保证电路正常工作，或在发生短路、过载等异常情况时，及时控制事态，保护线路与设备安全，会使用许多保护控制装置。例如接触器、继电器、位置开关、接近开关、断路器等。其中，保护装置主要用来切断过载电流，包括熔断器和断路器两类。

2.2.1 控制装置

控制装置主要用来接通、断开或转换电路，包括手动控制装置、机械控制装置、电磁控制装置三类。

1. 手动控制装置

手动控制装置通过手动改变开关位置，实现对电路的通断或转换控制。常见的手动控制装置包括钮子开关、按钮开关、旋转开关。

钮子开关主要由手柄、弹簧、固定触点、活动触点构成，其结构如图2-7所示。当扭动手柄时，活动触点位置改变，与之接触的固定触点随之改变，从而实现不同固定触点电流的通断控制。钮子开关操作位置有二位或三位两种，常见于飞机舱控制面板、机载设备检测控制台等处。

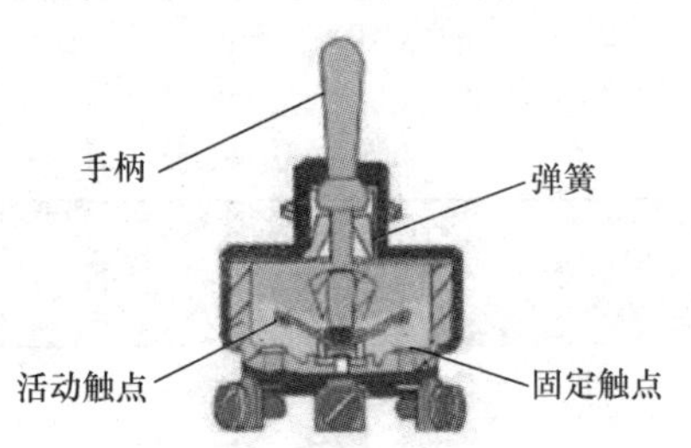

图2-7 钮子开关结构图

按钮开关主要由按钮帽、弹簧、常闭触点、常开触点构成，其结构如图2-8所示。当按下按钮时，常闭触点断开，常开触点合上；反之，常开触点合上，常闭触点断开。按钮开关有三种工作方式，一是按下工作，松开复位；二是按下自锁、再按下则解锁复位；三是每按一下，开关在工作与复位之间转换一次。通常，按钮开关用于接通与断开小电流，从而控制电磁起动器、接触器、继电器等大电流器件的工作，如用于地面电源起动开关等。

旋钮开关主要由旋钮、接触片、触点构成，其结构如图2-9所示。当转动旋钮时，接触片转动并与触点相接触，从而连通相应的触点电路。旋钮开关可主要用来设置不同的参数，常见于飞机舱控制面板、机载设备检测控制台等处。

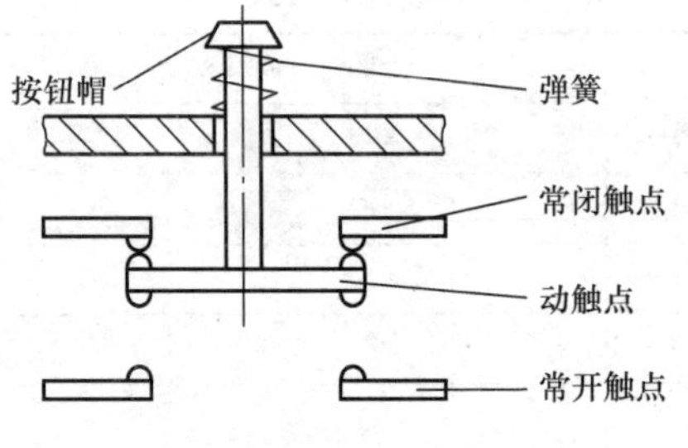

图2-8 按钮开关结构图

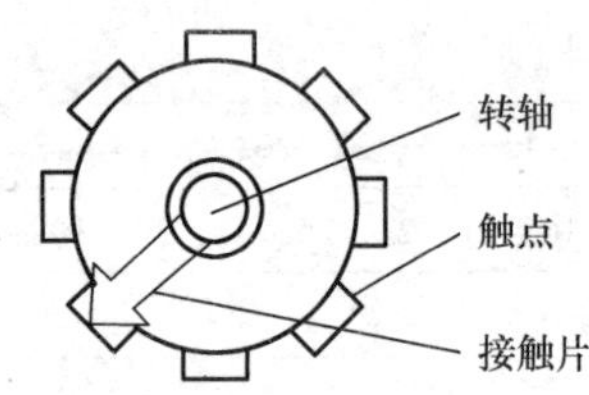

图2-9 旋钮开关结构图

除了以上几种开关外，还有在地面电源供电系统中使用，并且能感应负载是否接入的感应开关等。

2. 机械控制装置

机械控制装置是利用机械作用来自动控制电路通断的装置。限位开关、接近开关、微动开关是飞机上常见的机械控制装置。

限位开关又称为终点开关，它是通过机械碰撞来改变开关状态从而限制机械设备的运动极限位置的装置，它是行程开关的一种。实际应用中，将限位开关安装在静止（如固定架、门框等）或运动（行车、门等）的物体上，当运动机械装置撞击限位开关时，限位开关触点动作，实现电路切换。

限位开关结构图如图 2-10 所示。在机械运动过程中，限位开关滚轮受到撞击时，凸轮转动，推杆下移，常闭触点断开，相应电路断开，而常开触点电路闭合，此时，机械运动到极限位置并改变运动状态（或停止，或反向运动）。撞击结束后，在复位弹簧的作用下，限位开关会恢复到原来的状态。

限位开关在飞机操纵机构中有着广泛的应用，例如在起落架收起并达到预定位置后，限位开关会切断起落架收放液压作动筒电路，锁定起落架并接通起落架收起指示灯电路，提示飞行员起落架已收好。

微动开关是一种具有微小触点间隙和快动机构的开关装置，又称为灵敏开关、速动开关，它的主要特点是动作迅速、工作可靠、精度高、寿命长、体积小。

微动开关结构图如图 2-11 所示。当压杆压下时，按钮按压弹簧，常闭触点断开，常开触点闭合，电路状态改变。由于常开端子与常闭端子距离很近，故电路状态的改变很快。

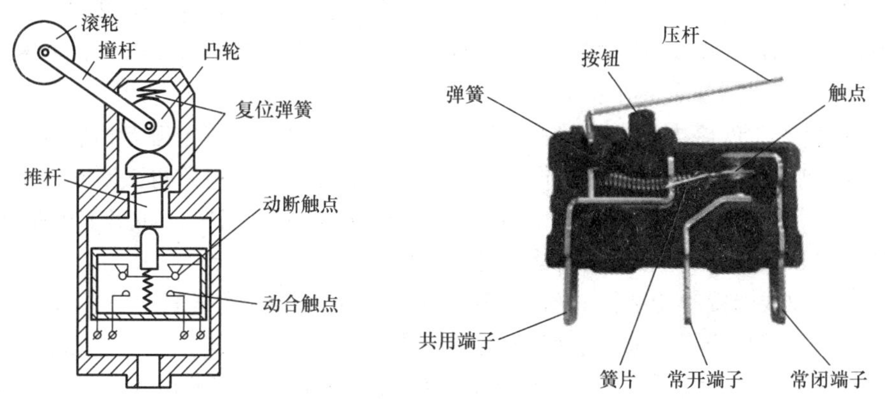

图 2-10　限位开关结构图

图 2-11　微动开关结构图

微动开关在飞机上主要用来感知器件是否运动或是否达到其极限位置，例如襟翼驱动机构或起落架机构、压力传感器等。

接近开关是一种不需与运动物体直接接触而能发出作动信号，控制电路状态的装置。接近开关都具有传感器，当物体靠近接近开关的感应面至动作距离时，不需要机械接触及施加任何压力即可使开关动作，从而控制电路状态。接近开关是一种开关型传感器（即无触点开关），它既有限位开关、微动开关的特性，同时具有传感性能，故具有反应迅速、定位精确、频率响应快、应用寿命长、抗干扰能力强等特点。目前广泛应用于行程控制、定位控制、自动计数以及各种安全保护等方面。

图 2-12 所示为接近开关在飞机上的应用原理图，当目标与传感器达到检出距离时，传感器产生感知信号并输送给开关组件，由开关组件控制负载的工作。该开关组件用于接收不同部件的位置信息，并将位置信息传给其他系统，如起飞和

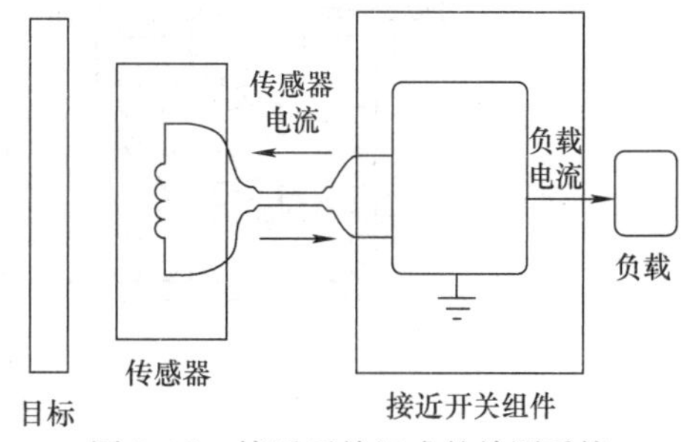

图 2-12　接近开关组成的检测系统

着陆告警系统、起落架位置指示和告警系统、登机舷梯和舱门告警系统等。

根据传感器感知的信号产生方式不同，可将接近开关分为电磁感应型、电容型、光电型、超声波型等。

3. 电磁控制装置

2.2 电路保护控制装置（1）

电磁控制装置是利用电磁转换为机械能来控制触点的运动，从而控制电路通断的装置。电磁控制装置通常分为接触器与继电器两大类。两者工作基本原理基本一致，主要区别是开断电流的容量不同，继电器控制的开断电流容量较小，一般在25A以下，因而主要用于控制普通电路，接触器控制的开断电流较大，有的能达到1000A以上，主要用于实现远距离接通和断开大电流电路。

接触器是一种用于远距离控制交、直流主电路或大容量控制电路的控制开关。它主要用于飞机上的主发电机向主汇流条供电的控制开关，或作为发电机的励磁线圈的控制开关。飞行员通过驾驶舱内的控制开关控制接触器线圈电路，从而控制接触器的工作。

接触器按结构特点可分为单线圈、双线圈、机械闭锁式、磁闭锁式等类型。

单线圈接触器结构如图2-13a所示，它只有一个工作线圈，线圈未通电时，电磁铁电磁力为零，活动铁心在返回弹簧的作用下带动活动触点与固定触点分开。此时主电路断开。线圈通电后，电磁铁产生的磁力大于返回弹簧的弹力。使活动触点和固定触点相接触，主电路接通。当线圈断电以后，在返回弹簧的作用下，活动铁心复位，主电路再次断开。

单线圈接触器常用于只需短时工作、所控制的负载较大的电路中，如用于控制APU发动机的起动电动机，操纵飞机舵面或调整片的电动机工作。

2.2 电路保护控制装置（2）

双线圈接触器结构如图2-13b所示，它有两个工作线圈，一个为吸合线圈，一个为保持线圈，分别起吸合和保持的作用。线圈通电后，保持线圈被短接，此时只有吸合线圈工作。吸合线圈导线粗，电阻小，因此电流大，能产生较大的电磁吸力。可将触点接通，从而接通主电路。当触点接通以后，辅助接触点会在铁心的作用下被顶开，这时，保持线圈不再处于短路状态，电流将通过吸合线圈和保持线圈。由于保持线圈串联进了线圈，因此线圈的电阻会增大，电流会减小，这时接触器就能以较小的电流维持触点的接通状态。线圈电流较小，损耗较低，因此双线圈接触器适用于长时间工作的场合。

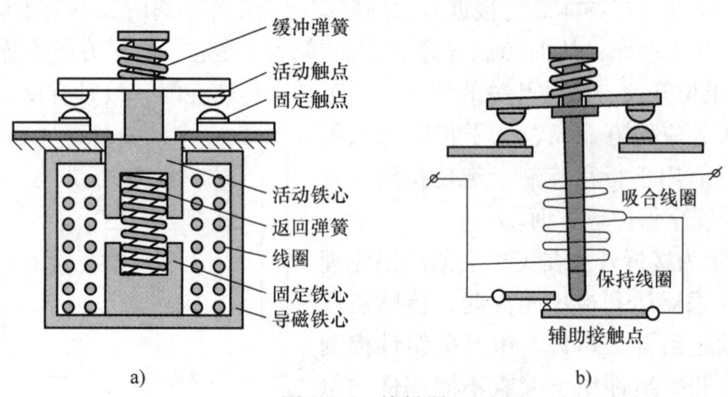

图2-13 接触器

a）单线圈接触器 b）双线圈接触器

机械闭锁式接触器是以机械方法使主触点在电磁线圈断电后仍能自行保持工作位置的接触器，它有两个工作线圈，一个为吸合线圈，一个为断开线圈，分别用于触点的吸合与断开。当吸合线圈通电时，主触点接通，机械闭锁机构锁定活动铁心，此时吸合线圈断电也不影响触点状态。当要断开主触点时，只需给断开线圈通电，机械锁锁机械就会脱钩，主触点就会断开。

磁闭锁式接触器是利用永久磁铁使触点闭锁的接触器。它也有两个工作线圈，一个为吸合线圈，一个为断开线圈。与机械闭锁式接触器相比，它使用永久磁铁使得吸合线圈吸合后，主触点保持接通状态。由于其可靠性高，损耗低，故在现代大型飞机中得到广泛应用，如B737、B747、B757、B767等系列飞机的主交流发电机、AUP发电机、外电源向主汇流条供电的控制开关磁锁型接触器。

继电器是另一类用于远距离操纵的自动电气开关，广泛应用于飞机上的电源系统及各种自动控制系统，例如，电源系统、空调系统、液压系统、供气排气系统、防冰防雨系统、机上照明系统、起落架控制系统、燃油系统、飞行操纵系统及发动机工作控制、指示系统等。航空继电器种类较多，飞机上常用的几种继电器包括电磁继电器、固态继电器、混合式继电器、极化继电器以及各类时间继电器等。

电磁继电器是利用电磁力来实现触点转换的继电器。图2-14所示为摇臂式电磁继电器的结构。其工作原理为：当线圈未通电时，弹簧的弹力使得动触点与常闭触点接通。当线圈通电后，电磁力作用下，衔铁绕支点转动，使得动触点与常开触点接通，从而改变电路状态。

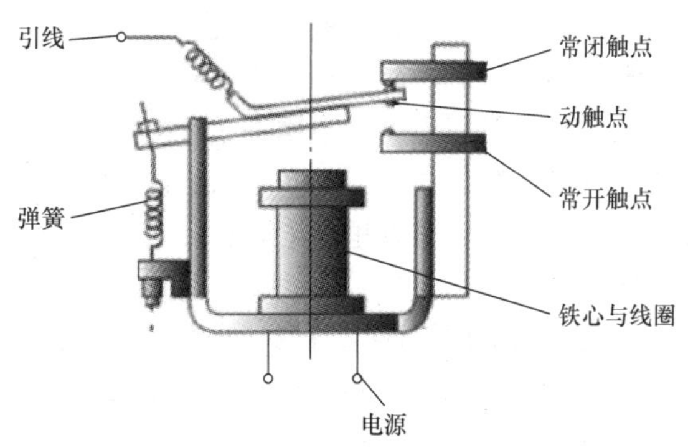

图2-14　摇臂式电磁继电器结构

固态继电器是用固态电子元件组成的新型无触点开关器件。它利用电子元件（如开关三极管、双向可控硅等半导体器件）的开关特性，可达到无触点、无火花地接通和断开电路的目的，因此又称为“无触点开关”。固态继电器是一种四端有源器件，其中两个端子为输入控制端，另外两端为输出受控端。它既有放大驱动作用，又有隔离作用，很适合驱动大功率开关式执行机构，较之电磁继电器灵敏度高、可靠性更高，且无触点、寿命长、速度快，对外界的干扰也小，已得到广泛应用 。

混合式继电器是用固态继电器作为敏感元件、用电磁继电器作为执行元件，将两者组合而成的继电器。它具有灵敏度高、带负载能力强、多组触点控制、输入输出隔离等优点。

极化继电器是指磁场方向随电压极性而改变，致使衔铁转动方向改变的继电器。继电器衔铁的吸动方向取决于控制绕组中流过的电流方向，故可根据实时的状态判断线圈中电流极性。如运七飞机上用于测定电路反流大小的反流割断器，就采用了极化继电器，当反流达到25~50A时，则自动切断发电机的输出电路。极化继电器具有灵敏度高、动作快、线圈过载能力强等优点。

时间继电器是具延时控制功能的继电器。继电器接到控制信号后，需经过规定的时延后，工作触点才进行断开或闭合动作，从而实现断电延时或通电延时，保障系统工作时序。

时间继电器的延时控制分机械式与电子式两种，前者利用气囊、弹簧等机械方式实现计时，后者利用电容充放电、计时电路等实现计时。

2.2.2 保护装置

多数飞机以飞机机体作为公共负线或“地”线，当振动、摩擦等因素影响使得飞机上的导线、设备绝缘层破坏后，设备或导线会与飞机机体直接短路。另外，某些设备故障时，会发生电流超过额定值的过载现象。短路与过载现象不仅会烧坏设备与导线，造成供电中断，还有可能引发火灾。为了避免这些情况的发生，飞机输电线路中设置了保护装置，当电路中发生短路或长时间过载时，保护装置会自动将短路或过载的分支电路立即从电路网络中切除，从而保证电源的正常供电和其他电气设备的正常工作。飞机的保护装置可分为熔断器和断路器两种。

1. 熔断器

熔断器是一种仅有一次分断功能的过电流保护器。熔断器以串联方式接入被保护电路，当被保护电路发生短路或长时间过载故障时，熔丝会发热到熔化温度而熔断，从而切断被保护电路。熔断器具有结构简单、成本低廉、使用方便等优点，在飞机输配电系统和电子设备中应用十分广泛。根据功能与特性不同，可以将熔断器分为易熔、难熔、惯性三类。

易熔熔断器的熔丝由铅、锡、锌、镉、铋等金属材料制作而成，它具有熔点低、热惯性小、灵敏度高等特点，一般用于过载能力较小的用电设备中。当电路额定电流较小时，熔断器用玻璃管封装，如图 2-15a 所示，内充惰性气体，有利于灭弧，提高分断能力；额定电流较大时，则采用在熔管里填入石英砂，用以冷却、吸收电弧，提高灭弧能力。

难熔熔断器的熔丝采用银、铜等难熔金属材料制作而成，用于大电流电路的限流保护。通常难熔熔断器的熔体用石棉、水泥包裹，包裹层不仅能吸收熔体一部分热量，增大熔断器的热惯性，延长动作时间，还能迅速熄灭熔断器断开时产生的电弧。

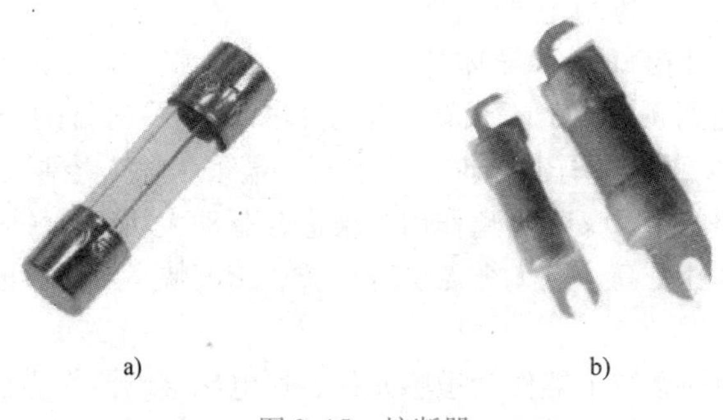

a)　　　　b)

图 2-15　熔断器

a）易熔熔断器　b）惯性熔断器

难熔熔断器的热容量较大，故对小电流的过载不敏感，主要用于飞机电源系统的短路保护。

前面两类熔断器由于惯性小，在使用中不能满足实际需要，如电动机起动时，其起动电流是额定电流的 4 ~7 倍，如果采用电流与电动机额定电流相同的易熔熔断器，则在电动机起动时，熔断器就会熔断，如果采用电池与电动机起动电流相同的难熔熔断器，则电动机发生过载时，熔断器又不会熔断。在这种情况下，就需要安装惯性熔断器。惯性熔断器在遇到过载电流时不是马上动作，而是经过一段延迟时间才动作，热惯性较大，因此能承受短时大电流冲击，又能迅速分断短路电流和长时过载电流，如图 2-15b 所示。飞机上的惯性熔断器的额定电流一般为 5 ~250A，主要用于电动机和具有起动特性要求的电路。

2. 断路器

断路器是一种可以重复使用、自动切断过电流的保护电器。断路器具有普通开关与电路保护的双重作用：工作中，可以手动接通与断开；当电路中发生不允许的过载或短路时，能自动切断电路。

断路器的工作原理与熔断器相同，都是基于电流的热效应。当通过触点的电流达到预定值时，电流的热效应使得双金属片发生变形，从而驱动锁定机构，断开闭合触点，保护被断开的电路。断路器的种类很多，按其操作机械可分扳动式与按压式两种，欧美飞机上广泛使用按压式。

飞机上的扳动式断路器有自由脱钩型（如国产 ZKC 型）与非自由脱钩型（如国产 ZKP 型）两种。图 2-16 所示为 ZKC 型断路器的结构图。它主要由开关机构与保护器两部分组成，开关机构主要由手柄、触点组成，保护器由双金属片、挡板、复位弹簧、胶木滑块、卡销组成。

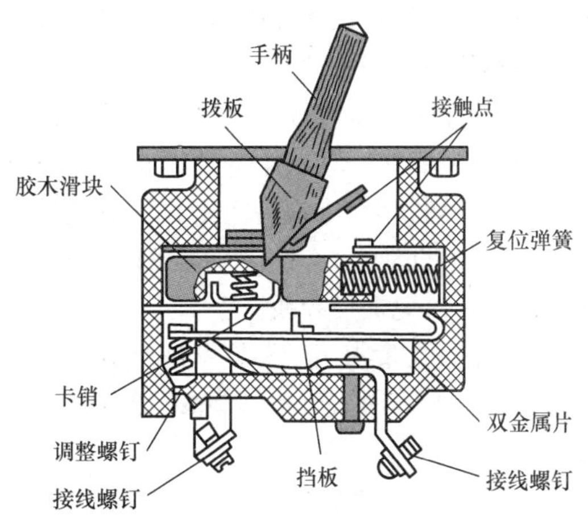

图 2-16　ZKC 型断路器的结构

开关控制过程：向左扳动手柄，拨板右移活动触点与固定触点接通，同时，胶木滑块右移，弹簧向左压缩，当胶木滑块下面的卡销滑过双金属片的挡板后，即被挡住，此时滑块停在右侧，这时由左接线螺钉、触点、双金属片、导线、右接线螺钉的组成的电路保持接通状态，当左右扳动手柄时，接触点在闭合与断开之间切换，从而实现开关控制。

保护过程：当电路出现过载或短路时，双金属片发热而向下弯曲，使得挡扳下移，脱离卡销，在复位弹簧作用下，胶木块左滑，带动拨板右移，使触点断开，实现电路保护。

ZKC 型断路器发生保护动作之后，仍可用手柄使电路强制接通，故称为非自由脱钩型断路器，在一些易发生火灾的场合，严禁强制接通电路，这时使用 ZKP 型断路器，这类断路器在双金属片发热断开电路之后，无法通过扳动手柄强制接通电路，故称为自由脱钩型断路器。ZKC 型和 ZKP 型断路器在国产运七运输机上有应用。

按压式 ZKP 型断路器的结构如图 2-17 所示。压拉按钮按下后，活动触点与主触点闭合，闭锁机构锁住，电路处于接通状态。当发生过载或短路现象时，热元件发热变形，压迫弹簧，使得闭锁机构打开，在控制弹簧的作用下，主接触点断开，电路切断。当热元件恢复形状后，可再次按下压拉按钮，接通电路。

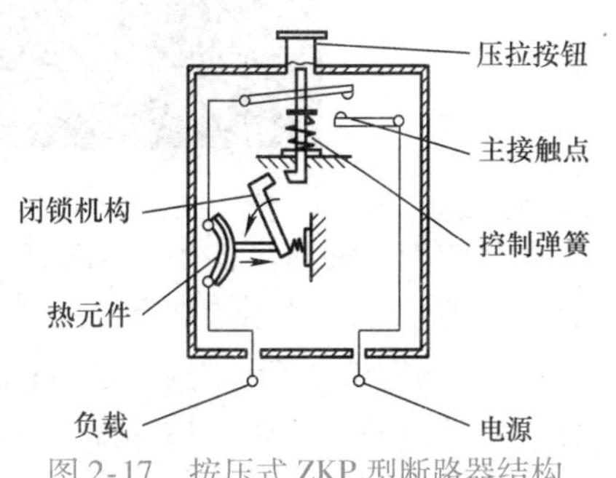

图 2-17　按压式 ZKP 型断路器结构

2.3 输配电设备的使用和维护

2.3.1 飞机导线的日常维护和故障排除

导线的日常检查内容主要包括电缆固定是否可靠、包扎是否完好、电缆插头是否完好、连接是否到位、导线与其他设备之间是否有摩擦、护套是否出现裂纹或腐蚀等。发现问题时，应按照相关工艺要求进行维护。

在飞机上布局电缆时，往往要考虑电缆与电缆及电缆与设备之间的电磁影响、温度影响、电缆的绝缘保护、电缆和设备的检查维护等许多因素，故通常要将电缆进行符合规范的包扎与固定。

电缆包扎一般用塑料扎带和扎绳，如图 2-18 所示。塑料材料根据成分不同，还分成不同的类别，不同类别之间的主要差别是耐温、耐油液性能不同，故不能随意替换。

塑料扎带的用法如下：

1）将塑料气囊套住导线束，让扎带带条纹一面贴住导线束。

2）拉紧扎带，使其牢固地固定于导线上。注意不要把扎带拉得太紧，以免损伤导线。

3）把扎带多余末端剪下来，使得扎带头不要超过 3mm，且不碰触相邻导线。

4）在有同轴电缆或光缆的导线束上，不要使用塑料扎带，不要让塑料扎带下面的导线交叉通过，以免损伤导线。

5）塑料扎带限用于温度不高于 100℃的区域。

塑料扎绳的用法与扎带类似，但由于其重量更轻，温度范围较扎带大，所以使用范围更广。

图 2-18　电缆的包扎

导线的固定通常采用环形固定卡子，如图 2-19 所示。卡子通常由钢或铝材料制作而成，带有一定的弹性，其用法如下。

1）将固定卡子套住导线束。注意，除了扭绞导线做成的电缆外，不允许固定卡子下面的导线交叉重叠，以防损伤导线。

2）将卡子固定在机架上，注意不要压坏或夹断导线。

3）各种卡子的耐温、耐压、防振性能不同，使用场合不同，故更换卡子时，一般选用同原装件号一致的卡子，保证卡子的尺寸与材料符合要求。

图 2-19　电缆的固定

航空插头（图 2-20）在安装使用过程中易出现插针弯曲、脱落、插头松动等故障，应当定期进行检查与维护。检查与维护的主要内容如下。

1）对有防松装置的插头，目视检查固定插头的防松装置是否完好，当防松装置松动或断裂或方向错误时应重新安装防松装置。

2）用手检查插头是否稳固、到位，有松动或不到位时应拧紧到位。

3）位置标记脱落时，应重新涂刷。

4）插头拧开后，要仔细检查插针是否弯曲、退缩、松动，是否混有杂物。

5）清洗插头时应用毛刷蘸酒精刷洗，且待插头风干后再连接。

6）安装插头时，应将插头凸起对正缺口，平直对插，插紧后，再将紧固外圈拧紧或拧到位。

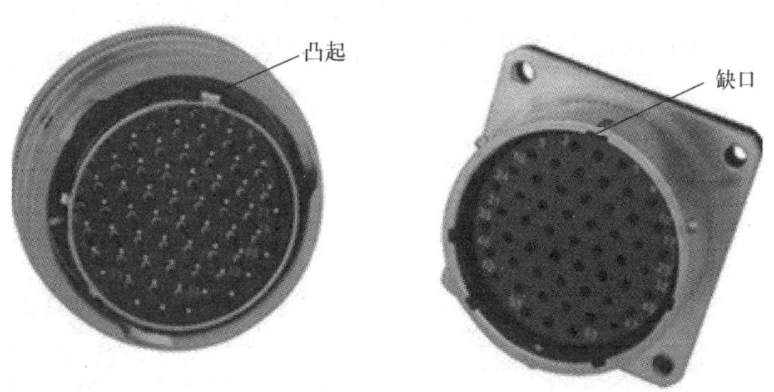

图 2-20　航空插头

飞机电气系统故障可分为导线故障与电气系统部件故障。通常，很难根据故障现象判断是哪种类型的故障，另外，由于导线的故障率较飞机部件故障率低很多，且许多导线布局在飞机上一些偏僻角落而难以直接看到，致使导线的故障往往较隐蔽。

飞机上导线的故障主要包括以下几类。

1）导线束绝缘层破损引起短路故障。短路包括导线与导线之间短路、导线与机体之间的短路。这种短路通常是由于绝缘层老化破损，或与其他装置设备摩擦破损所致。

2）导线断路故障。通常由导线内部折断或连接处断开所致。

3）导线束电磁干扰故障。通常是由于导线布局不合理而受到电磁干扰所致。

4）导线插头插针与电缆焊接处脱开故障。通常是由于焊接工艺不到位，插头使用不规范所致。

5）导线插头插针弯曲、退缩，插针之间发生短路故障。通常是由于插头对接时不规范、插头里有导电异物所致。

插头插针故障一般通过目视检查即可发现，小的问题可以通过简单处理进行解决，例如清除插针之间的杂物，矫正弯曲的插针，复位退缩的插针。对于断路与短路故障，可以利用万用表测量导线两头或导线之间的连通性，若发现问题，更换同规格的导线即可。对于电磁干扰故障，可以通过测量导线上信号来判断干扰影响，找到故障原因后，可以优化导线布局，消除电磁干扰。

2.3.2 航空接触器、继电器的常规检查和维修

航空接触器、继电器在安装使用过程中，由于操作不当、机械振动、电气参数超过额定值等原因，会出现开关不动作或动作时间超出范围等故障，因此，必须对其进行定期检查与维护。

航空接触器、继电器的常规检查与维护内容如下。

1）检查机件在机架的固定情况。发现松动时，用工具进行紧固。

2）检查导线、搭地线的连接情况。拧紧松动的导线、搭地线。

3）检查器件表面是否有油污、灰尘。表面不干净时，可用软布蘸汽油进行擦拭。

4）检查器件表面是否有击穿、磨损、烧坏、裂纹或其他损伤。出现损伤时，一般更换新件即可。

5）测量线圈电阻。当阻值超出范围时，更换电器元件。

表2-4是航空接触器的故障分析及维修措施，表2-5是航空继电器的故障分析及维修措施。

表2-4 航空接触器的故障分析及维修措施

序号	故障类型	可能原因	维修措施
1	接触器不吸合或不释放	外部连接故障或电源故障；线圈短路或故障；线圈控制开关故障	检查导线连接情况；检查接线柱电压；检查电线或电源是否故障；更换螺线管组件；更换整个器件
2	主触点接触压降超指标	触点磨损、烧损或有深凹痕；触点不干净；接触器接头松动；触点超行程不够	更换触桥或触点组件；清洁触点；拧紧接触器接头；调节触点超行程
3	辅助触点接触压降超指标	触点磨损、烧损或有深凹痕；触点不干净；触点超行程不够	更换辅助开关；清洁触点；调节触点超行程
4	动作时间一致性超指标	触点超行程不适当	调节触点超行程

表 2-5　航空继电器的故障分析及维修措施

序号	故障类型	可能原因	维修措施
1	接触器不吸合	外部连接故障或电源故障；线圈短路或故障；衔铁止动螺栓超出调节器；触点损伤	检查导线连接情况；检查线圈；检查接线柱电压；检查电线或电源是否故障；检查止动螺栓，并重新调节；检查触点
2	接触器不释放	触点损伤；返回弹簧损伤	检查触点、更换返回弹簧
3	绝缘强度不够	表面污染；玻璃胶密封处有裂纹；线圈导线被夹紧或收缩	清洁表面；检查玻璃胶密封情况；更换底座组件；检查线圈导线并重新布线
4	触点压降超出指标	触点磨损、烧损或有深凹痕；触点不干净；触点超行程不够	清洁触点；调节触点超行程
5	动作时间一致性超指标	衔铁的转动点被咬住	调节托架和转轴的固定螺钉，使衔铁能自由转动

励志篇

"大国神器"——AG－600 型水陆两栖飞机

AG－600 型水陆两栖飞机是我国自主研制的大型水陆两栖飞机，其总长 37m，翼展 38.8m，机高 12.1m，采用单船身、悬臂上单翼布局及前三点可收放式起落架，选装 4 台国产涡桨－6 发动机，最大起飞重量 53.5t，最大巡航速度 500km/h，最大航时 10h，最大航程超过 4000km。

AG－600 型水陆两栖飞机具有执行森林灭火、水上救援等多项特种任务的能力，还可根据需要加装必要的设备，满足执行海洋环境监测、资源探测、岛礁运输、海上缉私与安全保障、海上执法与维权等多种任务的需要。其中，AG－600 型水陆两栖飞机承担森林防火任务时，一次最多可汲水 12t，可对一个标准足球场大小的火场进行有效扑灭；在执行海上救援任务时，一次可救援高达 50 名遇险者。

复习思考题

1. 某波音导线标识为 W5530－0512G－22，请识别该导线，指出各部分数字的意义。
2. 导线的连接装置分为哪几类？分别用在什么场合？
3. 如何根据应用要求选择导线？
4. 电路的控制装置分为哪几类？简述各类的工作原理。
5. 熔丝分为哪几类？请简述各类的功能特性和应用场合。
6. 请简述航空插头的检查和维护工作内容。
7. 请简述飞机导线故障分类及其故障原因。

第3章　航空交流电源系统

3.1　航空交流发电机

3.1.1　交流发电机产生感应电动势的条件

3.1 交流发电机（1）

发电机正常发电，必须满足一些条件。从法拉第电磁感应定律可知，磁场中运动切割磁感线的导线，如图 3-1 所示，能够产生感应电动势，其计算式为

$$e = BLv\sin\theta$$

式中　B——磁感应强度；

L——导线正切割磁感线长度；

v——导线切割磁感线速度；

θ——v 与 B 之间的夹角。

也就是说，导线中形成电动势的条件主要有三个：磁场导线正切割磁感线长度 L 和导线切割磁感线速度 v。

发电机的内部有大量的绕组，它们由导线缠绕而成，其中一种称为电枢，它若要生成感应电动势，也必须具备这三个条件，交流发电机也是这样。

图 3-1　磁场中运动切割磁感线的导线

1. 交流发电机生成感应电动势的第一个条件

磁场是交流发电机生成感应电动势的第一个条件。磁场的生成是通过励磁绕组通入直流电流来实现的，这种生成磁场的过程称为励磁。

图 3-2 所示为一台交流发电机结构图。该发电机的磁场就是由转子中的励磁绕组产生的。当励磁绕组中有电流通过时，就会产生磁场，该磁场又作用于励磁绕组所缠绕的铁心，形成磁化，使得发电机中的磁感应强度增强到能够满足发电的值。这样，发电机的磁场就建立起来了。

发电机励磁建立磁场时的特点如下。

1）磁场主要是依靠励磁绕组中的电流产生的，有电流就有磁场，无电流就无磁场。

2）控制了励磁电流就等于控制了发电机的磁场。

通过控制励磁电流就可以控制、调节发电机的发电状态。发电机的励磁方式有很多，如

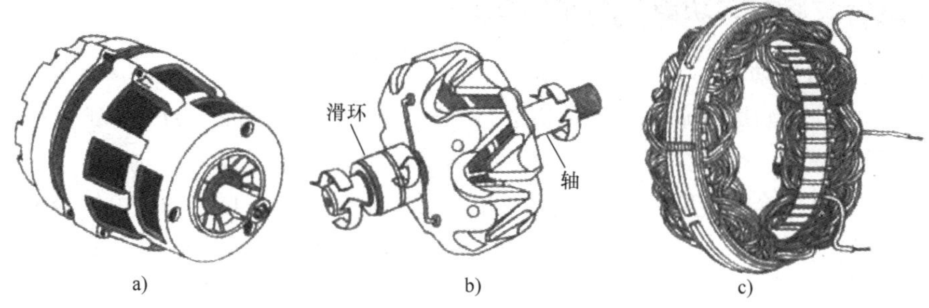

图 3-2 交流发电机结构图

a）外形图 b）转子 c）定子

图 3-3 所示。

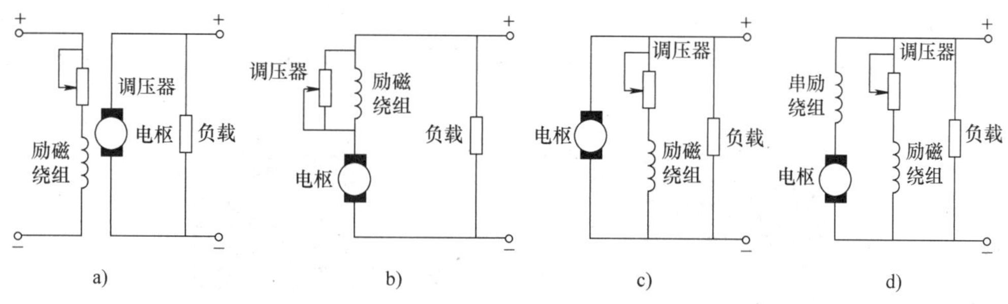

图 3-3 交流发电机结构图

a）他励式 b）串励式 c）并励式 d）复励式

1）他励式。励磁绕组与发电机以外的其他电源连接起来，与发电机输出的电压不相关，通过外电源给励磁绕组注入电流形成励磁。

2）串励式。励磁绕组和发电机串联起来，利用发电机输出的电流来励磁。

3）并励式。励磁绕组和发电机并联起来，利用发电机输出的电压来励磁。

4）复励式。它有两个励磁绕组，分别和发电机串联和并联，利用发电机输出的电流和电压来励磁。

2. 交流发电机生成感应电动势的第二个条件

导线正切割磁感线长度 L 是交流发电机生成感应电动势的第二个条件。电枢绕组中的导线缠绕在发电机的铁心上，在外部动力的拖动下切割磁感线，这是发电机本身具有的条件，在此不做过多说明。

3. 交流发电机生成感应电动势的第三个条件

导线切割磁感线速度 v 是交流发电机生成感应电动势的第三个条件。发电机转子在发动机的带动下转动，本身就具有转动速度，调整好磁场方向就会形成切割磁感线的现象，这个条件对于航空发电机来说也需要具备，这样发电机产生电动势的主要条件就全部具备了，此时，发电机在外部动力的拖动下就可以发电。

3.1.2 交流发电机的功能和结构组成

1. 交流发电机的功能

交流发电机的功能是将来自于发动机的机械能转变成交流电能，向飞机上的电气系统提供电压为115V/200V、频率为400Hz的稳定三相交流电。

飞机交流电源系统中的发电装置就是三相航空交流发电机，它是利用电磁感应定律实现将机械能转换为电能的装置。三相交流电可以满足机上90%左右的负载用电，并担负着变换后给蓄电池充电等多重作用。

2. 交流发电机的结构组成

飞机上的交流发电机分为有刷发电机和无刷发电机两种，最早使用的是有刷交流发电机，随着航空发电机技术的发展，出现了无刷航空交流发电机，该发电机被广泛使用在现代飞机上。

（1）有刷交流发电机的组成　有刷交流发电机分为定子和转子两部分。定子又分为定子铁心，定子铁心由定子冲片叠压而成的定子绕组、机座、端盖、铭牌等组成。转子由转子铁心、转子绕组、滑环、轴承、风扇等组成。其中，转子铁心由转子冲片叠压而成，如图3-4所示。

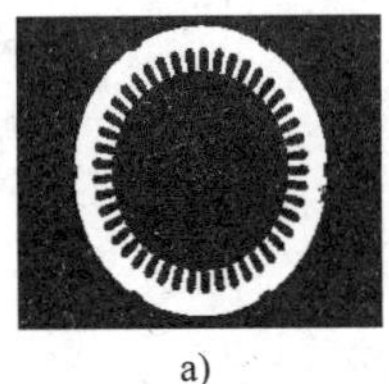
a)

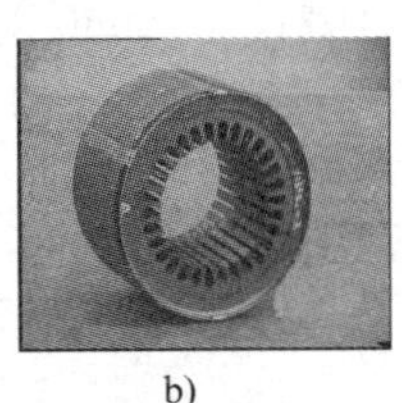
b)

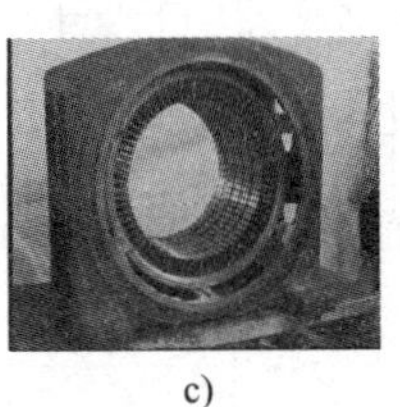
c)

图3-4　有刷交流发电机定子铁心结构图

a）定子冲片　b）制作完成的定子铁心　c）带机壳的定子铁心

定子铁心中有槽，槽中装有绕组，绕组种类如图3-5所示。

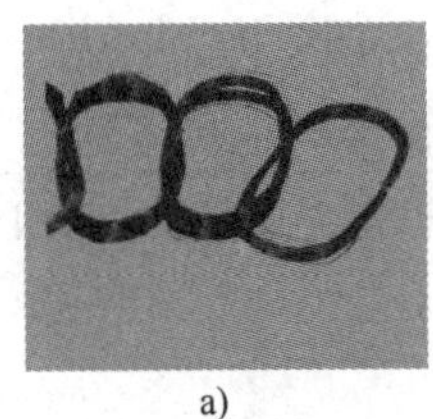
a)

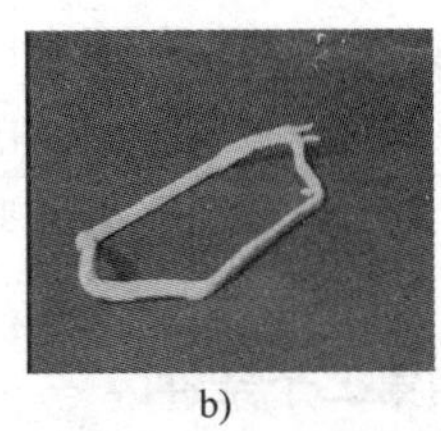
b)

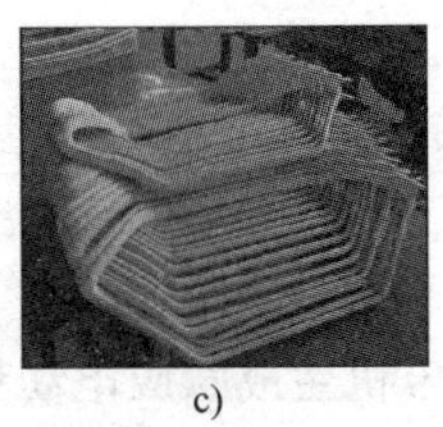
c)

图3-5　有刷交流发电机定子绕组

a）散嵌定子绕组　b）成形定子绕组　c）成叠定子绕组

有刷电动机的转子轴上安装有两个集电环（针对内极式发电机），如图3-6所示，通过相对应的电刷与外部直流电源相连接，将外部直流电源产生的直流电流注入到转子内的励磁绕组中，形成励磁。

图3-7a所示为转子冲片，它的开槽在外圆，而不是定子铁心的内圆，图3-7b所示为转子铁心，其表面有沟槽。图3-7c所示为转子，内有轴、转子铁心、轴承、转子绕组和滑环，用于接外部直流电源形成励磁。

（2）无刷航空交流发电机的组成　现代飞机主要以无刷航空交流发电机为主，该发电机避免了采用电刷集电环的结构，可靠性高，也不需要经常维护，这对航空发电机来说意义很大。图 3-8 所示为该类型发电机的结构图，它主要由永磁发电机（又称为永磁式副励磁机）、交流励磁机、旋转整流器组件、主发电机（又称为交流发电机）、转子轴等部件组成，它是恒速恒频交流电源系统的发电机。

它的输入端无端盖，如图 3-9 所示，与恒速传动装置配置成一体工作，可共用一个端盖，也可共用一个油路，附件齿轮箱和 IDG（交流发电机）可以快速安装和脱卸，这种结构特点有利于航空同步发电机缩小体积和减轻重量。

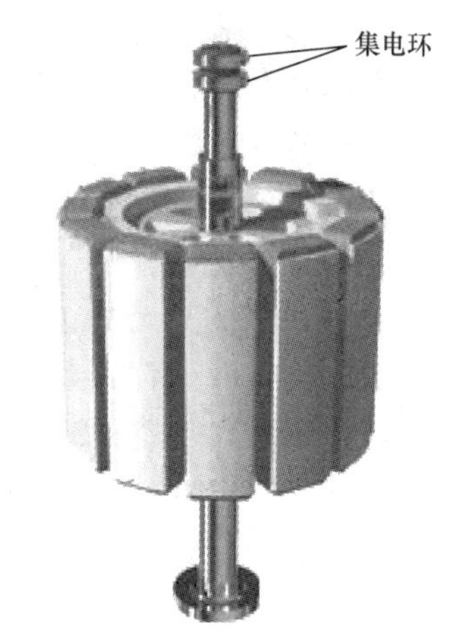

图 3-6　有刷电动机的转子集电环

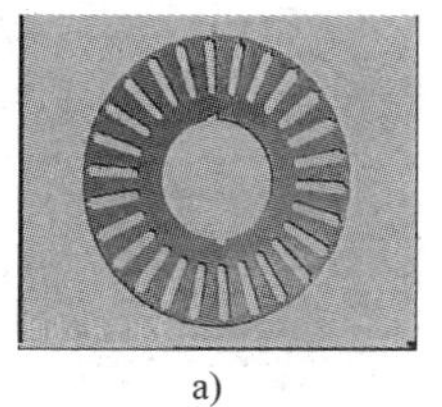

a)

b)

c)

图 3-7　有刷交流发电机转子结构图

a）转子冲片　b）转子铁心　c）转子

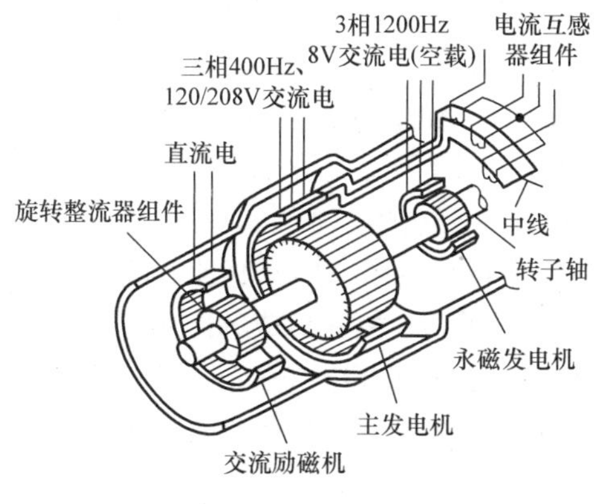

图 3-8　无刷交流发电机结构图

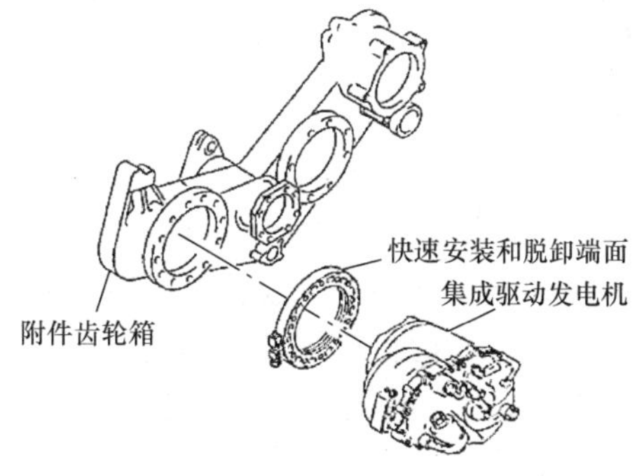

图 3-9　IDG 与附件齿轮箱之间的快速脱卸

3.1.3　航空交流发电机的工作原理

1. 有刷航空交流发电机的工作原理

（1）一对磁极的交流发电机工作原理　交流发电机工作时，先建立主磁场。从图 3-10 中可以发现，转子上缠绕有通入直流电的励磁绕组，故可以判断转子是形成磁场的部分，而定子中有 A、B、C、X、Y、Z 六个线头，可以断定它们是用来切割磁感线，生成感应电动势的。因此，转子励磁绕组通以直流励磁电流，就建立起了主磁场。而单相电枢绕组充当感应电势或者感应电流的载体。原动机拖动转子旋转（相当于给电动机输入机械能），励磁磁场随轴一起旋转，就被定子绕组切割（相当于绕组的导体运动来切割励磁磁场的磁感线）。由于电枢绕组与主磁场之间有相对切割运动，电枢绕组中就会感应出大小和方向按周期性变化的交变电动势，通过输出导线输出交流电压。这就是交流发电机的工作原理。

（2）两对磁极的交流发电机工作原理　图 3-11 所示为两对磁极的交流发电机原理图，与一对磁极的发电机基本相同，不同的是，定子中的线头和绕组的数量是一对磁极发电机的两倍，而转子中形成的磁极数量也是一对磁极发电机转子磁极的两倍，故转子转一周，定子中的感应电动势变化两周。

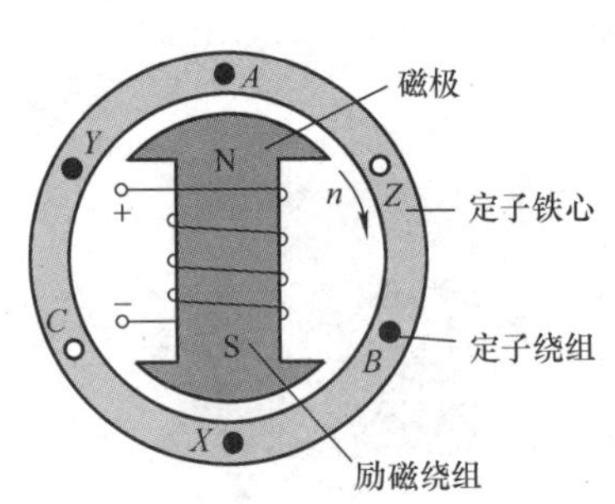

图 3-10　一对磁极的交流发电机原理图

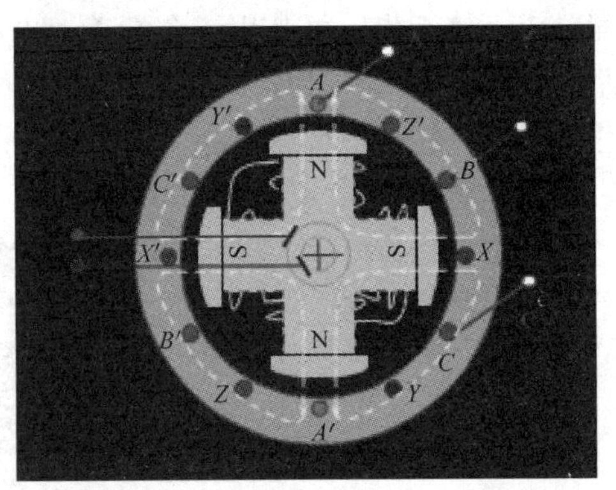

图 3-11　两对磁极的交流发电机原理图

2. 无刷航空交流发电机的工作原理

3.1　交流发电机（2）

图 3-12 所示为无刷航空交流发电机原理图，在永磁式副励磁机中，永久磁铁在转轴的带动下不停地旋转，产生的磁感线就被它定子中的三相感应绕组切割，产生感应电动势，这样永磁式副励磁机就感应出了电压，该电压经调压器和交流励磁机励磁绕组 W_{jj}，产生磁场，作用于交流励磁机的转子感应绕组，形成切割磁感线的作用，在交流励磁机转子绕组中就产生了三相感应电压，交流励磁机中的电压就建立起来了。然后经整流电路，形成直流，输入 W_j 绕组，产生交流发电机的磁场，也就是主磁场，因该磁场在转子中，故其形成的磁感线也随之而旋转，使得交流励磁机定子中的感应绕组产生感应电压。由于此绕组有三个，故产生的感应电压为三相交流电压，至此，该交流发电机的电压就建立起来了，这也是组合式无刷交流发电机的工作原理。

图 3-13 所示为 B757 无刷航空交流发电机原理图，这是一种典型的三级无刷交流发电机，具有过电流保护、频率检测、永磁发电机的相短路检测、整流二极管短路检测等功能。

3.1.4　航空交流发电机的冷却方式

1. 风冷

现代飞机采用的风冷方式一般是飞机飞行时的迎面气流冷却，迎面气流从发动机的进气道进入，吸收发电机工作的热量后，从发电机传动端壳体上的排气口排出。

迎面气流冷却受飞机飞行条件的影响比较大。飞机飞行高度增加时，大气密度降低。这

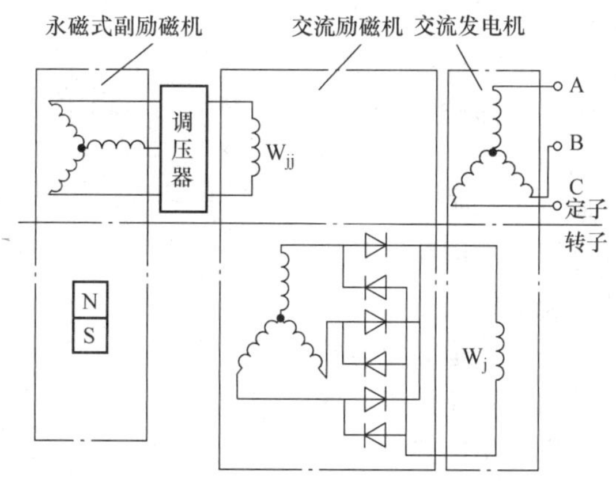

图 3-12　无刷航空交流发电机原理图

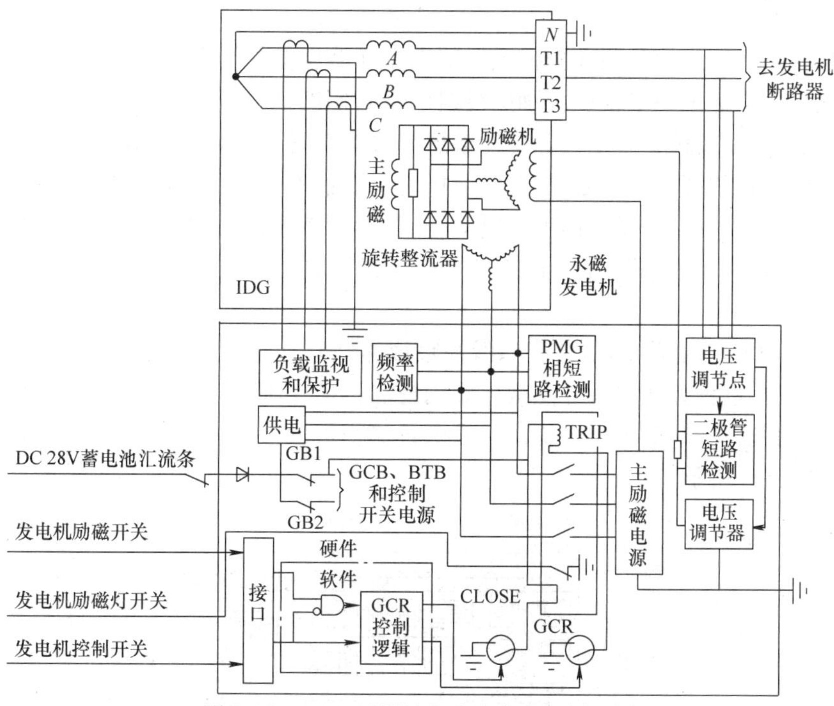

图 3-13　B757 无刷航空交流发电机原理图

时尽管飞行速度不变，进入发动机的冷却空气质量却大为减少。例如，海平面空气密度为 1.255kg/m^3，10000m 高空时空气密度为 0.41255kg/m^3，只有海平面空气密度的 1/3，因此，进入同样体积的空气能带走的热量大为减少。

2. 油冷

在风冷发电机不能满足高空高速飞行的情况下，油冷发电机应运而生。在相同的情况下，带走同样热量，所需润滑油的体积比空气小得多，所以油冷发电机的油路截面小，其体积和重量也可减轻。由于润滑油吸收热量后油温升高，可以利用飞机上的燃油带走润滑油的热量，这种采用燃油－润滑油散热器的油冷发电机，受飞机飞行高度和速度的影响较小。

应用于航空交流发电机的油冷冷却方式分两种，分别是循油冷却和喷油冷却。

(1) 循油冷却　如图 3-14 所示，飞机润滑油循环通入发电机的机壳油路和转轴油路，由此将发电机产生的热量带走，即循油冷却。

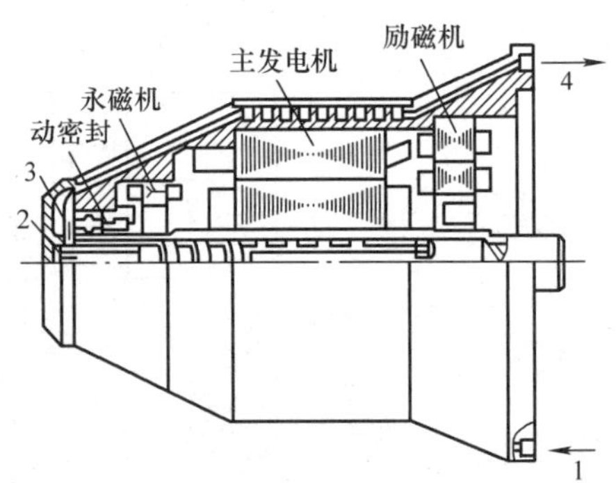

图 3-14　循油冷却交流发电机结构图
1—入油口　2—中心油口　3—油道　4—出油口

润滑油从传动端的入油口 1 进入发电机机壳，由机壳上的螺旋油道通过小端盖，然后由小端盖的中心油口 2 进入螺旋轴的内孔，并沿轴内的螺旋油路返回，然后流动的润滑油冷却并润滑轴承，再经小端盖的另一油道 3 流至机壳的另一螺旋油道，最后从出油口 4 流出。润滑油沿油道流动，吸收发电机产生的热量，流出的热油经冷却（常用飞机燃油来冷却）再循环使用。从油路路径可以看出，润滑油不直接与发热体接触，而是沿管道流动，则容易产生以下问题。

1）引起发电机发热的是两大类损耗，即铜损（绕组损耗）和铁损（磁滞损耗和涡流损耗)，所以热量集中部位在电枢组合励磁绕组以及它们的铁心里。但循油润滑的润滑油没有与主要发热部位直接接触，而是只靠传导散热，效率不高，影响了冷却效果。

2）由于发电机的绕组、铁心及其他附件不允许受到污染和腐蚀，需要保持清洁，润滑油不能与转子直接接触，所以结构上需要动密封。动密封是轴上为了防止润滑油渗入发电机内腔而设置的一副滑动接触组件，它结构复杂，容易磨损，因此影响发电机的寿命和可靠性，增加了维护要求。

(2) 喷油冷却　喷油冷却是指将润滑油喷成雾状直接与电动机发热部位接触而将热量带走的冷却方式。这种方式既有导热效果好的特点，又有风冷那样冷却介质直接与发热部位接触的优点。因此，冷却效果显著提高，发电机体积重量可以进一步缩小。喷油冷却交流发电机结构如图 3-15 所示。

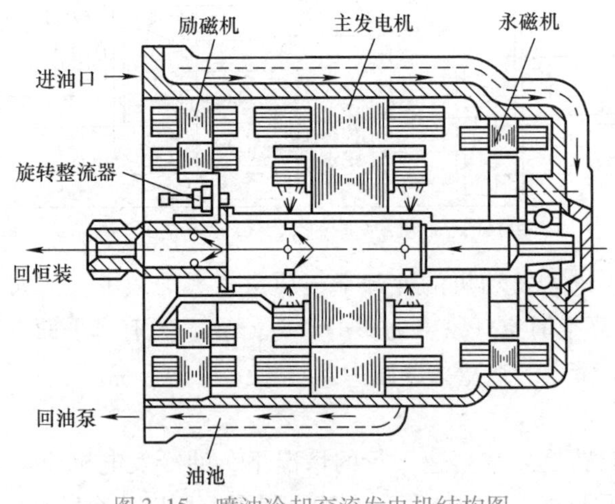

图 3-15　喷油冷却交流发电机结构图

喷油冷却将润滑油呈雾状喷出，雾状程度越好，则与发热体的接触面积越大，冷却效果越好，对导线绝缘的冲击作用也越小。喷油冷却所用润滑油统一由恒速传动装置的润滑油系统提供。

3.1.5　典型实例

1. 某型飞机交流发电机结构

图 3-16 所示为某型飞机的航空交流发电机外形图，其结构为组合式结构，由三相交流发电机和液压恒速传动装置共同组合而成，故称为组合式交流发电机。

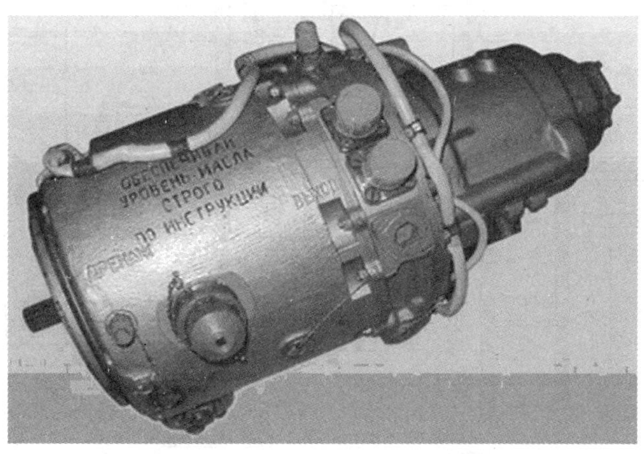

图 3-16　组合式交流发电机外形图

图 3-17 所示为三相交流发电机的电路结构图，主要由副励磁机、励磁机、旋转整流器、主发电机组成。

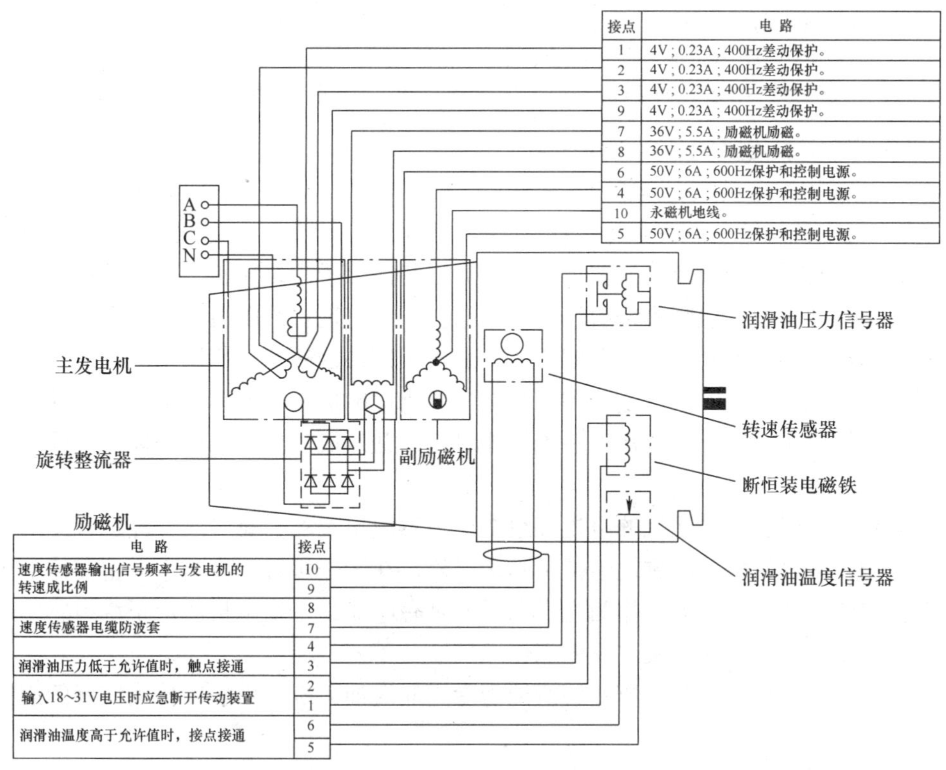

图 3-17　三相交流发电机的电路结构图

图 3-18 所示为液压式恒速传动装置结构图，主要由差动行星齿轮系、液压马达与液压泵组件、附加装置等组成。

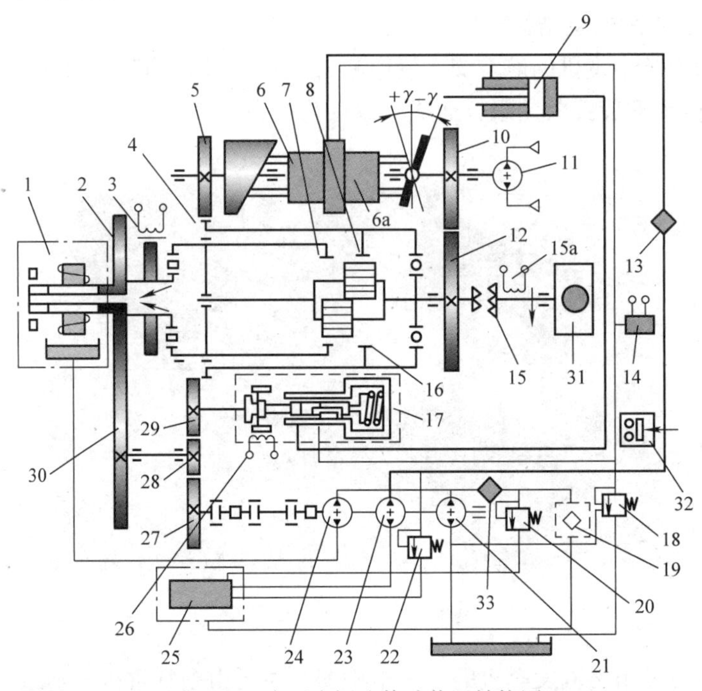

图 3-18　液压式恒速传动装置结构图

1—发电机　2、4、5、7、8、10、12、16、27、28、29、30—齿轮　3—转速信号器　6—不可调液压机　6a—可调液压机　9—伺服作动筒　11—增压泵　13—过滤器　14—压力信号传感器　15—带脱开机构的离合器　15a—机械脱开电磁铁　17—离心调节器　18、20、22—安全活门　19—外燃油润滑油散热器　21、24—回油泵　23—输油泵　25—全姿态油箱　26—离心调节器电磁铁　31—航空发动机　32—温度信号传感器　33—过滤器 - 金属屑收集器

2. 组合式交流发电机的基本工作情况

（1）三相交流发电机的工作情况　三相交流发电机输出的三相交流电压频率固定，为 400Hz，是飞机电源系统中的主电源。如图 3-17 所示，三相交流发电机是三级无刷发电机，内装有三相交流励磁机和旋转整流器。旋转整流器装在转子内，随转子一起转动，整流器连接成桥式电路并为主发电机励磁绕组注入直流电流。为实现自给励磁，并给保护和控制电路供电，在发电机和励磁机同一个轴上配置一个由永久磁铁励磁的三相次励磁机。

在发电机内腔，主发电机定子的端部配置有防止发电机绕组或动力馈线短路的差动保护电流互感器，发电机壳体与恒速传动装置壳体对接，并形成一个共同的腔体，其外壳材料为铝合金材料。

当发电机旋转时，次励磁机的电枢绕组中产生感应出三相交流电压，经过调压器功率放大电路的控制，为励磁机的励磁绕组提供励磁电流，在励磁机转子绕组中产生交流电压，经过旋转整流器整流变为直流电，作为主发电机的励磁电流，主发电机的定子绕组感应产生三相交流电压，这就是三相交流发电机的工作原理。

发电机采用喷油冷却方式，所用润滑油为专用润滑油，统一由恒速传动装置的润滑油系统提供。

（2）液压式恒速传动装置的工作情况　恒速传动装置的作用是为发电机转子提供稳定

的转速。当发动机转速在4340～8680r/min范围内变化，以及发电机的负载由空载到最大值变化时，保持发电机转子的转速恒定，其原理结构如图3-18所示。

为了保证发电机轴转速不变，传动装置输入轴的转动经过带辅助轴的差动行星齿轮系传送给发电机轴。差动行星齿轮系将主动轴与辅助轴的转速之和传给输出轴，如果辅助轴不转，则输出轴转速与输入轴转速之比为行星齿轮减速器的传动比，即直接传动状态。

如果辅助轴转向与输入轴相反，则输出轴转速将高于直接传动状态时的转速，如果辅助轴转向与输入轴相同，则输出轴转速将低于直接传动状态时的转速。因此，为了使输出轴的转速保持恒定，必须使辅助轴向相应的方向转动。辅助轴的转向由液压泵与液压马达组件和附加装置控制。

3.1.6 某型飞机组合式交流发电机技术指标

线电压	204V
额定功率	30kVA（在使用期限内，容许有一次以45kVA的功率持续工作2h，但随后需予以换新）
频率	396～404Hz
功率因数	≥0.8
相数	3
电流	82.5～84.1A
相位连接	星形，带中线
相序	A-B-C
输入转速工作范围	4340～8680r/min
发电机转速	11980～12120r/min
工作状态	连续
转速为12000r/min时次励磁机开路电压	46.5～48.3V
次励磁机频率	792～808Hz
净质量	≤37kg

3.2 恒速传动装置

3.2.1 功能

3.2 恒速传动装置(1)

恒速传动装置是飞机上的重要装置，它位于发动机和发电机之间，起着传动和稳定发电机转速的作用，恒速传动装置工作的好坏将直接影响着发电机的发电质量。恒速传动装置是指装在航空发动机上把动力传给飞机交流发电机并将发动机变化的输入转速转变为恒定的输出转速的特种装置，简称恒装，如图3-19所示圈住部分。

图 3-19 恒速传动装置

恒速传动装置具有两种功能。

1）传动。将发动机的动能传递到发电机。

2）保证输出给发电机的转速恒定，即保证发电机的转速稳定在额定值上。

3.2.2 位置与组成

1. 恒速传动装置的位置

图 3-20 所示为恒速传动装置在涡轮风扇发动机上的位置，发动机输出的转速经过塔轴、附件齿轮箱、恒速传动装置，最后带动交流发电机转动。

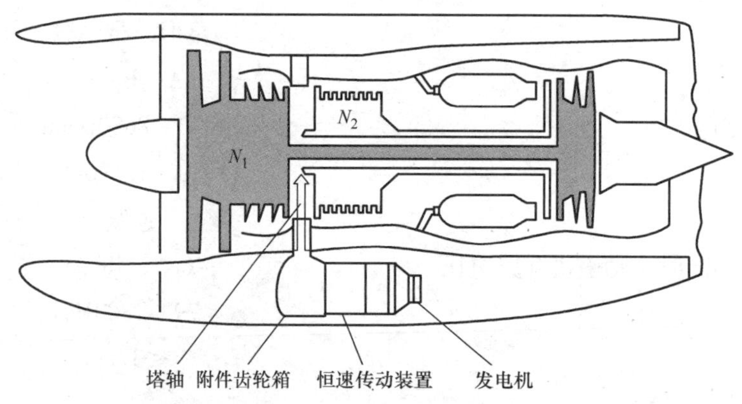

图 3-20 恒速传动装置的位置

2. 恒速传动装置的组成

3.2 恒速传动装置(2)

恒速传动装置主要由差动行星齿轮系、液压泵－液压马达组件、附加装置组成，附加装置由转速调节器、保护装置和润滑油系统组成。其组成如图 3-21、图 3-22 所示。

差动游星齿轮系的一个输入轴由航空发动机带动，另一输入轴由转速补偿系统中的液压马达带动，而其输出轴与交流发电机转轴相连，故发电机的转速决定于航空发动机的转速和液压马达所给予的补偿转速。航空发动机的转速为额定值时，转速补偿系统提供的补偿量为零。

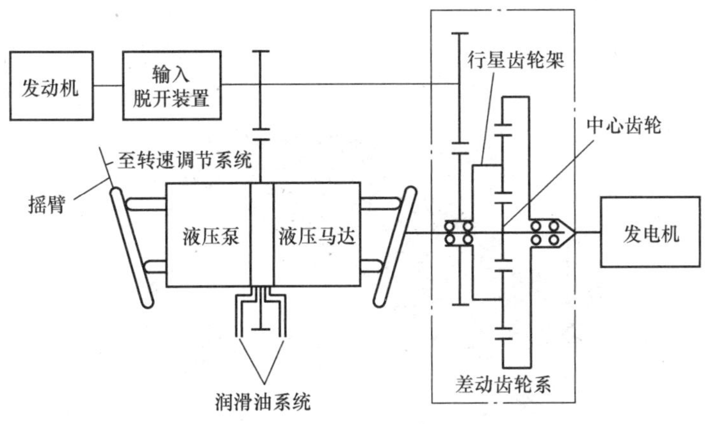

图 3-21　恒速传动装置组成关系图

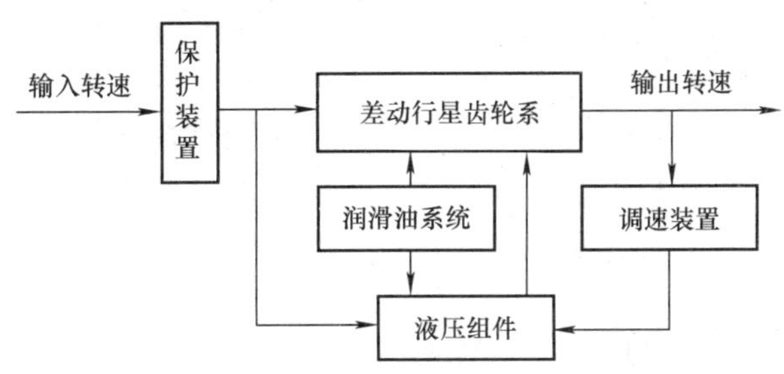

图 3-22　恒速传动装置组成原理图

发动机转速变化或负载变化而导致发电机转速偏离额定值时，调速系统动作，适当改变液压泵中可动斜盘的倾斜角，改变泵打油量使马达转速变化，从而使发电机转速恢复到额定值。在这种恒速传动装置中齿轮系和泵－马达两部分都传送功率，且以前者为主，故工作可靠、效率高（可达 85%）、体积小，得到广泛应用。

3.2.3　恒速传动装置的工作原理

图 3-23 所示为差动行星齿轮系传动关系结构图，其中恒速传动装置输出齿轮的转速是由两部分合成的，一部分是发动机输入轴经过差动游星齿轮系直接传输的转速，其随发动机转速变化而变化；另一部分是液压马达经差动行星齿轮系传输的转速，二者合成后将保持输出转速的恒定。在这种传动装置中，发电机所需功率大部分由差动行星齿轮机构直接传递，而液压泵和液压马达只传递小部分功率，所以液压泵和液压马达的质量及体积都比较小，因而整个恒装的体积和质量都不大，使其工作可靠性相对较高。

当输入转速小于直接传动转速时，恒速传动装置在增速状态下工作。图 3-24 所示为液压泵－液压马达传动关系结构图，从图中可知，可变液压组件输出的高压液压油推动固定液压组件的柱塞转子顺时针方向转动，带动输入环形齿轮逆时针方向转动。此时输入环型齿轮的差动方向与齿轮托架的转向相反，给输入转速以增补，使输出转速达到规定值。当输入转速继续增大时，需要增补的转速减少，由可变液压组件来的供油量也减少，使固定液压组件柱塞转子的转速降低，使输入环型齿轮的差动转速降低，从而保持输出转速不变。

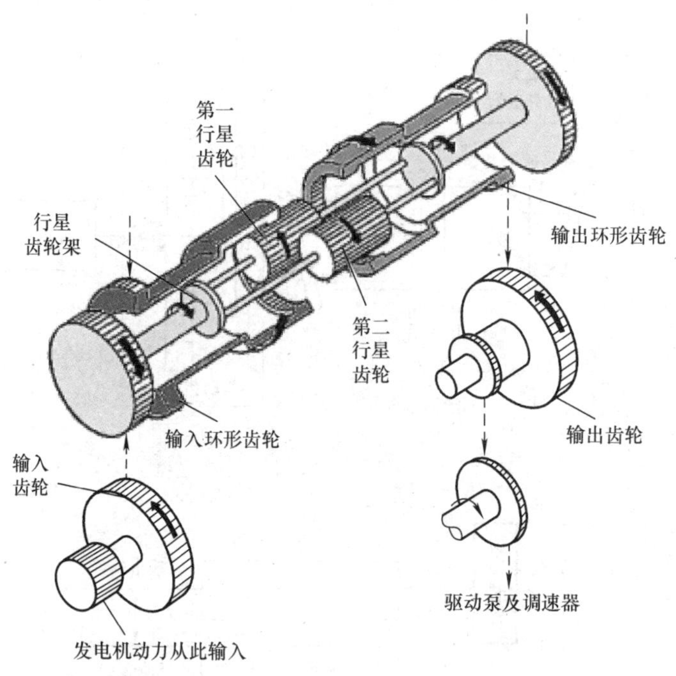

图 3-23　差动行星齿轮系的传动关系图

当输入转速增加到要求的直接传动转速时，伺服活塞使斜盘角度恰好为 0°，斜盘与柱塞转子的旋转轴垂直。此时，可变液压组件处于既不压油也不吸油的自由旋转状态，使固定液压组件处于液压锁定状态，输入环型齿轮被制动。

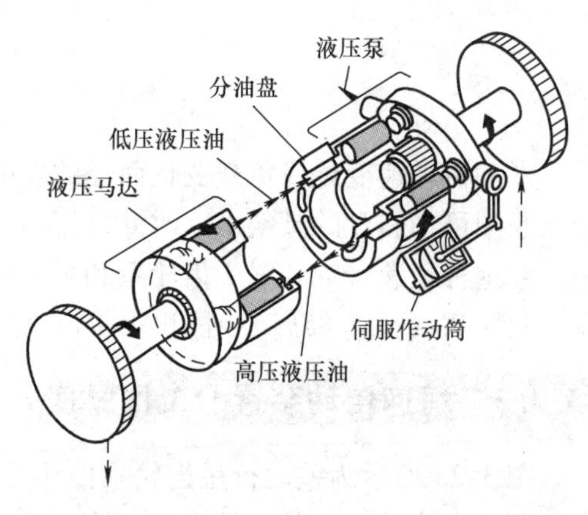

图 3-24　液压泵－液压马达传动关系结构图

当输入转速增加到大于直接传动转速时，调速器操纵伺服活塞继续缩回（图 3-25），则使斜盘角度变为负值，柱塞转子、柱塞组开始沿相反方向输出高压油，从而使固定液压组件反向转动，带动输入环型齿轮顺时针方向转动，即进行反向差动，恒速传动装置在减速状态下工作。随着输入转速增加，斜盘角度继续变小，反向输出的高压油量增大，固定液压组件转速加快，使输入环型齿轮的反向差动转速加快，输出转速继续保持恒定。

3.2.4　恒速传动装置的工作状态

为保持发电机转速在额定值所需要的恒装输入轴转速称为制动点转速，又称为直通传动点转速。当恒装输入轴转速分别等于、低于或高于制动点转速时，恒装存在以下三种工作状态。

（1）零差动工作状态　此状态下，恒装输入轴转速等于制动点转速。液压马达不转动，整个系统类似于固定传动轴，恒装输入转速等于发电机额定转速。

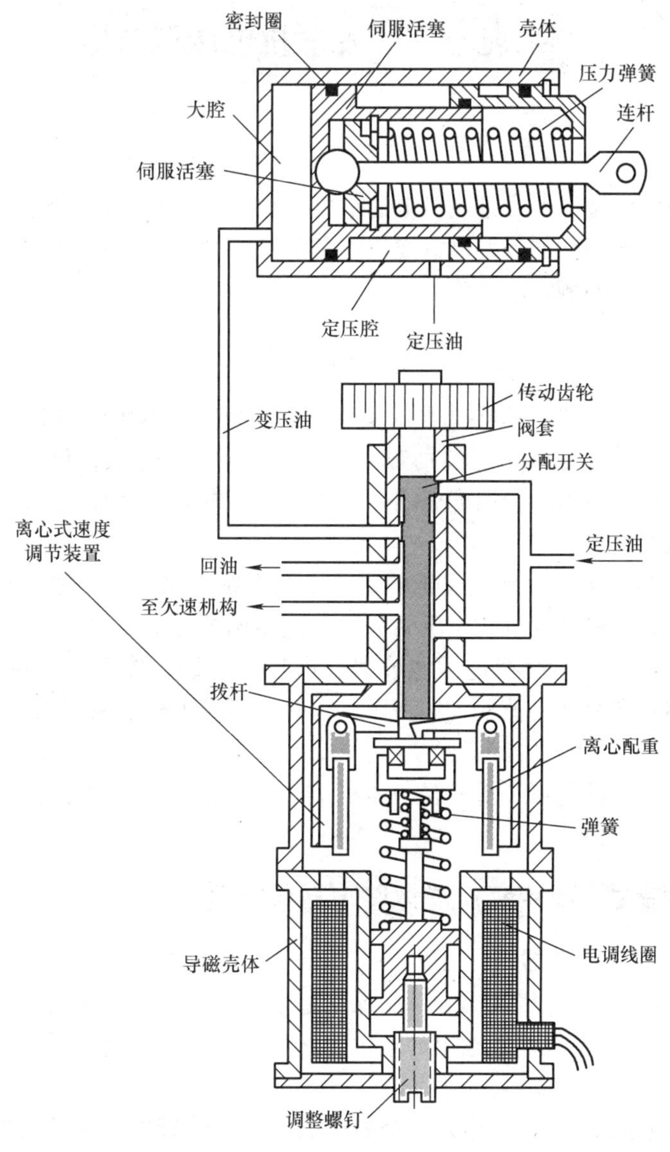

图 3-25 调速器、伺服活塞传动图

（2）正差动工作状态 此状态下，恒装输入轴转速低于制动点转速。此时，转速调节系统会使液压泵可动斜盘向左倾斜，柱塞行程改变，液压泵向液压马达压油，对中心盘压力增加。发动机转速越低，液压泵的可动斜盘倾斜角度越大，液压马达转速越高。此时，液压马达起加速作用。

（3）负差动工作状态 此状态下，恒装输入轴转速高于制动点转速。与正差动工作状态相反，可动斜盘向右倾斜，发动机转速越高，可动斜盘向右倾斜角度越大，液压马达逆时针方向转速越快。此时，液压马达起减速作用。

3.3 航空交流发电机电压调节器

3.3.1 功能

电压调节器简称为调压器，是飞机上的重要装置，它位于发电机和汇流条之间，起着稳定发电机输出电压的作用。如若发电机或汇流条电压突然偏离额定电压，则电压调节器在短时间内重新将电压调节到额定电压值。

3.3.2 类型

（1）磁碳式电压调节器　磁碳式电压调节器又称为碳柱电压调节器，没有活动接触点，属于电气机械式，其缺点是碳柱通过励磁电流，因而消耗功率大；抗振性能与抗冲击性能差，调压线圈电阻和弹簧力易受温度影响，调压精度不高，寿命也不长，适用于小容量飞机使用，如涡桨飞机。

（2）晶体管电压调节器　现代飞机的交流电源系统都采用晶体管电压调节器。晶体管电压调节器有两种，一种是直放式电压调节器（电压调节器晶体管工作在放大状态），另一种是脉冲调宽式（PWM）晶体管电压调节器（电压调节器晶体管工作在开关状态）。由于直放式电压调节器存在晶体管消耗大的缺点，因此，现代飞机上采用的调压器都是 PWM 式晶体管电压调节器。

晶体管电压调节器的优点：重量轻，体积小，调压精度高，误差只有 ±0.05%，无活动触点，寿命长，维护方便。

3.3.3 脉冲调宽式（PWM）晶体管电压调节器

1. 简单晶体管电压调节器

3.3 交流发电机电压调节器（1）

为了使发电机输出的电压保持稳定，必须在发电机旁边安装一个电压调节器以稳定交流发电机输出的电压。这个电压调节器通常采用交流晶体管电压调节器。

图 3-26a 所示电路是一个简单的交流晶体管电压调节器电路结构，励磁绕组控制着发电机的磁场强弱；晶体管电路工作在饱和状态时，相当于开关闭合，工作在截止状态时，相当于开关断开。因此，如图 3-26b 所示，该晶体管就相当于一个开关，受着基极电压的控制，电压高时，相当于开关闭合，电压低时，相当于开关断开。

图 3-27 所示为矩形波控制电压信号，当它作用在晶体管的基极时，晶体管就会处于交替开关的状态，高电位来时，开关闭合，低电位来时，开关断开，故晶体管按照周期规律进行开关。这时，励磁线圈 W_{ij} 就会产生电流，其平均值用 I_{ij} 表示，其大小等于 $E\sigma/R_{ij}$，其中，E 为励磁电路的电源电压，R_{ij} 为励磁绕组的电阻，σ 为矩形波控制电压信号占空比，σ 等于 t_1/T，故 I_{ij} 可表示为 $Et_1/R_{ij}\ T$，从式中可以看出，t_1 在 T 中所占的比例越大，则 I_{ij} 越大，发电机的磁场就会越强。如 t_1 在 T 中占的比例越小，则 I_{ij} 越小，发电机的磁场就会越弱。也就是说，占空比控制着发电机磁场的强弱，继而控制着发电机的输出电压大小。这就

是电压调节器控制发电机输出电压的基本控制原理。

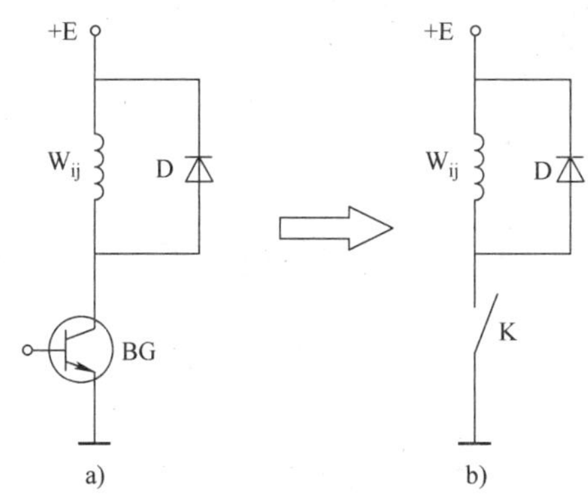

图 3-26 简单晶体管电压调节器

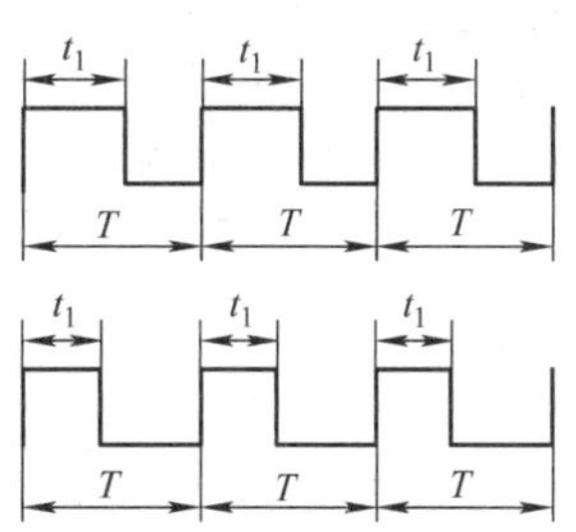

图 3-27 矩形波控制电压信号

2. 脉冲调宽式晶体管电压调节器

脉冲调宽式晶体管电压调节器在飞机上应用得比较多，在此以脉冲调宽式晶体管电压调节器为例来介绍它的功能、组成和工作原理。

（1）功能和组成 脉冲调宽式晶体管电压调节器的功能是调节发电机输出电压，保持其数值维持在额定值。图 3-28 所示为脉冲调宽式晶体管电压调节器结构框图，它由测量比较电路、调制电路、整形放大电路、功率放大电路四部分组成。

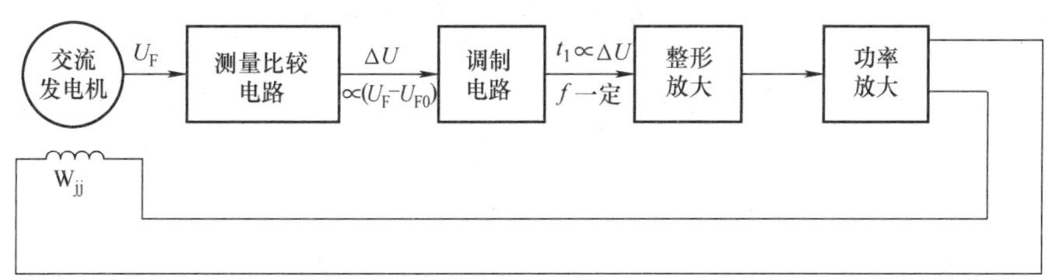

图 3-28 脉冲调宽式晶体管电压调节器结构框图

（2）工作原理 测量比较电路如图 3-29 所示。

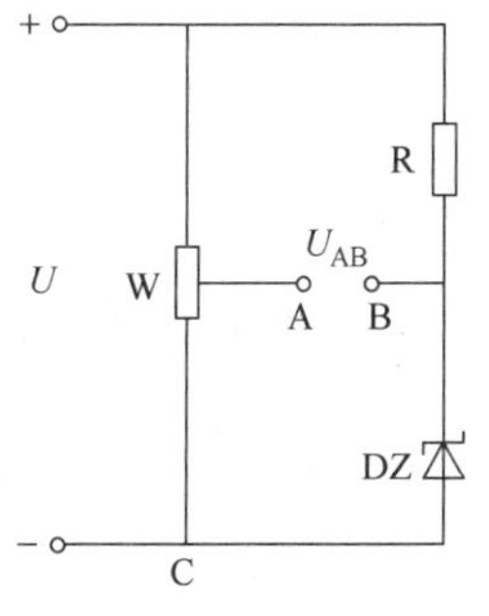

图 3-29 测量比较电路

测量比较电路的作用是获得发电机输出取样电压与基准电压相比较而产生的差值电压，该差值电压随发电机电压变化而变化，且能够反映发电机输出电压变化状况。图 3-29 所示测量比较电路由一个固定电阻 R、一个可调电阻 W、一个稳压二极管 DZ 组成。U 是经降压后从发电机输出端提取的电压，其大小比发电机输出电压小，但其变化规律与发电机输出电压一致，作用在输入端。A、B 两端为桥路中两个抽头，一端连在可调电阻的中心抽头，另一端连在稳压二极管 DZ 上。U_{AB}为输出电压，其值大小等于 $U_{AC}-U_{BC}$。

在发电机工作正常时，U 的波形如图 3-30 所示，是经整滤波流后形成的锯齿波，经过分压可得 U_{AC}，比 U 小一些，U_{BC}为稳压二极管 DZ 上的电压，它被 DZ 稳定下来，不受发电机的影响。故 U_{AB}就可得如图 3-31 所示的形状，这样测量比较电路就将输入下一级电路的控制电压取出了。这个控制电压只是一个锯齿波，还不是标准矩形波电压，必须进行调制处理，那么调制电路又是怎样的呢？

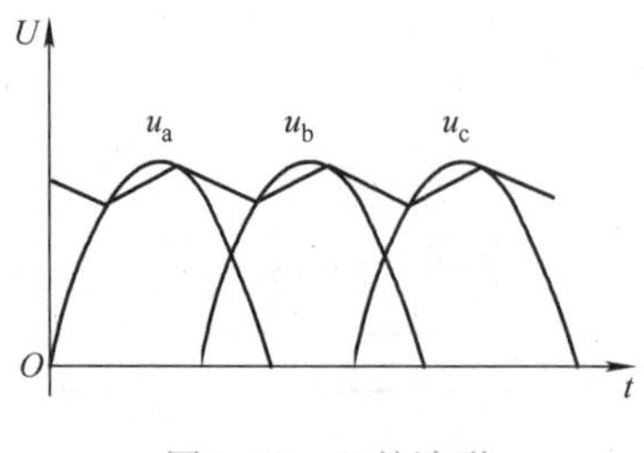

图 3-30 U 的波形

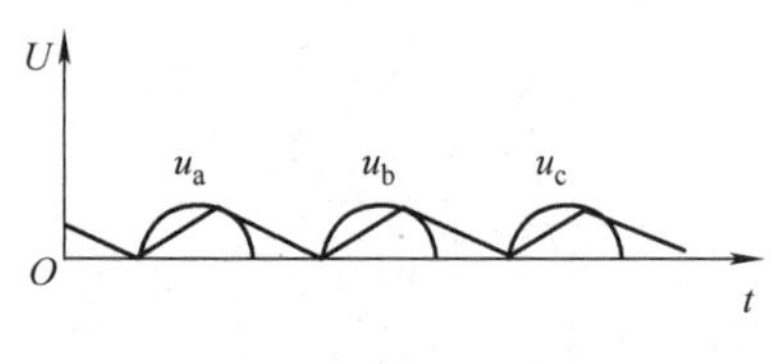

图 3-31 U_{AB}的波形

3.3 交流发电机电压调节器（2）

调制电路的作用是利用测量比较电路输出电压中的三角波进行调制，获得近似梯形形状的电压波形。

图 3-32 所示为一个简单的调制电路，由两个电阻、一个晶体管构成，利用晶体管的截止区和饱和区，将基极的锯齿波变成梯形波输出。

电阻 R 串联在基极，它的伏安特性如图 3-32 中的 2 线，晶体管基极伏安特性如图 3-32 中的 1 线，因 R 与基极串联，故总电压等于两电压相叠加，也就是 2 线加 1 线，就成了 3 线，3 线是含 R 在内的整个电路的伏安特性曲线。输入的锯齿波电压就沿着 3 线的规律，产生输出电压 U_{SC} 了。该电路的放大特性中有一个死点电压 U_{BO}，指的是输入电压小于此电压时，晶体管截止，U_{SC} 输出高电位；还有一个饱和电压 U_{BS}，指的是输入电压大于此电压时，晶体管饱和，U_{SC}输出低电位。

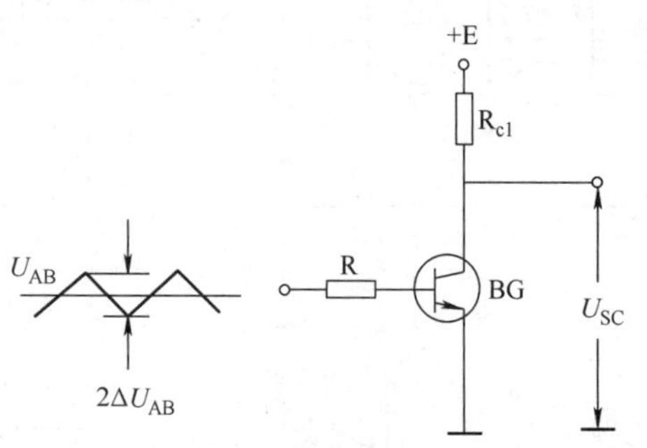

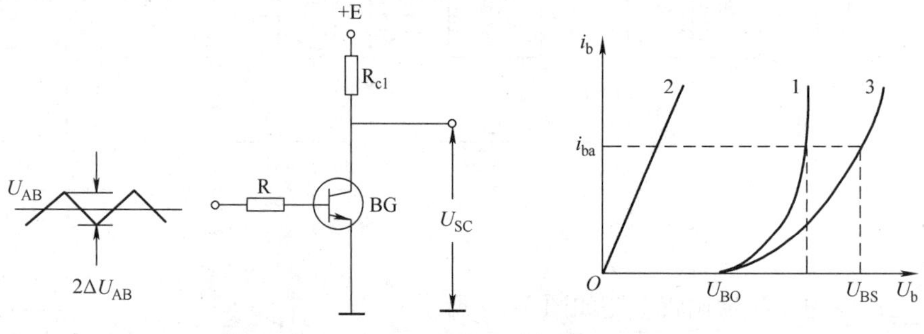

图 3-32 简单的调制电路

随着时间的推移，锯齿波电压有时低于死点电压，有时又高于饱和电压。低于死点电压，晶体管截止，U_{SC} 输出高电位；高于饱和电压时，晶体管饱和，U_{SC} 输出低电位。故在输入锯齿波电压作用下，U_{SC} 就形成了梯形波，如图 3-33 所示。

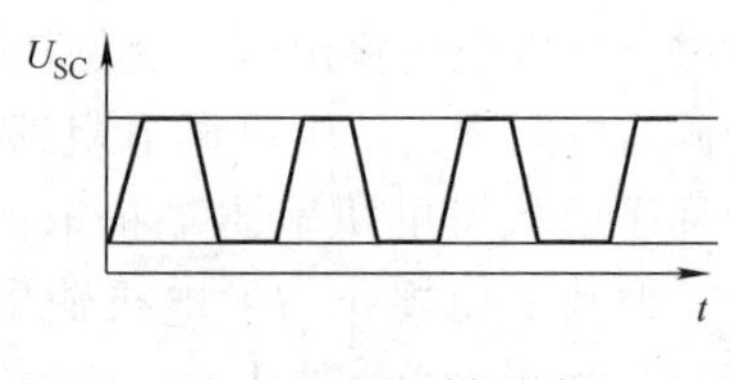

图 3-33 U_{SC}梯形波

U_{SC}波形是梯形波，不是标准矩形波，难以控制晶体管的开关状态，很难实现电压调节器的正常工作。

在调制电路的后面加入一个整形放大电路，如图 3-34 所示。整形放大电路的作用是把调制电路的输出脉冲信号整形为比较标准的矩形波，并加以放大，去控制晶体管。

图 3-34 右上角所示波形就是一种标准的矩形波，其特点是陡上、陡下。常见的改善波

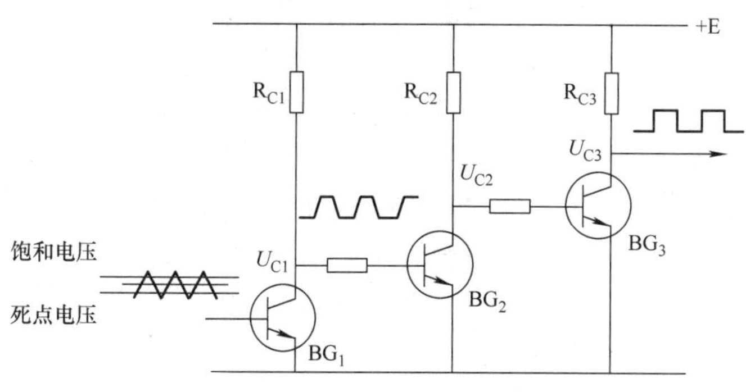

图 3-34 整形放大电路

形的措施有两种，一种是选择电路参数，提高晶体管的饱和深度；另一种是采用正反馈。图 3-34所示电路就是提高晶体管饱和深度的整形电路。它由三级放大电路组成，第一级是调制级，晶体管 BG_1输出的波形是梯形波，第二、三两级的作用是整形放大。在梯形波输入的 BG_2基极作用下，BG_3输出的波形就比梯形波更好一些，而且电位的值也得到升高，但还是不太理想。

如图 3-35 所示，再加一级正反馈电路 RC，RC 把第三级集电极电位的变化速率正反馈到第一级 BG_1的基极，实现陡升、陡降的效果，形成一个标准的控制电压。这个控制电压是怎样实现发电机电压调节的呢？

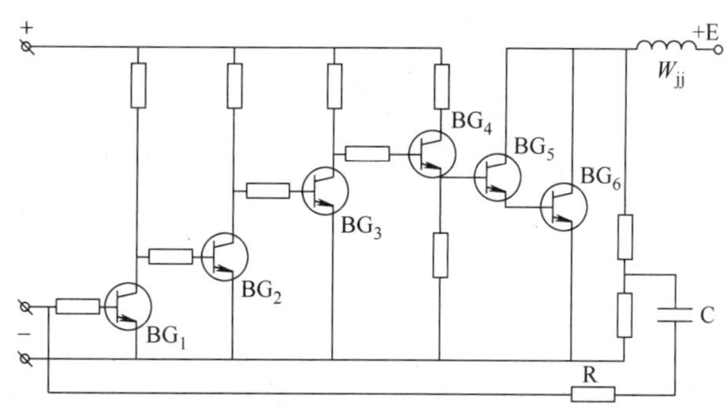

图 3-35 RC 正反馈整形电路

当发电机输出电压大于额定电压时（图 3-29），U 也变大，U_{AC}较大，U_{BC}不变，U_{AB}也变大，在这个电压波形作用下，经整形放大后的控制波形占空比较小，就会产生弱于以前的磁场，将发电机输出电压降下来，维持在额定值上。当发电机输出电压小于额定电压时，情况则相反。交流脉冲调宽式晶体管调压器要想实现调压的目的，必须实现调控能量的放大。

图 3-36 所示为一个功率放大电路。它由两个晶体管组成一个复合晶体管，实现功率的放大，复合晶体管的集电极串联着励磁绕组，励磁绕组的电流就可由复合晶体管的控制电压来控制。基极控制电压小，励磁线圈电流就小，磁场就弱，发电机输出电压就小，就把原来高于额定值的电压调小，实现电压的稳定。基极控制电压大，励磁线圈电流就大，磁场就强，发电机输出电压就大，就把原来低于额定值的电压调大，实现电压的稳定。与励磁线圈相并联的二极管则起着续流的作用，当复合晶体管截止时，电路突然断掉，而电流还有，却无法流通，就会引发高压或火花现象，并入二极管后，电流就会在励磁线圈和二极管组成的

回路中流动，不至于引发高压或火花现象，因此，该二极管称为续流二极管。

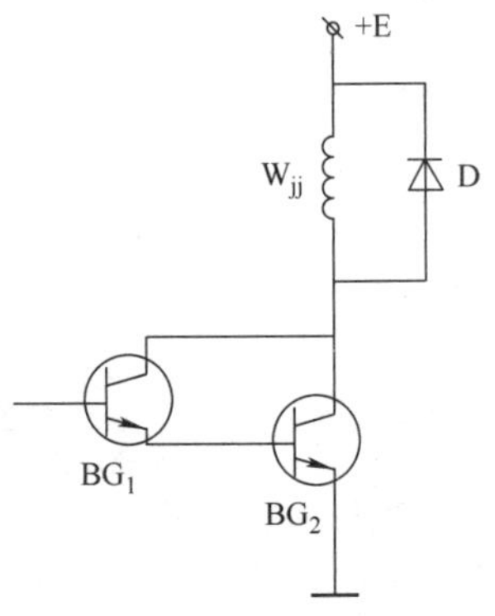

图 3-36　功率放大电路

图 3-37 所示为一个完整的交流脉冲调宽式晶体管调压器电路，来自发电机的输出交流电压，整流后形成直流电压 U，加在电路的左端。稳压二极管 DZ_1、DZ_2 和电阻 R_2、R_3 构成测量比较电路；三极管 BG_1 与 R_4 构成调制电路；三极管 BG_2、BG_3、BG_4 与 R_7、R_8、R_9、R_{13} 构成三级整形放大电路；BG_4 为同相放大，故进入 BG_5、BG_6 组成的复合功放三极管的信号相位与测量比较电路的输出信号相位相反，起负反馈调节发电机输出电压的作用。在电路中，E 为发电机输出电压经耦合、整流得到，R_1 和 C_5 共同组成正反馈整形放大电路。

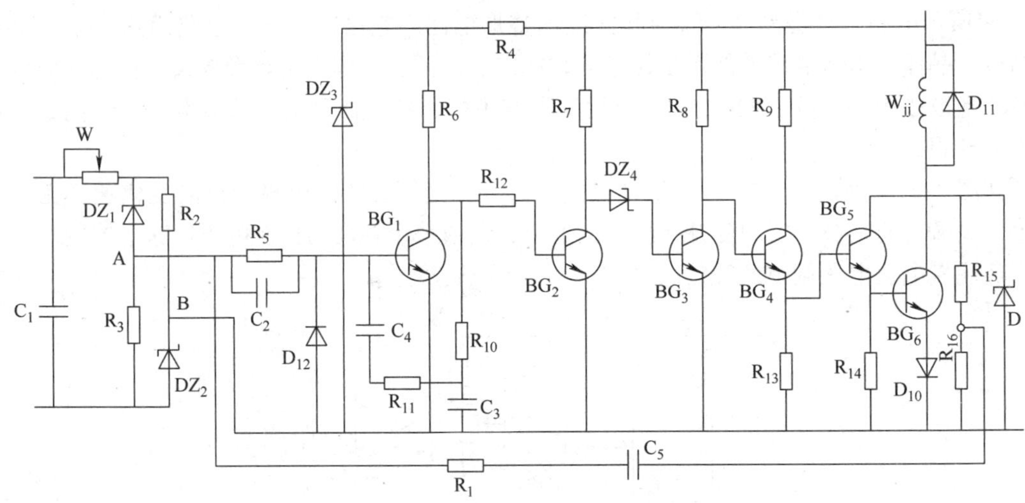

图 3-37　某型飞机脉冲调宽式晶体管调压器电路

3.4　交流电源的控制保护

交流电源系统中，主要的控制执行元件包括 GCR、GC（或 GCB、GB）、BTB 和 EPC。其中，GCR 是指用于控制发电机励磁电流的励磁控制继电器，GC（或 GCB、GB）是指控制发电机输出端同汇流条之间通断的接触器，BTB 是指控制汇流条与汇流条之间通断的接触器，而 EPC 则指控制飞机外部电源同飞机电源汇流条之间通断的接触器。

各型飞机的具体控制电路各不相同，但都必须满足一定的基本逻辑关系。下面介绍几种相关的控制电路。

3.4.1　发电机励磁控制继电器 GCR 的控制逻辑

飞机上的交流发电机担负着给交流负载供电的任务，图 3-38 所示为发电机与负载连接示意图，发电机输出电能给负载，而负载则负责用电。如果发电机出现过压，则整个电路系统就会出现故障。应该立即停止发电机发电并切断发电机与汇流条的连接通路。

怎么停止发电机发电呢？采取的措施就是将发电机的磁场灭掉。那么如何灭磁呢？这就要依靠励磁控制电路来实现，也就是在发电机和负载之间接入励磁控制装置。下面介绍励磁控制电路的功能、构成和工作原理。

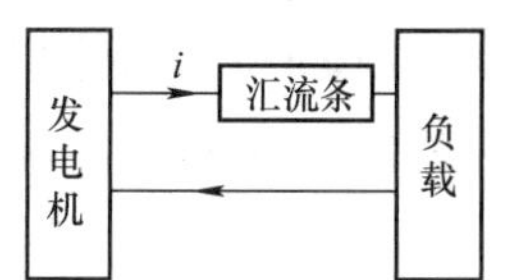

图 3-38 发电机与负载连接示意图

1. 功能

励磁控制电路的功能就是控制发电机励磁绕组电流，以达到控制发电机中磁场的目的。可以通过改变励磁电流大小实现发电机磁场的加强、减弱和消失等效果，进而实现发电机输出电压的增加、减少、归零等控制，这就是励磁控制电路的功能。

2. 组成

图 3-39 所示为励磁控制电路框图，励磁控制电路由发电机励磁控制手动开关、发电机励磁控制继电器、GCR 辅助继电器、故障信号放大器组成。手动开关可以控制励磁结果，故障信号放大器也可控制励磁结果，手动开关优先级要高于故障信号控制。如手动开关若不动作，故障信号可强制实现励磁控制。

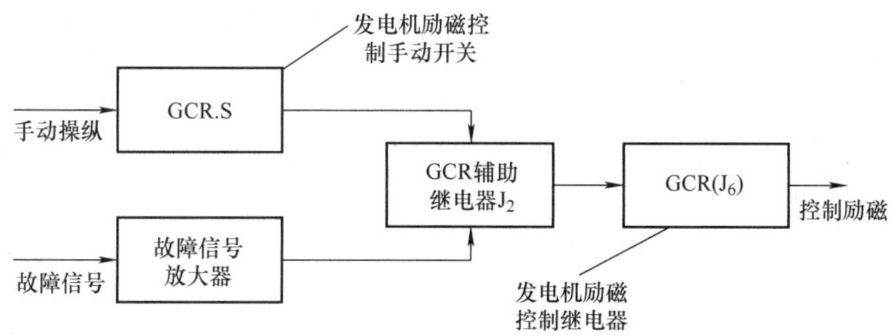

图 3-39 励磁控制电路框图

图 3-40 所示为发电机励磁控制装置电路图，由手动控制开关 GCR. S、励磁控制继电器 GCR、故障信号放大器三部分组成。手动控制开关 GCR. S 就是一个单刀双掷开关；励磁控制

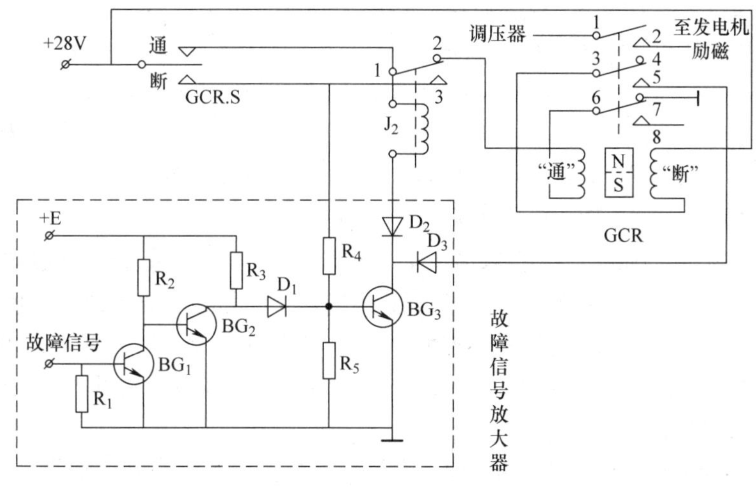

图 3-40 发电机励磁控制装置电路图

继电器 GCR 具有通线圈、断线圈和永久磁铁的结构特点，通线圈来电则继电器克服弹簧弹力吸合，通线圈断电，则继电器衔铁被永久磁铁紧紧吸住，仍能克服弹簧弹力，保持吸合，触点 1、2 仍能保持稳定接触。当断线圈来电时，在弹力和断线圈产生的电磁排斥力的共同作用下，衔铁克服永久磁铁产生的吸力，将衔铁向上弹出，触点 1、2 断开。J_2 为辅助继电器；故障信号放大器的作用是将故障信号放大，用以控制开关管 BG3，当故障信号来时，BG3 导通。

3. 工作原理

3.4 交流电源的控制保护（2）

励磁控制电路的工作过程包括发电机的励磁、发电机的灭磁和发电机的重新励磁。

（1）发电机的励磁　如图 3-40 所示，将手动开关 GCR. S 置于通位置，通线圈电路就接通，衔铁动作，向下吸合，带动触点向下移动，触点 1 与 2 接通，触点 3 与 5 接通，触点 6 与 8 接通，触点 6 与 7 断开，通线圈断电，但衔铁与永久磁铁吸力增大，足以克服弹簧弹力，故衔铁仍然保持吸动后的状态，动触点组仍然保持与静触点组相连。发电机调压器输出电压持续送给发电机励磁电路，发电机得以励磁，从而正常工作。这就是发电机的励磁过程。

（2）发电机的灭磁　当飞行员要终止发电机工作或发电机出故障，需要自动终止工作时，就需要将发电机磁场灭掉。

1）手动灭磁。通过手动来实现灭磁的电路称为手动灭磁电路。28V 电压经通路加在 BG_3 的集电极，由于 BG_3 截止，故形不成通路，断线圈中没有电流，调压器与励磁电路仍然接通，发电机磁场正常。

手动开关 GCR. S 置于断位置时，28V 电源沿着通路加在电阻上，BG_3 基极就有了高电位，BG_3 就导通，形成通路，断线圈中就有了电流，反向电磁力和弹簧力汇集在一起，大于永久磁铁的吸力，GCR 的衔铁就被向上弹出，动触点组也随之向上弹出。触点 1 和 2、触点 3 和 5、触点 6 和 8 断开，调压器与发电机励磁电路断开，磁场消失，发电机电压也消失，这就是手动灭磁的整个工作过程。

2）自动灭磁。当故障信号来时，BG_1 基极就会出现高电位，BG_1 导通，BG_2 基极就会呈现低电位，BG_2 截止，高电位就会沿着右侧路径加到 BG_3 基极，BG_3 导通，最右侧断线圈的通路打通，断线圈中就有电流，衔铁就会向上弹出，动触点组与静触点组就会断开，触点 1、2 断开。励磁通路断掉，发电机灭磁。此时，如果 GCR. S 开关仍然位于“通”位置，则 J_2 继电器线圈通电，J_2 继电器吸动，触点 1、2 断开，触点 1、3 闭合，通线圈不会有电流，保证 GCR 不会因手动开关位于“通”位置，而引起误吸动。这就防止了故障信号还未消失，而手动开关却扳向通位置，企图产生励磁的现象。

（3）发电机的重新励磁　当故障消失后，调压器又需要与发电机励磁电路重新连接，这个过程称为发电机的重新励磁。当故障信号消失后，高电位也随之消失，BG_3 又截止，如果 GCR. S 开关仍然位于“通”位置，则通路断掉，J_2 继电器断掉，J_2 释放，触点 1、2 重新闭合，由于右侧 GCR 继电器已释放，触点 6、7 已闭合，且接地，故可立即接通“通线圈”，形成发电机的立即励磁。

如果 GCR. S 开关位于“中立”位置，只要扳动手动开关，接上“通”位置，就可以实现重新励磁。

发电机要想重新励磁，必须做到以下两点：

1）故障信号消失。

2）手动开关 GCR. S 位于通位置。

这就是发电机重新励磁的条件。手控开关 GCR. S 往往设计成“通、中立、断”三档。当起动发电机，向上扳动时，励磁，励磁后延迟一段时间，再回到中立位置，既不连“通”档，也不连“断”档，以备重新励磁之需。当故障信号消失时，向上扳动开关，接到通位置，就能实现重新励磁发电机，励磁过程与发电机励磁工作原理相同。

3.4 交流电源的控制保护(3)

3.4.2 发电机接触器 GB 的控制逻辑

在发电机出现故障后，除了应停止发电外，还应切断发电机与主回路汇流条间的连接通路。也就是在发电机和负载之间接入发电机与主回路控制保护电路，该电路主要在发电机与主回路汇流条间接入断路器（接触器）来实现控制保护功能。该断路器（接触器）往往简写为 GB（或 GC、GCB）。

图 3-41 所示为发电机输出接触器 GB 的控制逻辑关系图，由它控制着发电机与汇流条的接通或断开。

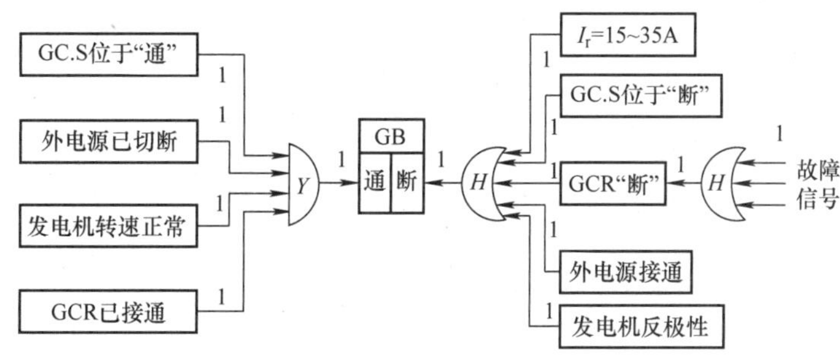

图 3-41 GB 的控制逻辑图

图 3-41 左半部分是与的关系，五个条件都满足时，才能使与门输出 1，GB 接通。

图 3-41 右半部分是或的关系，因此只需有一个条件满足，即可触发 GB 断开。

下面介绍发电机与主回路控制保护电路的功能、构成和工作原理。

1. 功能

发电机与主回路控制保护电路的功能就是控制发电机与主回路的接通、断开，达到控制保护发电机和电网设备的目的。

2. 组成

图 3-42 所示为发电机与主回路控制保护电路的组成框图，发电机与主回路控制保护电路由手动开关、发电机与主回路控制接触器、GC 辅助继电器 J_2、GCR 继电器、失速保护电路组成。手动开关、GCR 继电器、失速保护电路都可以控制 GC 动作。

图 3-43 所示为发电机与主回路控制保护电路的组成。

GC 具有通线圈、断线圈和永久磁铁的结构特点，通线圈来电则 GC 克服弹簧弹力吸合，通线圈断电，则 GC 衔铁被永久磁铁紧紧吸住，仍能克服弹簧弹力，保持吸合，发电机与主

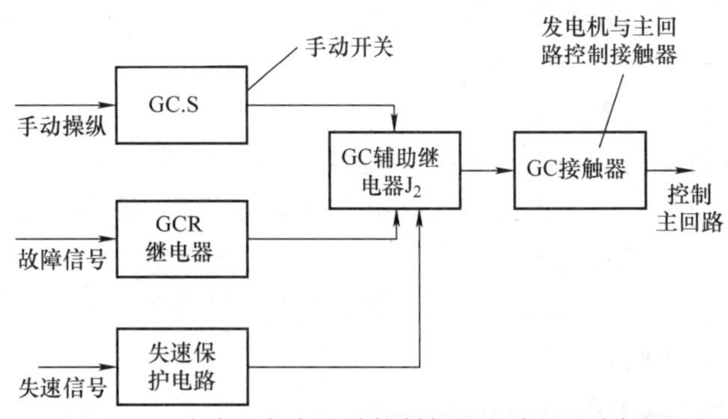

图 3-42　发电机与主回路控制保护电路的组成框图

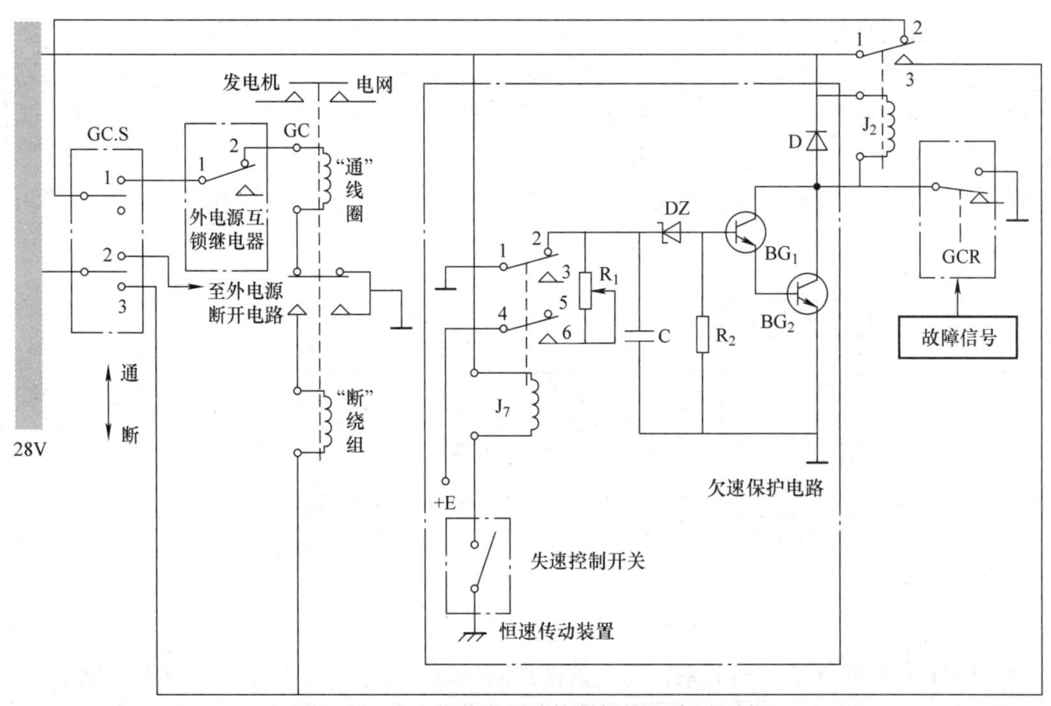

图 3-43　发电机与主回路控制保护电路的组成

回路连接触点保持稳定接触。当断线圈来电时，在弹力和断线圈产生的电磁排斥力的共同作用下，衔铁克服永久磁铁产生的吸力，将衔铁向上弹出，发电机与主回路触点断开。在失速故障信号来时，使得复合管 BG_1、BG_2 饱和接通。以上介绍的就是发电机与主回路控制保护电路的组成。

3. 工作原理

3.4　交流电源的控制保护（4）

（1）发电机投入电网　从图 3-43 所示电路图可知，将手动开关 GC. S 置于通位置，GC. S 的活动触点分别与固定触点 1、2 接通，机上 28V 直流电源接通两路回路。其中一路经触点 2 切断外电源接触器供电。如果外电源尚未切断，则该电路工作，使得外电源互锁继电器动作，其上的触点 1、2 断开，通线圈断开，发电机与电网不接通。如果外电源已经断开，则该继电器保持触点 1、2 的畅通。另一路经 J_2 的常闭触点 1－2、GC. S 的触点 1、外电源互锁继电器的常闭触点1－2（条件是外电源断开），加于GC的“通”线圈上，使GC接通，发电机投入电网，同时通线圈断电，但衔铁克服弹簧弹力与永久磁铁保持吸合，动触点组仍然保持与静触点组相连。发电机与电网继续保持畅通，从而正常工作。

（2）发电机退出电网　当飞行员要断开GC，或出现故障需要GC断开时，就需要将发电机退出电网。退出电网有两种情况，一种是正常退出，另一种是故障退出。

1）发电机正常退出电网是指飞机飞行任务结束或发电机测试完毕，发电机退出电网的现象，由手动开关来控制。手动控制就是将GC.S置于“断”位置，28V直流电压通过GC.S的触点3加于GC的“断”线圈上，使GC断开，发电机便退出电网。

2）发电机故障退出电网是指飞机执行飞行任务中或发电机测试中，发电机因故障退出电网的现象，由故障信号来自动控制。

当电网或发电机发生故障时，故障信号作用于GCR，GCR触点向上接通，继电器J_2动作，J2的触点1－3接通，28V直流电压可通过触点1－3而加于GC的“断”线圈上，使GC断开，发电机退出电网。

除了以上两种退出电网的方式之外，还有第三种退出方式，那就是欠速或失速保护退出电网，即发电机发生失速故障后，由故障信号自动控制，退出电网的现象。

失速故障时，故障信号作用于失速控制开关，开关接通，继电器J_7动作，触点1－3、触点4－6接通，电压E可通过触点4－6而加于BG_1的基极，使复合晶体管BG_1、BG_2饱和，J_2电路接通，J_2的触点1－3接通。

28V直流电压可通过触点1－3而加于GC的“断”线圈上，使GC断开，发电机退出电网。

3.4.3　汇流条连接断路器BTB的控制逻辑

BTB开关处于发电机汇流条与连接汇流条之间的通道上。对于非并联系统，当发电机发生故障时由它转换为电源供电；对并联供电系统则为正常供电通道。

图3-44所示为BTB的逻辑控制关系，对并联和非并联系统，BTB的接通都只要接通汇流条连接器的开关BTB.S即可；BTB的断开则可由开关BTB.S断开实现。对于单独供电系统，有些故障信号可使BTB断开。

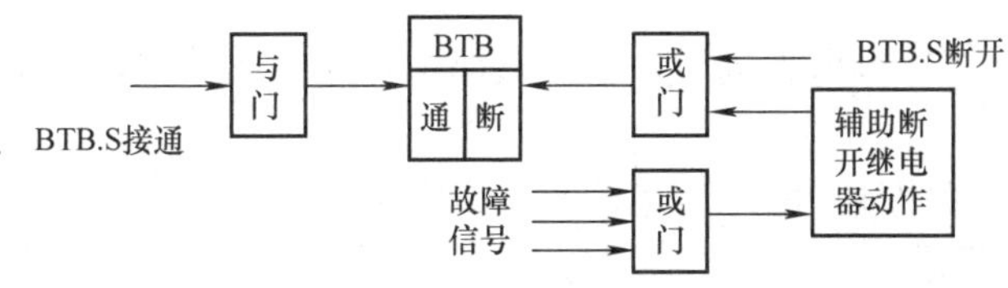

图3-44　BTB的控制逻辑

3.4.4　外电源接触器EPC的控制逻辑

图3-45所示为外电源接触器EPC的控制逻辑关系图。外电源与发电机不能同时供电。为了保证安全可靠工作，它们的接通与断开通过互锁的方式实现，线路中的互锁都是通过接

触器或断路器的辅助触点实现的。

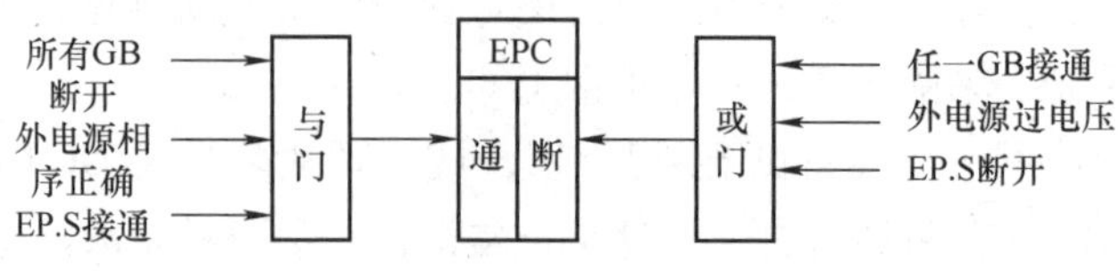

图 3-45　EPC 的控制逻辑

3.5　静止变流器

3.5　静止变流器（1）

静止变流器由半导体元器件制作而成，它能把直流电转换成具有稳定电压、稳定频率的交流电，其外形如图 3-46 所示。

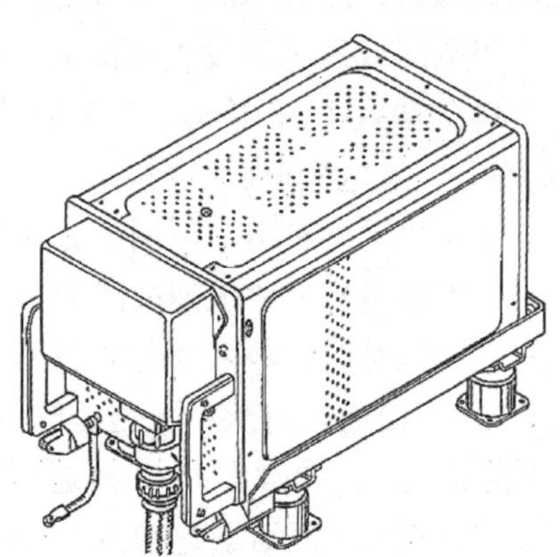

图 3-46　飞机静止变流器外形

3.5.1　静止变流器的技术指标

静止变流器的主要技术指标如下：

1）额定输入电压：28V。

2）额定输出电压：115/200V。

3）额定频率：400Hz。

4）额定功率因数：0.8。

5）效率：0.7。

6）输出电压的偏差：在负载变化范围为 10% ~100% 以及输入电压变化范围为 18 ~ 31V 时，输出相电压范围为 110 ~ 122V，空载时为 109.5 ~ 125V。

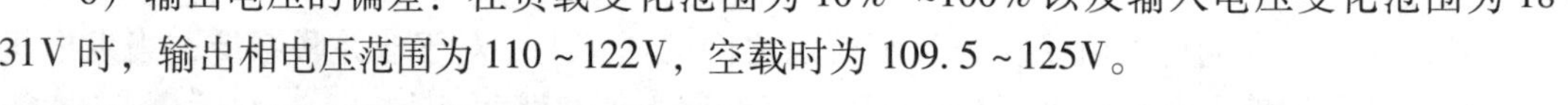

3.5.2　静止变流器的功能和组成

1. 静止变流器的功能

1）在主电源为直流电源的系统中，作为二次电源，为仪表和无线电设备提供一定电压和频率的交流电。

2）在主电源为交流电源的系统中，与蓄电池配合作为应急交流电源，给维持飞行所必需的交流用电设备供电。

3）为某些特种设备组成不间断供电的专用交流电源。

2. 静止变流器的组成

3.5　静止变流器（2）

图 3-47 所示为飞机静止变流器的结构框图。从图中可以看出，它由输入滤波器、输出滤波器、逆变器、功率转换电路、控制电路和稳压电源六个部分组成，逆变器中变压器为三相变压器。

3.5.3　静止变流器的工作原理

图 3-48 所示为简单逆变器结构图，其中的电阻相当于负载。

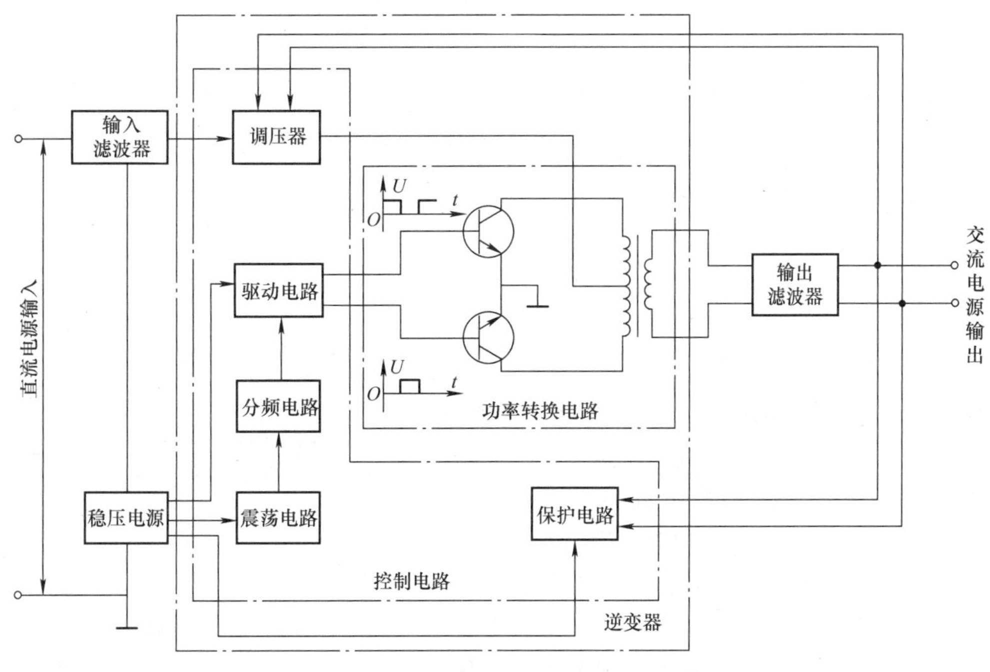

图 3-47　飞机静止变流器结构框图

当开关 1、4 接通，同时开关 2、3 断开时，电阻中的电流由左向右流动。

当开关 1、4 断开，同时开关 2、3 接通时，电阻中的电流由右向左流动。

如果手动控制能实现周期变化，则负载 R 上就能有方向按周期变化的交流电流，根据欧姆定律，负载 R 上也就能出现方向按周期变化的交流电压，如图 3-49 所示。

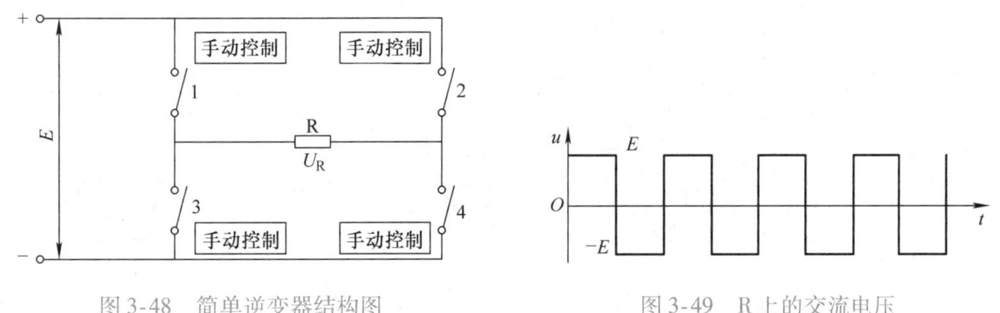

图 3-48　简单逆变器结构图

图 3-49　R 上的交流电压

为了获得连续稳定、精准的交流电，往往用电子开关来替代手动开关。

图 3-50 所示为由电子开关构成的简单静止变流器，四个晶体管 T_1、T_2、T_3、T_4 构成四个电子开关，工作时，T_1 和 T_4 同时受同一个控制信号 1 的控制，而 T_2 和 T_3 则同时受控制信号 2 的控制。

控制信号 1 和控制信号 2 为两路周期相同、相位相反的方波信号，如图 3-51 所示。在这两路信号的控制下，就能实现变流器由直流逆变成交流的目的。

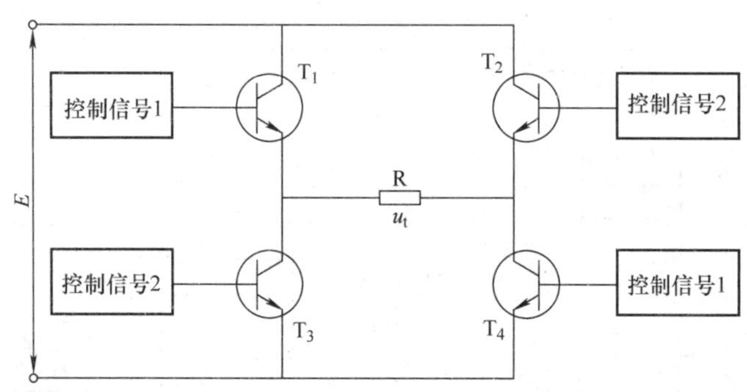

图 3-50　由电子开关构成的简单静止变流器

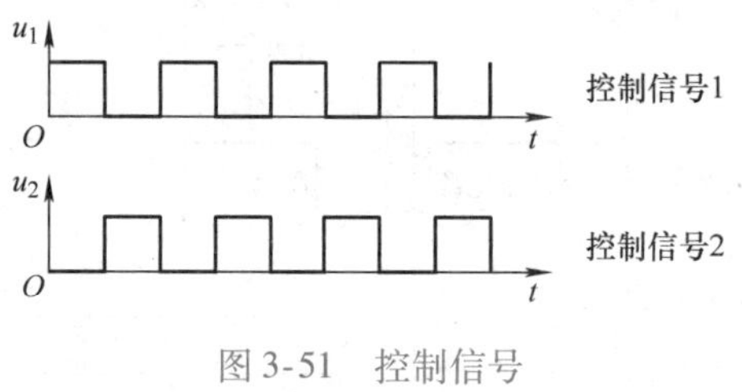

图 3-51　控制信号

先截取控制信号中的第一个周期进行分析。u_1 表示控制信号 1，u_2 表示控制信号 2，u 则表示负载 R 上的电压。当 u_1 前半周为高电位时，T_1、T_4 导通，而此时，u_2 则为低电位，T_2、T_3 截止，则电流从上经 T_1、R、T_4 路径流通，R 上电流方向由左向右，其上电压方向也是如此。在 u 上坐标为正值。这是控制信号在前半周的情况，而控制信号在后半周时情况刚好相反，在信号的控制下，T_1、T_4 截止，而 T_2、T_3 导通，电流由右向左流过 R，在 u 上坐标为负值。这样，在 u 坐标上就形成了第一个 R 上的电压波形，即前半周为正，后半周为负。第一个周期如此，后面所有周期也如此，这样，一个交流电压在负载 R 上就形成了，该交流电压再经滤波就可形成正弦交流电，这就是变流器的工作原理。

全桥式变流器就是根据此原理设计的，如图 3-52 所示。

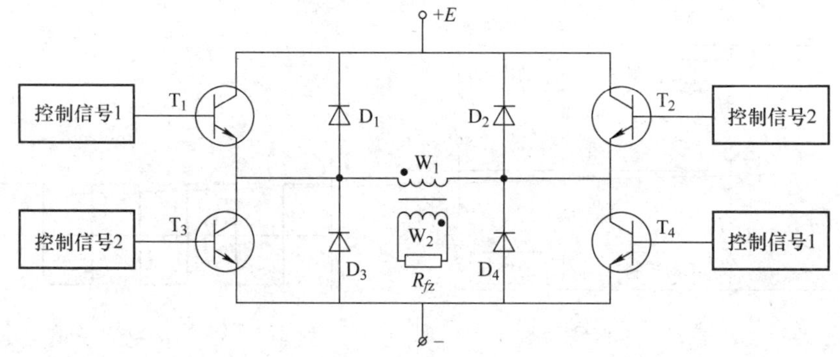

图 3-52　全桥式变流器

如图 3-52 所示，控制信号 1 与控制信号 2 同为方波，却相位相反。当控制信号 1 为高电位时，控制信号 2 为低电位，则 T_1、T_4 饱和，T_2、T_3 截止，电流由左向右流过变压器一次绕组，从打点端流入。经感应变压器二次电流也由打点端流入，电流由右向左流过负载电阻。下半周时，刚好相反，变压器一次电流由右向左流动，而二次电流则由左向右流过负载电阻，形成交变电流。

3.5.4　飞机静止变流器的检查和维护

1. 飞机静止变流器的检查和维护方案

1）外部与内部的目视检查。

2）外部与内部的拆装。

3）对内部的检查与修复更换。

4）将内部进行清洁。

5）如外部需要修复就进行修复或更换。

飞机静止变流器的检查和维护流程图如图3-53所示。

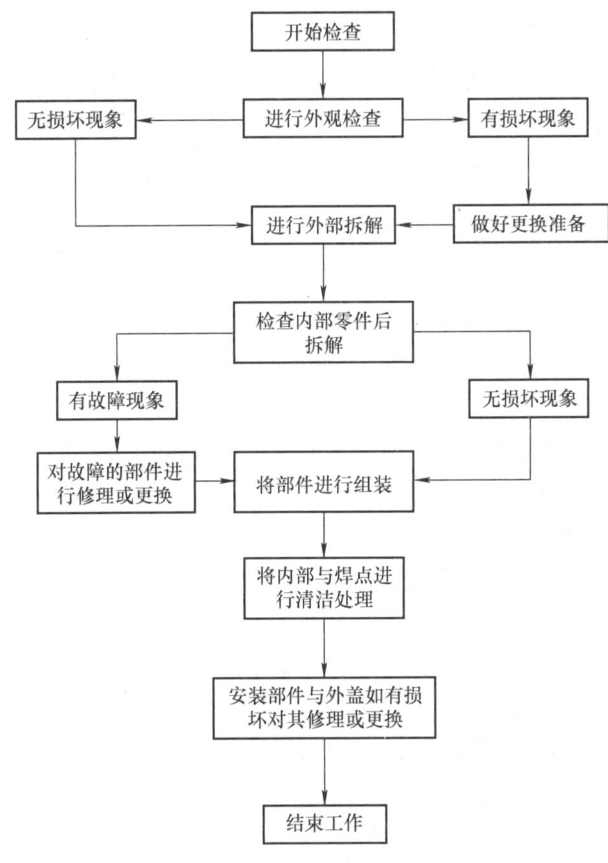

图3-53　飞机静止变流器的检查和维护流程图

2. 静止变流器的拆卸和清洁

（1）拆卸外盖

1）铭牌拆卸。

① 拆下铭牌上的两个螺钉。

② 从控制盒上拆下铭牌。

2）外盖拆卸。

① 拆下四个螺钉和四个垫片。

② 滑动外盖直到外盖离开控制盒。

（2）拆卸控制盒

1）先拉下电路板的固定把手，再从控制盒上拆下电路板。

2）拆下两个过滤变压器组件然后连接线并且识别其接线。拆下螺钉、垫片和过滤变压器组件。

3）拆下过滤变压器组件连接线并且识别其类型接线，拆下过滤变压器组件上的两个螺钉和两个垫片，拆下过滤变压器组件。

4）拆下螺钉、两个垫片、两个弹簧垫片和两个螺母。把安装托架上的五个螺钉拆下后并拆下安装托架拆下和标识线圈接线，从线圈组件上拆下一个螺钉、一个绝缘垫、一个中心套管、一个垫片和一个弹簧垫片螺母，然后拆下其线圈组件。

5）拆下标识电容的接线。从卡环中拆下螺钉和弹簧垫片、接线头和一个螺母，然后从控制盒拆下电容。

6）拆下标识线圈的接线。拆下两颗螺钉、两个弹簧垫片、四个垫片、两个螺母、一个绝缘垫片、一个中心套管、一个平垫片，然后拆下线圈组件。

7）拆下标识反应器的接线。拆下上面的两个螺钉和两个止动盘。从托架上拆下输入反应器。

8）从托架上拆下四个螺钉之后再从控制盒上拆下托架。

9）拆下标识输出功率变压器的接线。拆下两个螺钉和两个垫片，从变压器基座上拆下输出功率变压器。

10）拆下标识和二极管接线。从二极管上拆下螺母、弹簧、垫片、绝缘垫片、绝缘套管。

11）从变压器的基座上拆下二极管。

12）拆下标识反应器的接线。拆下两个螺钉和两个垫片。从变压器上拆下反应器。

13）从变压器基座上拆下六个螺钉，从控制盒上拆下变压器基座。

（3）散热组件分解

1）从大接线块上拆下六个螺钉、垫片和弹簧垫片。

2）从小接线块上拆下六个螺钉、垫片和弹簧垫片。

3）小心地拆下静变流器和散热片接线块的接线。

4）拆下和标识散热组件的接线。

5）拆下散热组件上方的四个螺钉和装在控制盒前面的九个螺钉。

6）拆下散热组件。

7）拆下四个螺钉和两个弹簧垫片，从控制盒拆下盘组件。

8）从安装块上拆下一颗螺钉、一个平垫片、一个弹簧垫片、两个薄片、一个螺母，将安装块从控制盒上拆下。

9）从锁组件上拆下两个螺钉，拆下两块插销组件和插销槽。

（4）静止变流器的清洁

1）清洁所需材料见表3-1。

2）清洁静止变流器需要先使用清洁材料将表面清洗干净，再使用清洁、干燥的高压空气吹干。

表 3-1　清洁所需材料

种类	用途
异丙醇	整体清洁
三氯乙烷	清洁对收敛性要求较高的部分

3. 静止变流器零件的修理

当安装新型快速晶体管时，电路板上的耦合振荡器在低温时调节输出电压的速度变快，因为老的晶体管和新的晶体管产生的场不一样，所以一般在更换输出和驱动晶体管时实行这项修理。

（1）电路板磁屏蔽安装　为屏蔽振荡器和拾音器的干扰，可用两安装块和两屏蔽板分别安装在电路板周围。

1）拆下电路板、变压器底座组件和散热组件。

2）使用平头螺栓固定安装块，并装上平垫片、弹簧垫片和螺母。

3）使用平头螺栓、弹簧垫片来安装屏蔽板和螺母。

4）确定变压器底座组件安装在控制盒内且安装牢固。电路板应沿着控制盒上的定位轨道安装到控制盒内。

（2）散热组件的修理

1）如果散热组件损坏需要修理时，参考常规修理的步骤。

2）如果修理部门没有能力进行修理，推荐更换整块散热组件。更换散热组件的步骤如下：

① 从控制盒上拆下散热组件。

② 如果没有屏蔽，按照无屏蔽电路板进行工作。

③ 装上新的散热组件，连接好线束。在新的散热板上喷洒聚亚氨酯后，按照组装参数进行固化。

④ 把散热组件安装到控制盒上。

4. 静止变流器分解后的检查

（1）外观目视检查

1）检查铭牌是否完整，数据是否清晰。

2）检查接头是否损坏、腐蚀、弯曲、开裂等。

3）检查外观是否掉漆。

4）无缺陷的静止变流器外观应该为无裂痕、压扁、划痕、生锈、漆层无脱落。

（2）内部目视检查

1）检查焊接接头是否良好。

2）检查绝缘漆是否脱落。

3）检查电子元器件是否有损坏现象（如过热、开裂、弯曲、掉线等）。

4）检查电路板是否损坏（如在接线处开裂、金属腐蚀等）。

5）检查所有的屏蔽线是否接地良好。

6）检查变压器、二极管、电阻是否有烧黑或过热的现象。

5. 实际维护案例

拆装一个位于主设备中心 E2－2 设备架的 M9 型静止变流器。

（1）拆除静止变流器

1）预估静止变流器的位置，确定机舱位置，如图 3-54 所示。

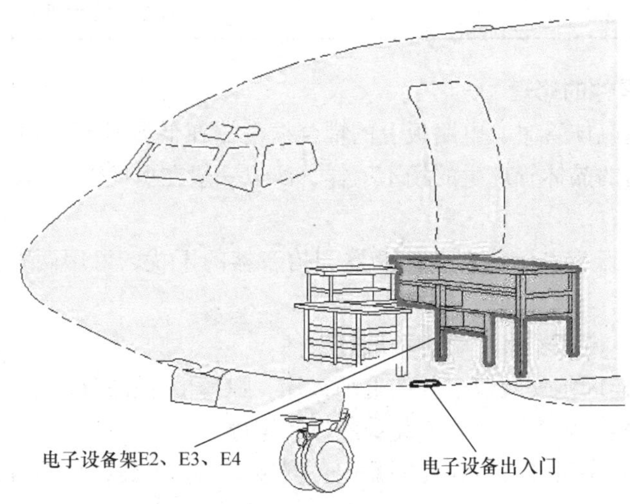

图 3-54　外部视角下静止变流器安装位置图

2）找寻机舱内电子设备架中的 E2－2 设备架的 M9 型静止变流器，如图 3-55 所示。

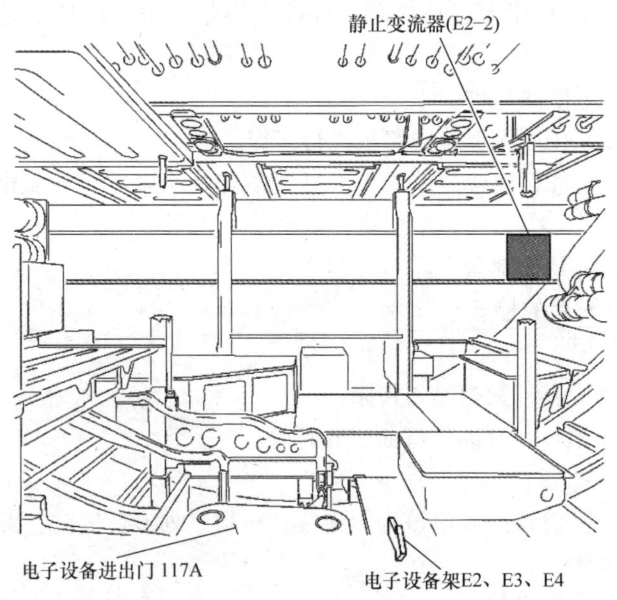

图 3-55　静止变流器在机舱内部安装位置图

3）从静止变流器中拆卸插座。

4）拆卸四个螺钉、锁紧垫圈和末端接线端子。

5）拆卸末端接线盒。

6）在导线上贴上标签用来识别，以便于后续安装。

（2）拆除逆变器终端螺栓的导线

1）拆下锁紧螺母、垫片和接线端子。

2）拆除导线。

（3）连接静止变流器

1）将导线安在静止变流器的端口上。

2）在螺栓上安装螺母，锁紧两个垫片，并将螺母拧紧。

（4）安装接线盖

1）将其中两个接线盖固定到位并安装上面的四个螺钉。

2）固定其中的两个垫片并且安装插座。

以上操作步骤可参考图3-56所示静止变流器拆解图。

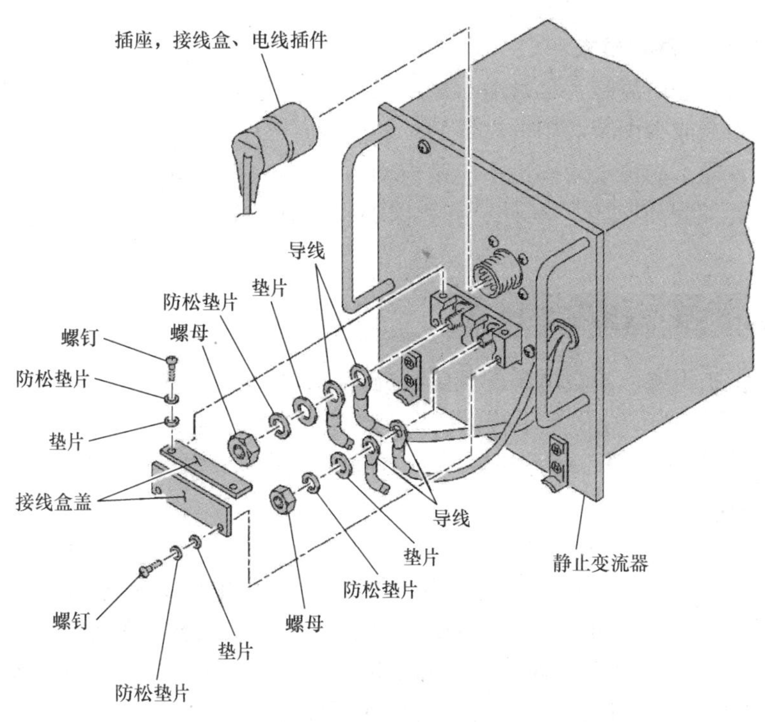

图3-56 静止变流器拆解图

（5）注意事项

1）在打开断路器之前，不能够断开电池充电器。当电池开关关闭时，电源将继续给电池充电。如果在打开断路器之前断开电池充电器，则会对电池充电器造成损坏。

2）在对静电敏感的设备进行操作之前，不要触摸静止变流器。否则静电放电会对静止变流器造成损坏。

3）在安装静止变流器之前，确保电源已经从静态逆变电路中断开，以避免人身伤害事故。

3.6 交流电源的故障及其保护

3.6.1 交流电源系统的故障及保护中的一般问题

3.6 交流电源的故障及其保护（1）

1. 故障类型与保护项目

飞机上交流电源在给负载供电时，往往会产生一些故障现象，把这些故障进行分类，主要有过电压故障、欠电压故障、欠频故障、过频故障、差动故障、过载（过电流）故障、开相故障、欠速故障、逆相序故障。针对这些故障分别设计了过电压保护电路、欠电压保护电路、欠频保护电路、过频保护电路、差动保护电路、过载保护电路、开相保护电路、欠速保护电路、逆相序保护电路9种保护电路。

2. 对保护电路的基本要求

1）正确判断和隔离故障，尽量缩小切除部位，保证供电系统的其他部分正常工作。

2）尽量不中断或少中断对用电设备的供电，即要求保护动作准确及时。

3）保护装置既不应该误动作也不应该拒动作。在不该动作时动作，称为误动作；在应该动作时不动作，称为拒动作。另外，有些保护应立即动作，如过电压和短路故障，因为它们是最危险的。

3.6.2 交流电源的故障保护电路

1）过电压保护电路。航空电源的国际标准规定，单相过电压值为132V，三相平均电压的过电压值为130V。为防止由于干扰而产生误动作，在保护电路中必须加故障延时。

根据过电压值越大危害也越严重的特点，过电压保护采用反延时保护，即过电压值越大，延时时间越短。

图3-57所示为典型的GCU过电压保护电路，三个二极管组成整流电路，经整流后的取样电压又加到滤波、分压电路，经分压，R_3的引入，取样电压加到运算放大器的同相端正极，与反向端负极上的标准电压进行比较，如电源处在过压状态，则同相端电位大于反向端电位，运放输出高电位，延时电路用于区分干扰信号。第二级运算放大器进行进一步的比较放大，输出高电位控制GCB和GCR，保护整个电源系统。

2）欠电压保护电路。当相电压低于98V时，欠电压保护电路发出信号，经固定延时7s后，断开GCB。欠电压故障主要由调压器或发电机本身故障造成，但欠速（欠频）或发电机过载时也会造成发电机欠电压。

图3-58所示为一种欠电压保护电路，由整流二极管、滤波电路、运算放大器组成。发电机输出交流电压经二极管整流，滤波器滤波，成为直流电压，输入运算放大器的同相端，与反相端的标准电位比较。因发电机处在欠电压状态，故运放的同相端电压要比反向端标准电压低，运放输出低电位，触发反相延时电路，断开GCB，将发电机与电网脱开。

3）欠频保护电路。当发电机输出频率低于370Hz时，欠频保护电路发出信号，经固定延时7s后，断开GCR和GCB。欠频和欠电压故障往往同时发生。如果欠频发生在前，则欠电压保护电路输出就会被锁定；如果欠电压发生在前，则欠频保护电路输出就会被锁定。

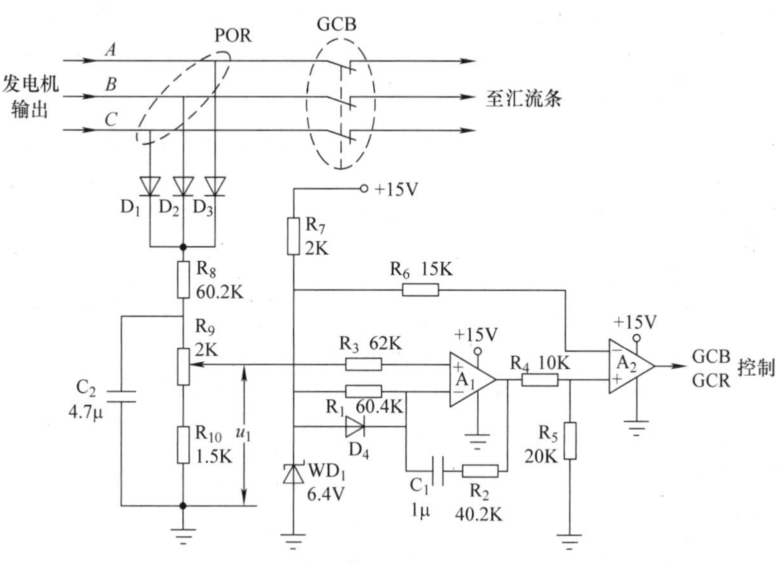

图 3-57 典型的 GCU 过电压保护电路

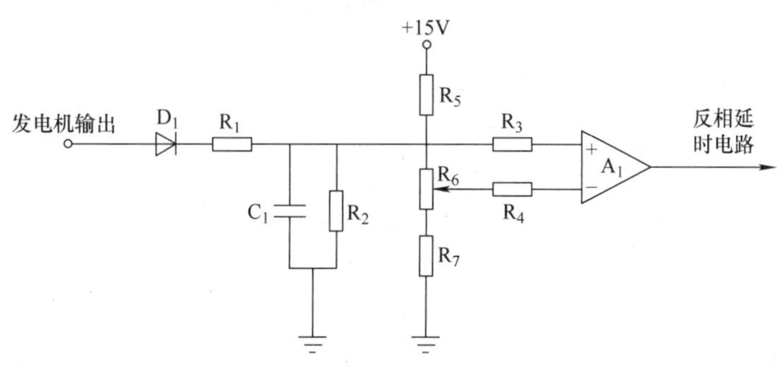

图 3-58 欠电压保护电路

图 3-59 所示为一种欠频保护电路，由整流二极管、晶体管开关电路、运算放大器、延时电路、输出端组成。发电机输出交流电压经二极管整流、晶体管的开关作用，成为高电位，输入运算放大器的同相端，高于反相端的标准电位，运放输出高电位，触发反相时电路，断开 GCB，将发电机与电网脱开。

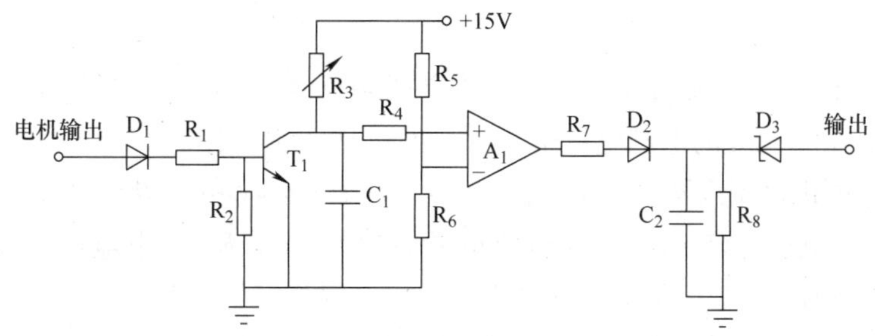

图 3-59 欠频保护电路

4）过频保护电路。当发电机输出频率高于 430Hz 时，过频保护电路发出信号，经固定延时 1s 后，断开 GCR 和 GCB。过频故障主要是由于 CSD 调速系统故障，造成发电机转速过高造成的。一般恒速恒频电源系统不需要过频保护，因为过速时 CSD 自动脱开。过频保护电路原理与欠频保护电路类似。

3.6 交流电源的故障及其保护（2）

5）差动保护电路。差动保护是指从发电机输出端流到汇流条的电流与回到发电机电枢绕组的电流不一致。在发生对地短路或相间短路时，这种情况才会发生。差动保护范围包括两个方面。

一方面是在发电机内部电枢绕组发生相与地、相与相之间的短路。故障产生的原因通常是因振动而断线搭地或相间绝缘破坏。发生故障后将产生很大的短路电流，以致烧毁发电机，严重时可能引起火灾。

另一方面是发电机输出馈线短路故障。馈线是指发电机输出接头至汇流条的导线，由于振动等原因，容易造成搭铁（对地短路）或相与相短路故障。为了减小短路故障造成的危害，要求保护装置尽快切断发电机的激磁电路，并将发电机从电网上切除，即断开 GCR 和 GCB。

那么，差动保护电路的保护原理又是怎样的呢?

图 3-60 所示为一种差动保护电路，由交流发电机、互感线圈 CT_1（感应发电机内部线圈 XA\YB\ZC 的电流）、互感线圈 CT_2（感应发电机输出给负载的电流）、取样电路、比较放大电路组成。

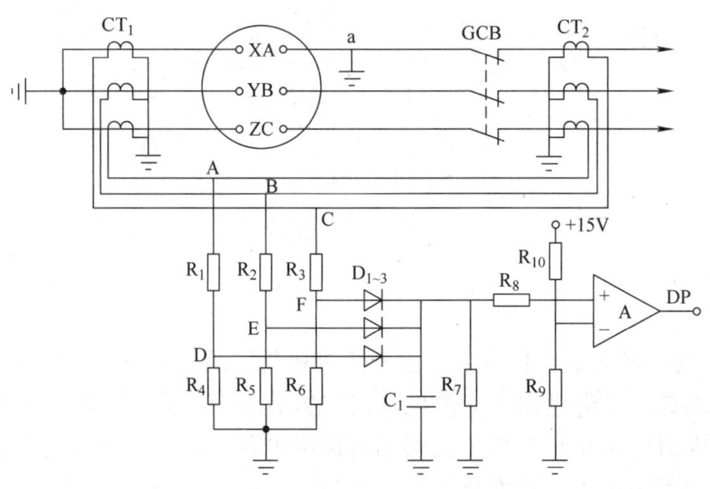

图 3-60　差动保护电路

CT_1 与 CT_2 完全相同，故在流入发电机内部线圈电流和流出发电机输出给负载电流相等的情况下，CT_1、CT_2 感应的电压电流也相同。发电机正常工作时，流入发电机每相线圈的电流 I_1 与流出发电机每相线圈电流 I_2 相等，CT_1、CT_2 感应的电压大小相等，方向相反，故在 A 点相互抵消，电位为零，B、C 点电位也抵消为零，D、E、F 点电位也为零，G 点电位为零，运放 + 极端为低电位，运放输出低电位，不会触发接触器断路，发电机正常供电。

如发电机输出馈线 a 点线头脱落与地短路，形成差动故障时，则 a 点分支出一电流 I_a 流入地，I_1 与 I_2 不相等，A、B、C 电位不为零，D、E、F 电位也不为零，G 点为高电位，运放 + 极端电位大于负极端，运放输出高电位，触发接触器断路，发电机与电网断开。

发电机内部电枢绕组发生相与地、相与相之间的短路时，其保护原理也是如此，这就是差动保护电路的保护原理。

6）过载保护电路。过载保护电路的工作原理与差动保护电路相同。当发生过载或过流故障时，过载保护电路发出信号，断开发电机输出，以保护发电机因过载而被烧坏。过载保护采用反延时。过载时，容易造成发电机欠电压，此时禁止欠电压信号输出。过载故障主要是由于其中一台发电机损坏而不能向飞机正常供电，另一台发电机由于负载加大而产生过载。在有些飞机中，过载信号将引起自动卸载，切除一些不重要的或不影响飞行安全的用电设备，如厨房设备等。这时不需要断开发电机输出，以保证发电机向重要负载正常供电。

7）开相保护电路。开相是指有一相电流输出为零而其他两相输出正常。在这种情况下，三相用电设备不能正常工作，如三相交流电动机等。利用差动保护电路的电流互感器 CT_2 的信号可以实现开相保护。保护电路的原理是比较 CT_2 中各个互感器的输出，当输出相差达到一定值时，保护电路有信号输出，断开发电机输出。外相保护采用固定延时，一般为 5s。

造成开相的原因主要有：

① 发电机内部的输出绕组开路。

② 发电机外部馈线开路。

③ 发电机输出接触器有一相接触不良或损坏。

8）欠速保护电路。由转速传感器敏感 CSD 或 APU 发电机的转速，欠速保护电路将转速传感器送来的电压或频率信号与设定值进行比较，当转速低于额定转速的 90% 时，欠速保护电路发出保护信号。

3.6 交流电源的故障及其保护(3)

欠速保护电路原理与欠频或欠压保护电路原理相同。

欠速一般不是系统故障，但欠速会导致欠频或欠压保护电路发出保护信号。欠速保护电路的功能是在发动机或 APU 关断时，发出一个信号禁止欠频或欠压保护电路输出信号去断开发电机励磁继电器 GCR，而仅断开 GC。

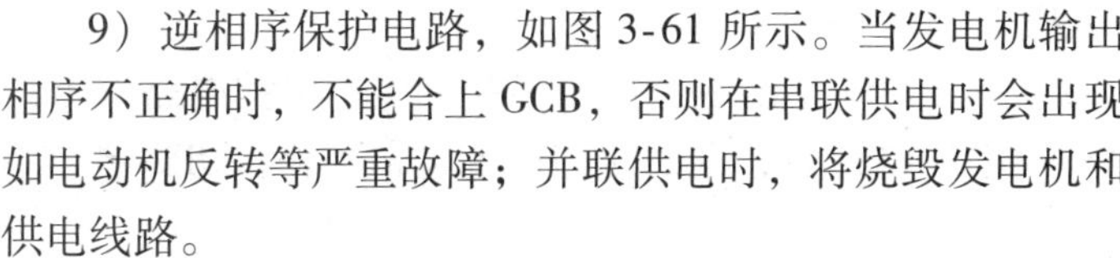

9）逆相序保护电路，如图 3-61 所示。当发电机输出相序不正确时，不能合上 GCB，否则在串联供电时会出现如电动机反转等严重故障；并联供电时，将烧毁发电机和供电线路。

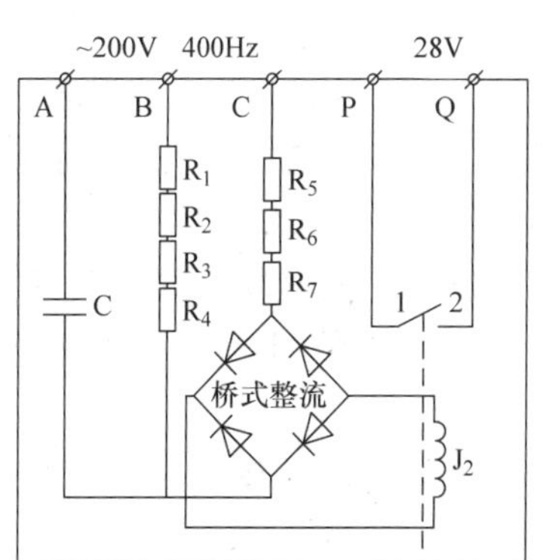

图 3-61 逆相序保护电路

相序故障主要发生在更换发电机后或地面电源供电时。

相序保护装置的电路是星形联结的不对称的三相负载。

在 B、C 两相上，其负载是电阻。其中 C 相经整流器与继电器连接。继电器控制着 GCB 的接通与断开。相序保护装置的电路是星形联结的不对称的三相负载，且电路参数可以调节。

当正常的正向相序的三相电压接上时，经过相序保护器的作用，使得继电器的工作线圈两端形成较低的电压。从而使继电器不工作，继电器触点 1、2 闭合。控制 GCB 的电路通电，发电机与电网接通。

在相序不正确（反向的）时，继电器工作线圈上的电压较高，使继电器工作，这样就使得继电器触点 1、2 断开，控制 GCB 的电路断电，发电机与电网断开，预警地面电源不能接到飞机上。

以上介绍的 9 种保护电路，是平行关系，还是有优先级？它们动作的先后顺序如何？下面就来学习一下故障保护与控制逻辑之间的关系。

图 3-62 所示为空客 330 型飞机故障保护和控制逻辑原理图。

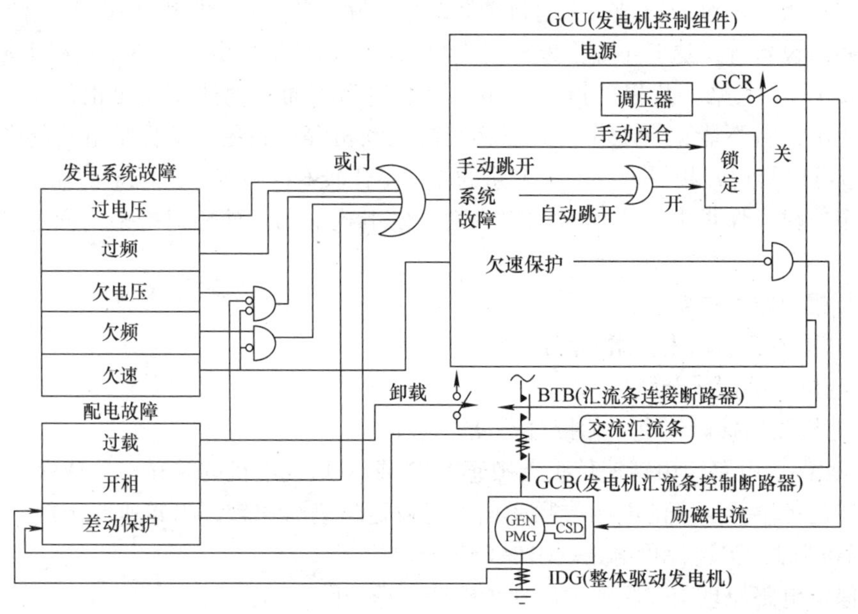

图 3-62　飞机故障保护和控制逻辑原理图

当人工合上发电机控制开关且电源系统无故障时，GCR 触点吸合，调压器工作，发电机正常发电，如没有欠速故障，GCB 吸合，发电机向飞机供电。

当发生过载故障时，过载故障信号一方面禁止由于过载而引起欠电压保护电路输出信号，从而不能关断 GCB，保证发电机正常发电；另一方面使卸载继电器工作，切除部分不太重要的负载，使发电机不再过载。

当发生欠速故障时，欠速故障信号一方面禁止由于欠速而引起欠电压、欠频保护电路输出故障信号，从而不能关断 GCR；另一方面输出信号去关断 GCB，使发电机不输出。

当发生过电压、过频、欠电压、欠频、开相或差动任一故障时，使 GCR 和 GCB 断开。

3.7　飞机交流电网

飞机交流电网是飞机供电的主要表现形式，其供电方式可分为单独供电和并联供电两种。其结构组成比较复杂，但都遵循着确定的层级结构规律。

3.7.1 飞机电网的级层结构

现代飞机带有大量的电气设备，具有更多的系统，这些系统需要对发电机、导线等故障进行综合考虑。对潜在故障的管理，通过对各种负载进行分类并根据预先确定的次序断开它们来实现。把负载从汇流条上断开的过程称为甩负载，可通过自动和手动方式来实现。这些负载可以按级分类，图 3-63 所示为飞机电网级层结构图。

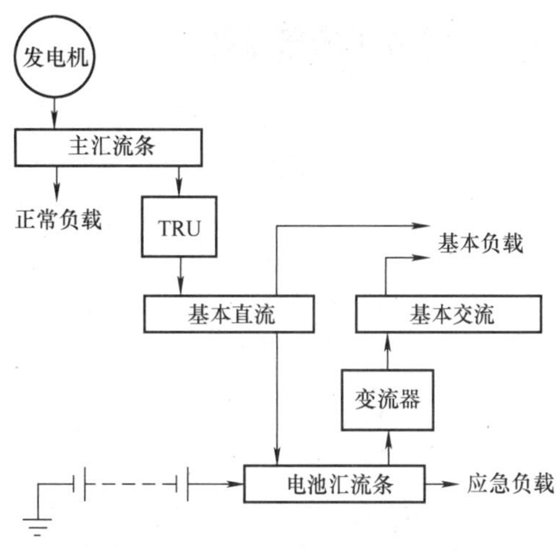

图 3-63 飞机电网级层结构图

汇流条之间通过大功率接触器或断路器进行连接，飞机类型有很多，比较典型的分类有：

(1) 主汇流条 也称为发电机汇流条、非基本汇流条或负载汇流条，它包括一些照明、娱乐这样的负载。这些负载可以在飞行中被断开和隔离，也不会影响飞行。

(2) 基本汇流条 也称为关键汇流条或安全汇流条，它连接飞机连续安全飞行所需的设备和仪表。

(3) 电池汇流条 也称为备用或应急汇流条，它给飞机安全着陆所需的设备供电，如无线电、燃料控制、起落架和防火装置。

从发电到用电负载，主要有发电、初级功率分配、功率转换、次级功率分配，图 3-64 所示为一般飞机交流电气系统结构图。

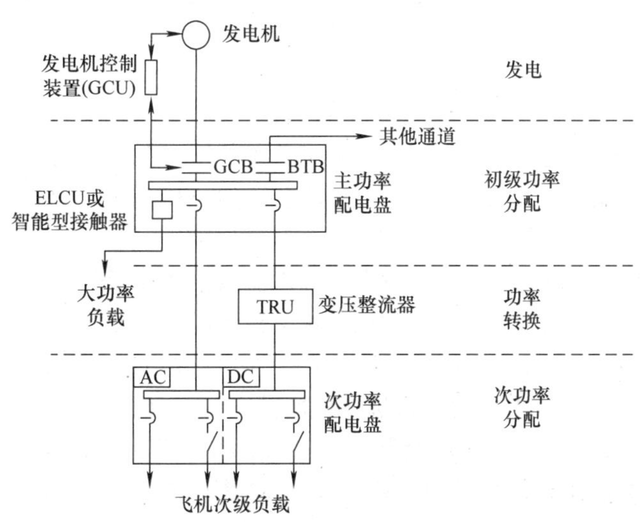

图 3-64 飞机交流电气系统结构图

为了实现电能的输送和分配，现代飞机上主要有分立式汇流条系统和并联供电系统。

3.7.2 分立汇流条系统

图 3-65 所示为一种用在双发动机飞机上的完全隔离式双发电机系统，有时称为非并联系统，主电源两台组合传动发电机 IDG。当 IDG 失效时，应急电源启用。分立式汇流条系统的优点是两台发电机不需要完全相同的频率运行。二次电源取自降压变压器，提供 26V 交流电。变压整流器（TRU）为直流汇流条和电池充电提供 28V 直流。

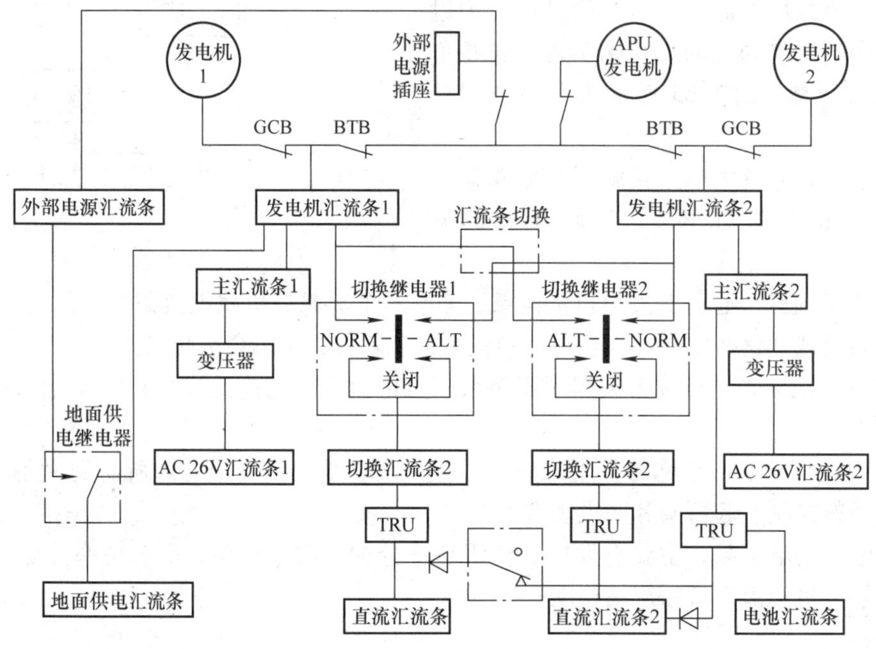

图 3-65 分立汇流条系统

如图 3-65 所示，左侧和右侧的发电机给各自的汇流条供电，汇流条上连接着专门的负载。每台发电机汇流条通过切换继电器与切换汇流条相连。在一台发电机失效的情况下，另一台发电机给基本负载供电。采用分立汇流条系统的飞机有波音 737、757、767、777 飞机等。

电气系统的控制，通过几个用于把发电机和汇流条接通和断开的飞行隔舱开关、控制断路器和继电器来完成，分立汇流条系统的典型供电控制面板特征如图 3-66 所示。

两台主发电机 AC 电流表用于指示负载电流；地面可用电源（蓝色）用于外部地面电源接通时；地面电源接通/关闭开关为飞机选择地面供电；切换汇流条关闭（棕黄色）用于两台发电机电路相应的断路器 GB 和汇流条断路器（BTB）都断开；发电机汇流条关闭（蓝色）用于相应的 GB 断开时；维护时，需要注意的是外部交流电源不能与飞机主发电机并联。

F－14 型战斗机是采用双发电通道，而采用不并联供电方案的一种机型，它采用 115V/200V、400Hz 三相机械液压式恒速发电的交流供电系统。主电源为两台 60/75kVA 的组合电源装置，二次电源为两台 100A 的变压整流器；应急电源为一台液压驱动的交/直流双输出发电机，可提供 5kVA 的 115V/200V，400Hz 恒频交流电和 1.5kW 的 28V 直流电。一台主发

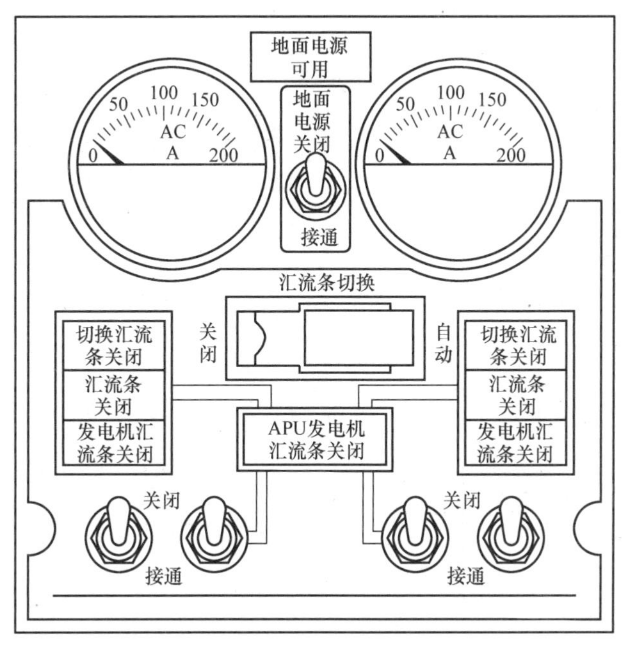

图 3-66　典型供电控制面板特征

电机发生故障，另一台主发电机可承担全部负载。而直流部分，其变压整流器采取并联方式工作，当发生短路故障时，保护装置仅对短路的汇流条起作用，不会影响另一台变压整流器。

供电系统的设计保证了一台主发电机故障或一台变压整流器故障或一台主发电机和一台变压整流器故障都不会影响机上全部电气负载的正常运行。

整个供电系统的结构上，主系统与应急系统是分开的。当两台主发电机故障，两台变压整流器故障或发生某些组合故障时，应急发电机才投入使用，并向交流重要设备汇流条、直流重要设备汇流条、应急/重要设备汇流条供电。

电源之间的转换是自动的，不需要驾驶员操作。然而，在应急情况下，驾驶员可有选择地操作机上配备的控制装置，将电源和配电部分隔离。F－14 型战斗机的供电系统如图 3-67 所示。

3.7.3　并联交流供电系统

由于供电系统并联运行具有可以有效利用发电机的安装容量，当单台发电机发生故障时，不会导致整个系统的供电中断；又能承受更大的起动电流和峰值负载，且反延时过载保护动作快；消除了影响自动驾驶仪和雷达等设备正常工作的拍频干扰等优点。一般在多发电通道的飞机上，供电系统采用并联运行方式是首选方案，如四发动机的干线飞机、大型军用运输机和战略轰炸机，一般而言，这种系统采用并联或分组并联的布局。

大型军用运输机主要采用并联运行的四发电通道供电系统（图 3-68）。

在该系统中，连接汇流条就起到同步汇流条的作用，它与所有的正常工作发电机相接，而负载汇流条才向电气负载配电。当一台主发电机发生故障时，对应发电机断路器断开，把

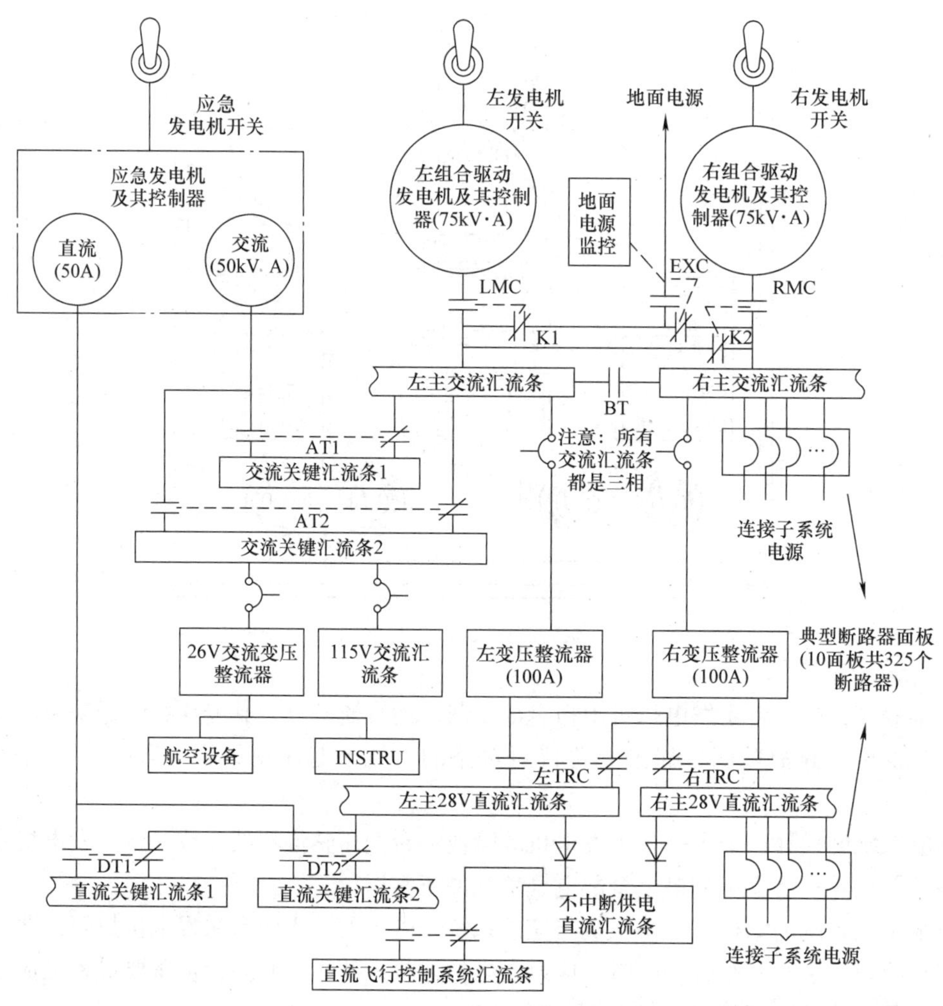

图 3-67　F－14 型战斗机供电系统

负载汇流条与故障发电机隔开。但上述负载汇流条还可以从连接汇流条获取电力。负载汇流条过载时，相应发电机断路器和汇流条连接断路器都断开。当两台或三台主发电机发生故障时，对应的发电机断路器断开，由正常工作的主发电机向整个系统供电。此时，不重要的负载将自动切除，以防止正常工作主发电机过载。当然，必要时，辅助电源将投入工作，以向更多的设备供电。

四发动机的战略轰炸机也采用并联运行的四发电通道供电系统（图 3-69）。

在该系统中，并联电路由 *A*、*B*、*C*、*D* 馈电线构成的网形电路和 *E*、*F*、*G*、*H* 馈电线构成的星形电路组成，是一种闭式的供电网形式。采用这种连接方式可防止任一负载汇流条被切断供电，除非三根馈电线同时被切断。例如，2 号负载汇流条只有在 *C*、*B*、*F* 馈电线同时被切断的情况下才会断电。由于上述三根馈电线装在不同的位置，因而在战斗中同时受损坏的可能性较小。

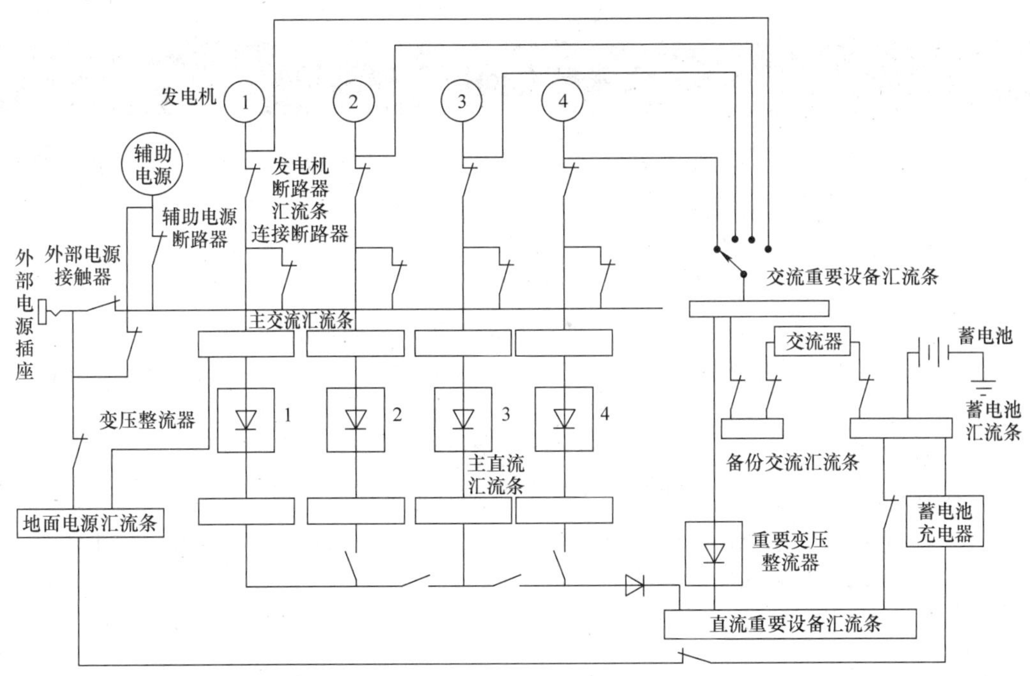

图 3-68 大型军用运输机四发电通道供电系统

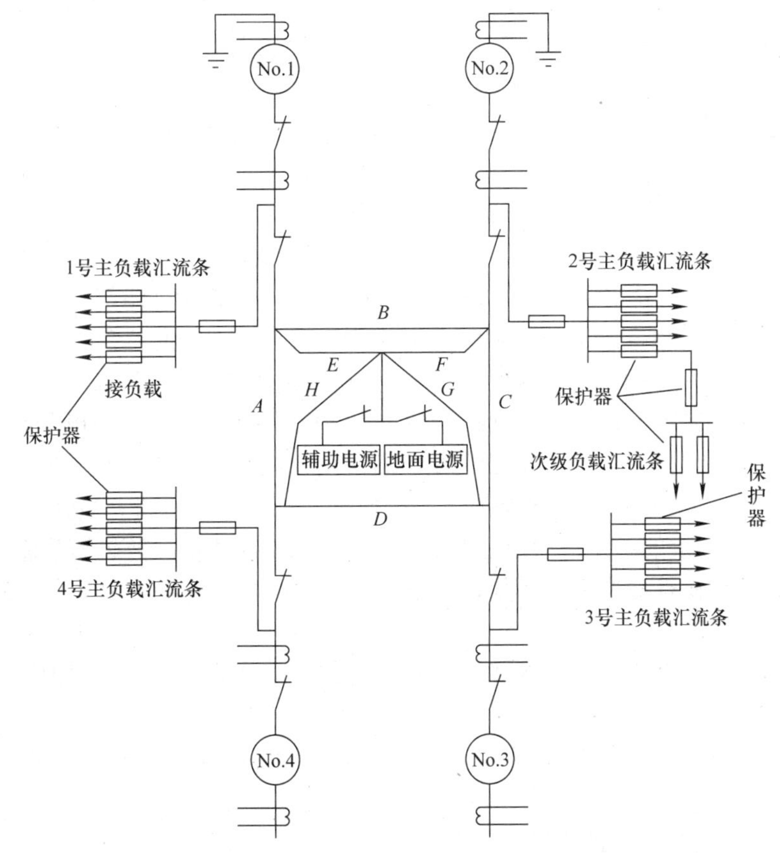

图 3-69 战略轰炸机四发电通道供电系统

3.8 交流电源的使用和维护

组合式交流发电机是飞机交流电源的主要构成部分，本节以某型飞机组合式交流发电机的使用维护为例来说明交流电源的维护检查方法和注意事项。

1. 地面检查

（1）组合式交流发电机的外部检查

1）组合式发电机的固定应牢靠，表面应清洁，接线和插销的固定应牢靠。

2）安装支架和电流互感器的固定应牢靠，电线的固定应正确、可靠，熔断器和搭铁线应完好。

（2）组合式交流发电机的外散热系统润滑油管路的检查

1）检查外散热系统的燃－润滑油组合散热器、过滤器和导管，检查各口盖的内表面、组合式发电机的附件、散热器、过滤器和导管，应无润滑油渗漏。如有渗漏，应用沾有汽油的棉布擦拭渗油部位，并找出渗漏部位再加以排除。如果是导管的固定螺母处渗漏，则应先用手拧紧螺母，然后再用扳手拧紧四分之一圈，最后用串联钢丝防松。故障排除后，应检查组合式发电机的润滑油量。

2）检查组合式发电机润滑油导管输入、输出接头外套螺母的紧固性。

3）检查组合式发电机与发动机附件机匣法兰盘连接的快卸卡箍紧固螺栓的防松装置和紧固性。操作时，应使用力矩为15.7～17.2N·m的定力矩扳手。

（3）组合式交流发电机的磁性油塞的检查

1）打开防松装置，用扳手取下磁性油塞。注意，不要拆卸磁性油塞座（紧邻壳体的较大六方体），否则会导致工作液外流。如果产品需要返厂，则不要清洗磁性油塞，以便返厂后根据磁性油塞的原始状态来确定产品的内部情况。

① 磁性油塞上有少量的细小粒状金属或绒毛是正常的。

② 磁性油塞上存在异常金属屑堆积但产品正常，则应结合过滤器检查进行如下操作：取下组合式发电机润滑油滤的滤芯。如果滤芯上无金属屑，则将滤芯清洗后装回，并清洗磁性油塞；如果滤芯上存在发亮的金属屑堆积（注意区别正常磨损产生的金属屑和非金属碎片），则可以确认为是零件损坏，应拆卸组合式发电机并更换新品。与此同时，应查看外润滑油系统润滑油滤上的压差指示器是否跳出，若跳出则应清洗外散热子系统。

③ 如果磁性油塞上吸附有较多金属屑，则应拆卸组合式发电机并更换新品，并查看外润滑油系统润滑油滤上的压差指示器是否跳出，若跳出则应清洗外散热子系统。

2）用汽油清洗磁性油塞后，将其装回并拧紧（拧紧力为3.5～4.0N·m），最后装好防松装置。

3）如果拆卸过组合式发电机的滤芯（但未拆卸过组合式发电机），则应告知机械人员进行润滑油检查。

4）润滑油取样应在发动机停车30min以内进行，但此时的润滑油温度较高，应避免烫伤。

（4）组合式发电机润滑油清洁度的检查

1）按压组合式发电机的放气阀5～15s，以放掉组合式发电机内腔的压力，然后打开组合式发电机底部的磁性油塞的防松装置并拧下磁性油塞。

2）用专业取样接头或干净的小木棍顶开磁性油塞中的单向活门，先放油冲洗顶起部位，用至少300mL的取样瓶采集样品润滑油，采集量至少100mL。

3）取样后，用汽油将磁性油塞进行清洗并装回、拧紧（拧紧力为3.5～4.0N·m），最后装好防松装置。

4）如果样品油的清洁度低于GJB 420B—2015《航空工作液固体污染度分级》中规定的A分类10级，则应进行润滑油的更换。

2. 维护注意事项

在检查电源系统附件时，应禁止通电，并拔掉主蓄电池插头。

在对接地面电源插头之前，也应确实判明地面电源控制盒上的地面电源开关处于“断开”位置；在拔下地面电源插头之前，也应确实判明地面电源开关处于“断开”位置。

励志篇

英雄的机务战士——夏北浩

夏北浩，1938出生于广东新会。旧社会的童年生活带给他无尽的苦难，他的奶奶、父亲和两个姐姐先后被饿死，哥哥为逃“壮丁”不得不远走他乡，年幼的夏北浩跟着母亲下地耕田谋生。1949年，随着家乡解放，夏北浩家里也终于分了田地，一家人终于不再为生计发愁。正是这段经历，让夏北浩对党、对新中国充满了感情，立志为党和人民做点事。

1957年，经过多次报名，夏北浩终于如愿以偿参军入伍，分配到空军航空学校学习机务。从只有初中文化、普通话都听不懂的少年，成长为门门功课5分的优秀毕业学员。1959年，夏北浩分配到空军原航空兵某师任机械员。期间，他先后荣立三等功3次，二等功1次。

1962年，夏北浩任职机械师。在担任机械师期间，夏北浩针对当时飞行事故频发的情况，认真学习《飞机统一检查条例》。当时，部队有一架飞机经常发生故障，夏北浩主动申请当这架飞机的机械师，按照规程严格对飞机进行检查，最终使这架飞机成了样板机，并在此基础上总结出一套自己的检查维护方法。

1963年，夏北浩所在师组织机组办学，从全师抽调机务尖子一起学习研究。夏北浩抓住机会向战友们请教学习，不断完善自己的检查方法。1964年，汇集群众智慧的“夏北浩检查法”正式诞生，并先后在原沈阳军区空军和全空军推广，极大提升了航空机务维护质量。“对战斗胜利负责、对战友安全负责、对国家财产负责”就是夏北浩“三负责”精神，成为机务战线上一面不倒的旗帜。

多年来，一代代航空机务人始终学习“夏北浩检查法”，传承夏北浩精神。2003年，在夏北浩精神发源地，北部战区空军航空兵某旅机务三中队官兵在“夏北浩检查法”的基础上总结出“新夏北浩检查法”，再次在全空军推开。第十三届全国人大代表、“夏北浩模范机务中队”机械师高东垒说：“现在装备越来越先进，但是夏北浩精神历久弥新，越先进的装备，越需要我们大力传承好夏北浩精神，当好夏北浩传人，确保装备万无一失。”

复习思考题

1. 交流发电机生成感应电动势的三个条件是什么？
2. 请详细说出恒速传动装置的三种工作状态。
3. 发电机接触器 GB 的控制逻辑是什么？请画图说明。
4. 简述飞机交流供电系统的供电原则。
5. 现有晶体管、励磁线圈、二极管各一个，试画出飞机交流发电机励磁控制线路图，并简述晶体管和二极管的作用。
6. 静止变流器分解后的目视检查步骤有哪些？
7. 三级无刷交流发电机组成有哪些？
8. 请说出汇流条连接断路器 BTB 的控制逻辑关系和外电源接触器 EPC 的控制逻辑关系。
9. 交流电源系统的故障种类有哪些？

第4章 航空直流电源系统

4.1 航空直流发电机

直流发电机是利用电磁感应原理将机械能转换为直流电能的装置，是飞机上的主要电源，直流发电机根据励磁方式不同可分为他励发电机和自励发电机。自励发电机又分为并励、串励和复励发电机。

4.1.1 有刷直流发电机

1. 有刷直流发电机的结构

图 4-1 所示为直流发电机的结构图，除了各种附件外，参与能量转换的关键部件是直流发电机的定子、转子、换向器和电刷等。

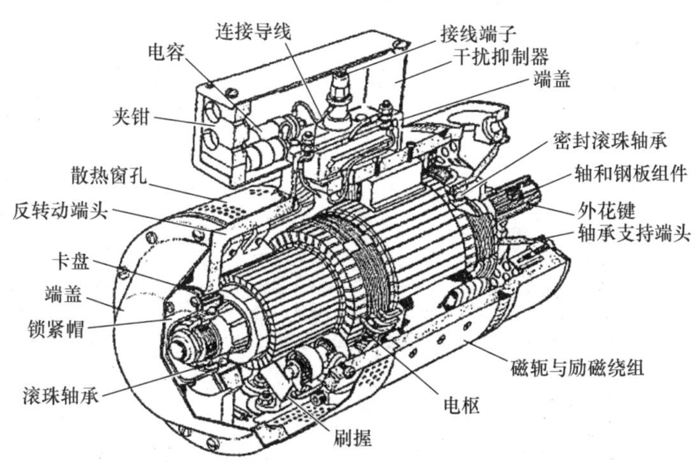

图 4-1 直流发电机的结构

图 4-2 所示为主磁极的部分结构图，它安装在定子上，线圈通以励磁电流，用右手定则判断磁场方向，当磁感线从磁极指向圆心时为 N 极磁芯，当磁感线进入磁极时为 S 极磁芯。定子的主要作用是产生主磁场，并通过机壳让磁感线构成回路。直流电动机的转动部分包括电枢铁心、电枢绕组、换向器（整流子）、风扇、电枢轴和轴承等。转子又称为电枢，它是电动机中的转动部分，包括带槽的电枢铁心。

为减少涡流损耗，电枢铁心采用 0.5mm 厚的低碳硅钢片或冷轧硅钢片冲压而成，如图 4-3所示。电枢绕组嵌装在电枢铁心槽中，按一定规律绕在铁心上，如图 4-4 所示。

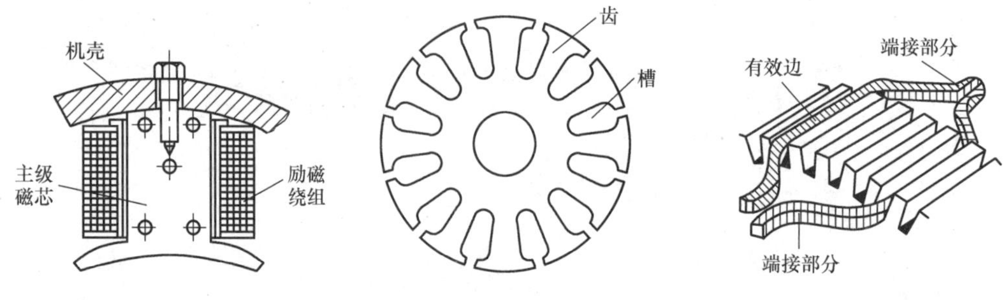

图 4-2 主磁极图　　图 4-3 电枢铁心片　　图 4-4 嵌在电枢铁心中的电枢绕组

鼓形电枢转子如图 4-5 所示。电刷装置如图 4-6 所示，电刷装置用来连接电枢绕组和外电路。

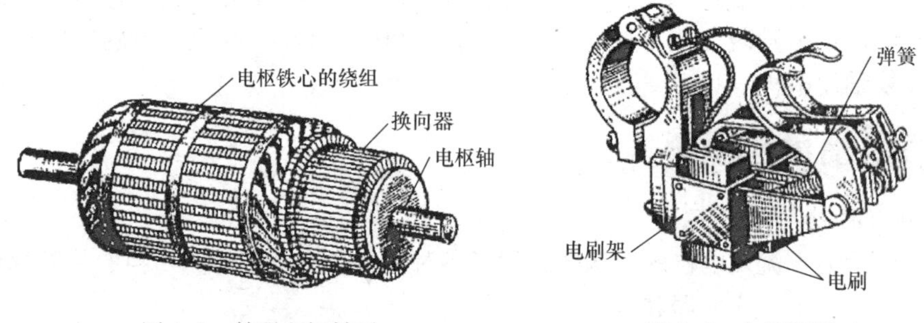

图 4-5 鼓形电枢转子　　图 4-6 电刷装置

图 4-7 所示为换向器结构图，换向器和电刷组件用来将电枢上变化的交流电转换成直流电，它是直流电动机的主要特征。电刷装置包括电刷、刷握和弹簧。电刷通常用石墨制成，安装在刷握内，由弹簧将它压紧在换向片上。

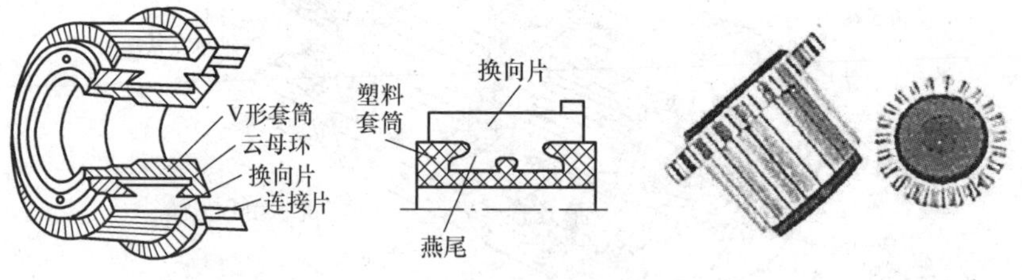

图 4-7 换向器结构图

2. 有刷直流发电机的工作原理

图 4-8 所示为有刷直流发电机简单结构模型，单个电枢绕组 *AB* 摆放在极性互异的两块磁铁之间。电枢绕组的两端与集电环、电刷负载一起组成闭合电路。当电枢绕组 *AB* 的平面按图 4-9 中的位置 1 摆放时，在电枢绕组 *AB* 中不会产生感应电动势。当电枢绕组转过 90°切割磁感线转到位置 2 时，感应电动势达到最大值。当电枢绕组接近垂直位置时电动势下降，是由于切割磁感线的速率下降，在位置 3 时感应电动势又为零。如果电枢绕组继续旋

转，切割磁感线的数量逐渐增加，直到转到位置4，即270°时感应电动势又达到峰值，但是这时切割的方向与前面相比正好相反，所以同样会产生一个相反的电动势。当旋转继续进行，切割磁感线的数量减少而且感应电动势会减少到零，回到了位置1。感应电动势在整个周期里产生了近似的正弦交流波形。

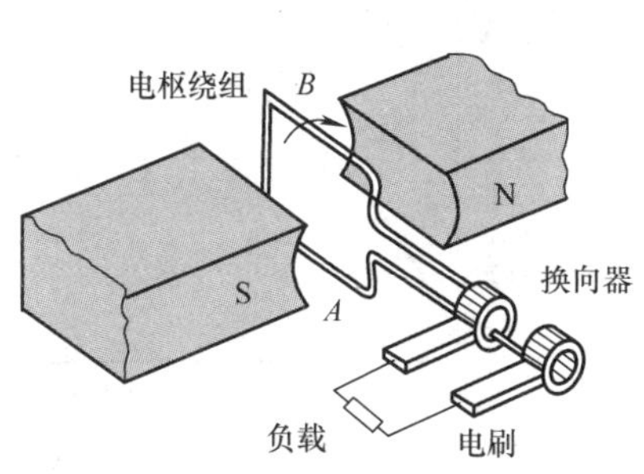

图4-8 发电机简单结构模型

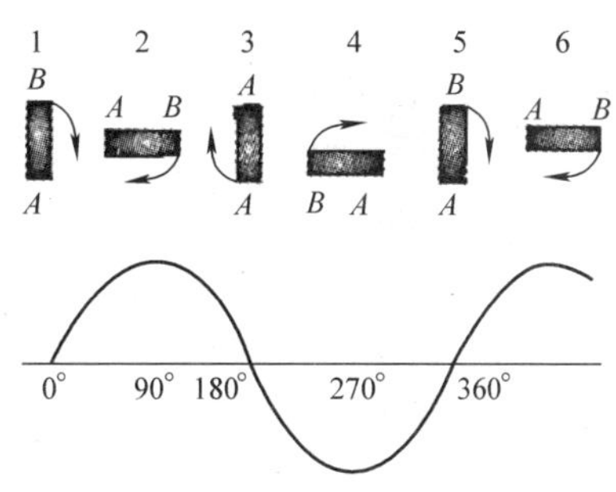

图4-9 感应电动势的产生

为了把交变的交流电转换成直流电，需要利用换向器和电刷把交流电整流成直流电，换向器像两个瓦片，互相绝缘的两部分分别连接电枢绕组的两端。

图4-8中的两个电刷紧压在换向器上，并将交流电转换成如图4-10所示的直流电，但是这样的直流电压波形指标很差，脉动很大，即使采用滤波，也存在着滤波器过于笨重的问题，而且很难输出平稳的直流电压。为了平滑输出电压的波动，产生更加平稳的输出电压波形，在电枢铁心的整个圆周内均匀地安置了多匝线圈。它们按一定的规律连接，使电刷所对应处总是处于最大值的位置附近，输出电压的脉动便降低到如图4-11所示的包络线，大大减少了滤波器的体积和重量。

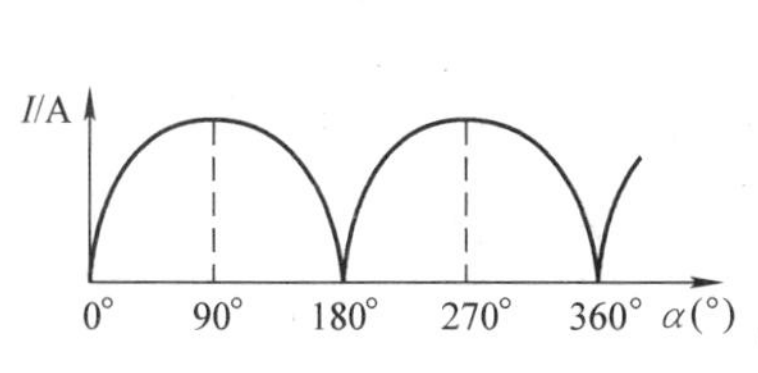

图4-10 负载中的电流波形

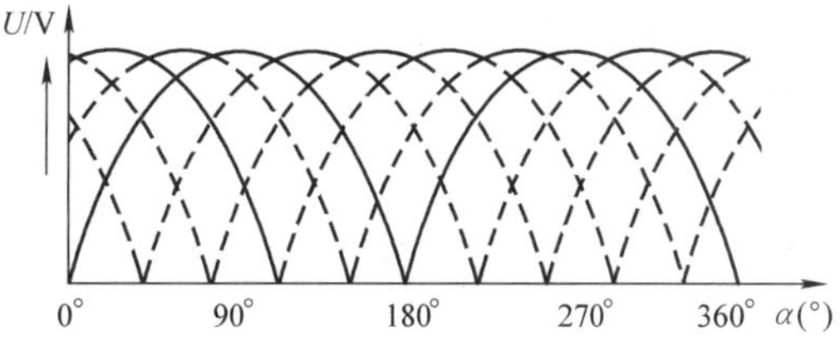

图4-11 多匝线圈的输出电压波形

3. 有刷直流发电机的分类

有刷直流发电机是根据励磁电路的供电方式进行分类的，通常分为3种类型。

1）永久磁铁式直流发电机。

2）他励式直流发电机，直流发电机的励磁磁场是由独立直流电源产生电流励磁的。

3）自励式直流发电机。

直流发电机励磁磁场是由电动机自身产生的电流所激励的，可以根据固定励磁线圈的方式来进一步分类，分为并励式、串励式和复励式。在飞机的直流供电系统中，通常使用的是并励式直流发电机或复励式发电机。

4. 并励式直流发电机

（1）工作原理　直流发电机的电动势是因导线切割磁感线而产生的，故两个电刷间电

动势 E 的大小，就与发电机的转速 n 以及一个磁极下的磁通 Φ 的乘积成正比，即 $E=C_e\Phi n$，式中 C_e 是与电动机结构有关的常数。飞机直流发电机的励磁线圈通常与负载并联在正、负电刷之间，故称为并励式发电机，其原理如图 4-12 所示。空载时，并励式发电机的空载特性曲线如图 4-13 所示。

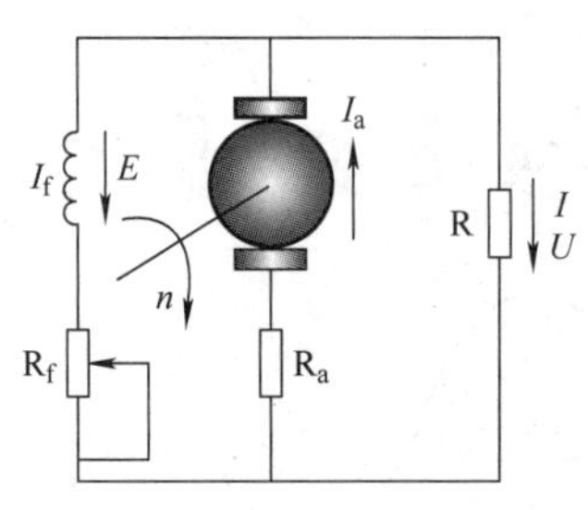

图 4-12　并励式发电机的原理图

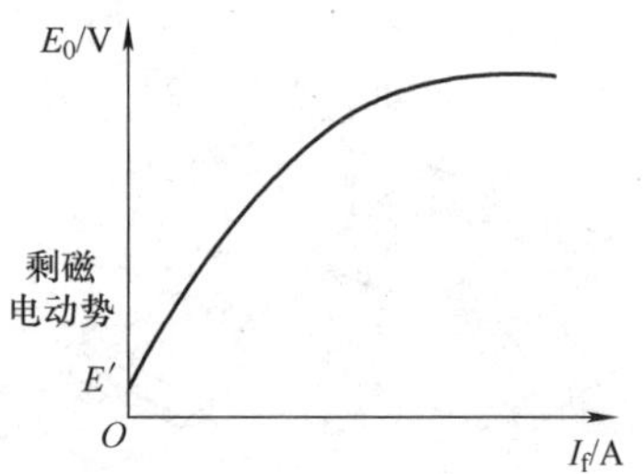

图 4-13　并励式发电机的空载特性

实际上空载特性曲线就是电动机铁心磁路的磁化特性曲线，由于并励式发电机的励磁电压一般不反向，所以它的空载特性只作第一象限即可。任何磁性材料充磁后都有一定的剩磁 B_r，在发电机空载的情况下，当电枢以一定的转速旋转时，电枢绕组的有效边便切割磁极的剩磁磁通，产生一个很小的剩磁电动势 E'。

在剩磁电动势 E' 的作用下，励磁电路中会产生一个很小的励磁电流，如果励磁电流产生的磁场方向与剩磁磁场的方向相同，则电动机的总磁场便增强，磁场的增强会使电动势随之增大，电动势的增大进而使励磁电流增大，再次增大磁场和电动势。如此反复增加下去，直至磁路接近饱和，总磁场和电动势才不再增大，稳定在某一数值。

从图 4-14 看出，图中的曲线 $E=f(I_f)$ 是并励式发电机的空载特性曲线，它符合电动机磁路的磁化规律。从励磁电路还可以得出 $E=I_fR_f$（R_f 包括励磁绕组电阻和励磁调节电阻），它符合欧姆定律。

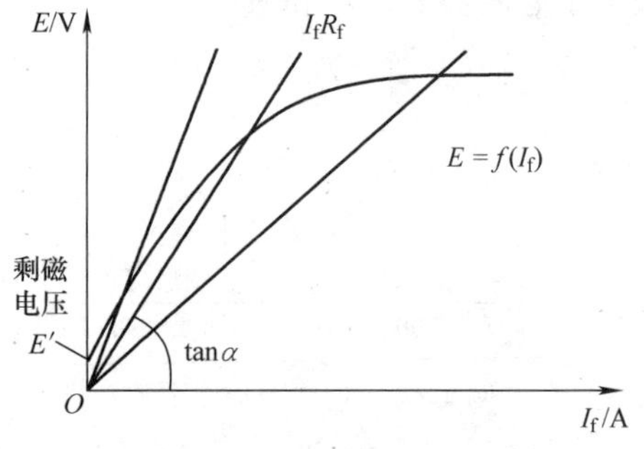

图 4-14　并励式发电机电压的建立

两条线的交点就决定了建立起来的电动势 E 和相应的励磁电流 I_f 的大小。因为只有这一交点，E 和 I_f 才能同时满足磁路和电路两方面的要求。从图 4-14还可看出，交点的位置与电阻 R_f 值有关。R_f 增大，直线斜率也增大，建立起来的电动势 E 要低一些。当 E 过大时，电动势建立不起来；当 E 过小时，励磁回路电流过大，容易出现饱和。

可见，飞机发电机是靠自己给自己励磁而发电的，故这种发电机又称为自励式发电机。综上所述，要使并励式发电机自励发电，必须具备以下条件：

1）发电机的磁极要有一定的剩磁 B_r。

2）励磁电流产生的磁场方向与剩磁场的方向相同。

3）励磁电流的电阻不能过大也不能过小。

4）对飞机发电机来说，其转速是经常变化的，但是最低转速不得低于某临界值，否则，发电机不能自励发电。

（2）直流发电机的运行特性　决定直流发电机的特性的主要有 4 个重要的物理量，发电机的端电压 U、励磁电流 I_f、负载电流 I 和电动机的转速 n。当固定其他物理量，只研究两个物理量之间的变化关系时，称为发电机的特性，用数学表达式或函数关系表示，发电机的特性并不等于电动机的工作点或工作状态。

从图 4-12 可以看出，发电机的外部电路接通时，其端电压 U 与电枢绕组的感应电动势 E、电枢电流 I_a、励磁电流 I_f、负载电流 I 之间有如下关系式：

$$U = E - I_a R_a \text{ 或 } U = C_e \Phi n - I_a R_a \tag{4-1}$$

$$I_f = U/R_f \tag{4-2}$$

$$I = U/R \tag{4-3}$$

$$I_a = I_f + I \tag{4-4}$$

式中，R_a、R_f、R 分别为发电机电枢内电阻、励磁电路电阻和负载电阻，Φ 为发电机每磁极下的磁通。在发电机额定运行时，$R \ll R_f$，$I \gg I_f$，故可以认为 $I_a \approx I$。

如果将直流发电机的转速保持不变，通常直流发电机有三种比较重要的特性：

1）负载特性。如果 I = 定值，$U = f(I_f)$；如果 $I = 0$，就是空载特性。

2）外特性。当励磁回路电阻为定值时，$U = f(I)$。

3）调节特性。当 U = 定值时，$I_f = f(I)$。

其中，空载特性和外特性比较重要。

当负载发生变化时，用调节励磁电流的方法来维持端电压不变，就得到发电机的调节特性，图 4-15 所示为并励式发电机的调节特性。飞机上用的并励式发电机转速范围较大，为了保持发电机端电压恒定，当转速升高时，必须相应地减小励磁电流，当转速下降时，则应增大励磁电流。图 4-16 所示为负载一定时，励磁电流随转速改变而进行调节的情形。这种发电机端电压和负载电流保持不变时，励磁电流和转速的关系称为速率调节特性。

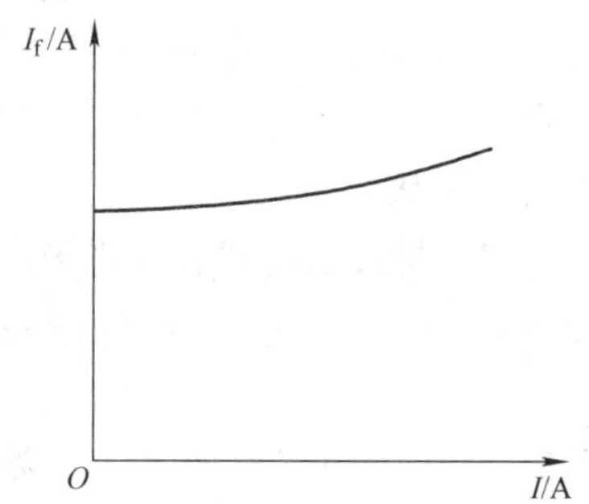

图 4-15　并励式发电机的调节特性

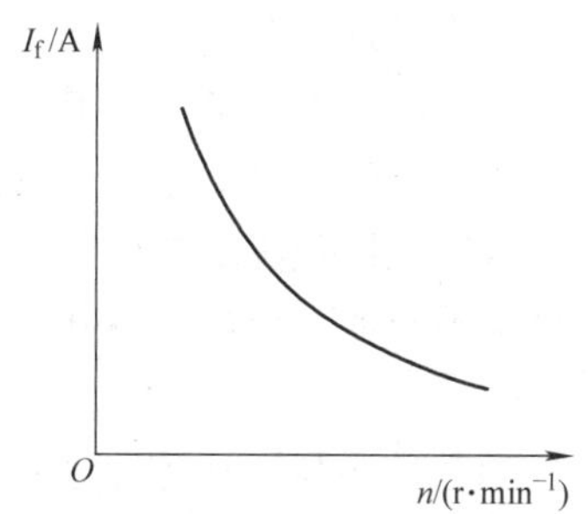

图 4-16　并励式发电机的速率调节特性

并励式发电机接通负载后，在转速 n 和励磁电路电阻 R_f 为定值的条件下，表示发电机端电压 U 与负载电流 I 之间关系的 $U = f(I)$ 曲线称为发电机的外特性曲线，某飞机直流发电机在三种不同转速时的外特性曲线如图 4-17 所示。

从发电机外特性曲线可以看出，当转速一定时，发电机输出端所接用电设备越多，负载电流 I 越大，使发电机端电压 U 降低，当 U 降低时，又将使发电机励磁电流减小，发电机每极下磁通减小，电动势减小，端电压会进一步降低，就出现了图中的转折点。

（3）并励式发电机励磁绕组的布置　图 4-18 所示为两对磁极的直流发电机，定子上有

4 个磁极，分别是 N–S–N–S，磁极极性的形成依赖于磁极导线的绕向和涌入电流的方向，更进一步说，取决于接线盒上的接线方法。这种发电机转子上电枢电路的固定部分包括 4 个电刷，导线把电刷两两连接起来作为电极，通过导线把已经连接起来的电刷接到 A（正极性）和 A'（负极性）两个端子上。4 个励磁线圈串联形成励磁绕组，线圈缠绕起来并连接形成交替的 N 极和 S 极。把线圈的两个末端引出来作为图中的 Z（电流进）和 Z'（电流出）端点。当 A 与 Z 相连，A'与 Z'相连时就构成了并励发电机，这种并励发电机结构简单，应用较广。

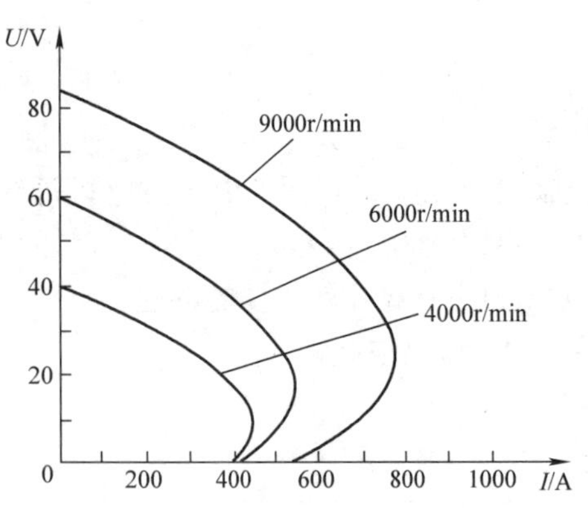

图 4-17　直流发电机的外特性曲线

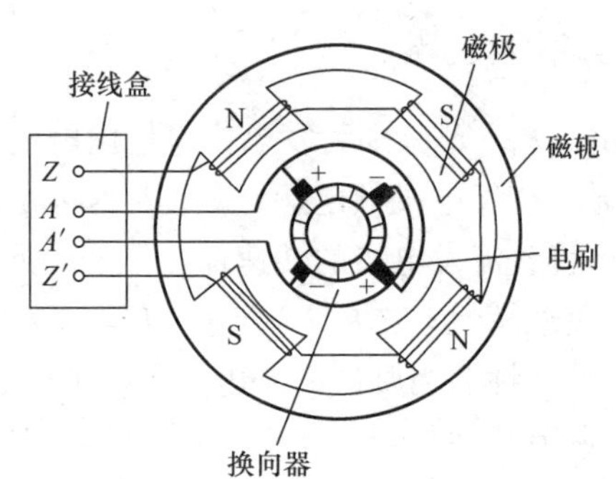

图 4-18　励磁电流的输入和感应电压的输出布置图

5. 有刷直流发电机容量及过载能力

飞机直流发电机容量通常指发电机功率额定值。发电机容量由飞机电气负载和电源系统结构来选定。要获得最佳重量设计的直流发电机，会受到多种因素的限制。发电机在实现能量转换过程中总伴随着各种损耗的产生，导致各部件发热，故绝缘材料允许温度极限限制了发电机额定容量。飞机直流发电机的容量还与发电机的寿命期限和工作循环性质有关，较短的工作寿命期可允许较高工作温度极限，这由绝缘材料的温度—寿命特性决定。发电机的工作循环，例如长期工作或短时工作等，也会改变发电机的热状态。

安全换向是限制飞机直流发电机容量的另一重要因素，即使发电机在允许极限温度范围内，若负载超过某给定值，换向过程中产生的严重火花也会使换向器表面烧蚀并缩短电刷寿命。

直流发电机的容量还与工作温度和冷却状态有关，对于强迫风冷而言，主要与空气密度、压差、温度及空气阻力特性有关。

飞机直流发电机在不同转速下向给定负载供电时会有不同的热状态。在低速区运行时，可能受到磁通量和励磁绕组发热的限制；在高速运行时，由于风损及摩擦损耗增加而使发热加剧，并产生高频影响。飞机直流发电机必须保证能在最低正常转速下连续额定运行。把飞机直流发电机转速下限值降低，能显著地减轻发电机重量或增加其容量。

设计飞机直流发电机时，准确地考虑发电机过载能力和低速工作能力有助于提高电源系统可靠性和减轻发电机重量。过载由多种原因引起，飞机的负载分析表明，在飞行的各阶段均有短时过载状态出现，例如收放起落架等。若用短时过载来确定发电机容量显然是不经济的，为此可利用发电机的短时热容量向短时大负载供电。在并联的发电系统中，通常要求至少在一台发电机不工作时系统能向所有负载供电，即在应急状态下，为使空勤人员有足够时间来完成必要的负载监控，发电机必须有一定的过载能力。

低速工作意味着飞机发动机转速下降（如飞机降落时），发电机应在转速低于正常转速时仍能正常工作，以保证飞机着陆时用电设备的电能供应。

6. 有刷直流发电机的主要技术数据

发动机在不同飞行状态有不同的输出转速，故飞机直流发电机在较宽的转速范围内工作，其最低转速约为4000r/min。这也是相当高的转速，因此在轴承的选用、电枢平衡要求和承受转动机械应力的部件（如槽、齿、端部、绑扎等）结构设计等方面均需按高速端来考虑，而发电机电磁结构参数则应满足低速时发电机有额定输出能力。

发电机的主要技术性能是设计和制造部门给发电机规定的使用数据，这些数据通常写在发电机铭牌上或列于说明书中。

额定电流 I_N：发电机在长期运行时，由发电机输出给负载的允许电流。

额定电压 U_N：发电机两端输出的允许电压。飞机直流发电机的额定电压一般为28V。

额定功率 P_N：发电机的额定输出功率。即在额定电压下和输出额定电流时，发电机向负载供给的功率，单位为W或kW。

转速范围：发电机在输出额定功率时最低转速到最高转速的范围，通常为4000～9000r/min。

直流发电机按额定值运行时，发电机的利用程度好、效率高、寿命长。如果发电机的运行情况与额定值相差太远，可能损坏发电机，或者发电机没有被充分利用。

在一定的条件下，允许发电机短路或短时过载。发电机在短路时间内允许输出的增大电流数值，称为增大电流。超过这一电流值，发电机就会损坏，并且用最大电流供电的时间也是有限的。例如，运7飞机直流发电机的额定电流为600A，当飞机在空中飞行，输出电流为750A时，允许发电机供电1min；输出电流为900A时，只允许发电机供电10s；而输出电流为1200A时，则只允许发电机供电2s。

7. 有刷直流发电机的通风和冷却

对有刷直流发电机施以适当的冷却，可减轻给定输出功率的发电机的重量。最常用的冷却方法是鼓风冷却。通常空气在非驱动端输入，通过电动机发热部件进行热交换，然后在驱动端排出。要实现鼓风冷却，首先要有合适的空气源，其次是进出风要有一定的压差，且冷却空气应有合适的温度并满足进气量要求。

冷却空气源可选择来自飞机进气道的迎面气流，也可选择涡轮压气机排出的空气。飞行速度较低时，迎面气流能有效地在发电机内部进行热交换。但随着飞行速度的增加，由于空气的阻滞作用，使得冷却空气温度上升。飞机飞行速度为3000km/h时，冷却空气本身的温度将达到250℃，从而失去冷却作用，从涡轮压气机获得的空气也因温度太高而没有冷却效果。

飞机在高空飞行时，由于空气密度降低，无法满足进气量要求，导致冷却效果降低。鼓风冷却的高速高空性差限制了这类发电机在飞机上使用的范围，而有刷直流发电机滑动接触的存在又限制了其他冷却方法的使用，这是有刷直流发电机的主要缺点之一。有刷直流发电机有时也自带风扇，在地面起辅助冷却之用，此时发电机必须降低额定输出或缩短工作时间。

4.1 航空直流发电机-油冷式无刷直流发电机

4.1.2 无刷直流发电机

飞机上直流电源系统的组成离不开直流发电机，在现代先进飞机上使用的直流发电机，以油冷式无刷直流发电机最为普遍，下面介绍油冷式无刷直流发电机的功能、组成和工作原理。

1. 功能

油冷式无刷直流发电机的功能就是依靠发动机的动力，产生270V的高压直流电，供给直流负载使用。这种直流发电机其实是一种高压直流发电机，它内部装有转子、永久磁铁、感应绕组、主磁极。

2. 组成

油冷式无刷直流发电机主要由永磁机、励磁机、主发电机组成。永磁机由永磁机电枢、永久磁铁构成；励磁机由励磁机电枢绕组、励磁机励磁绕组组成；主发电机由主发电机电枢绕组、主发电机励磁绕组组成，如图4-19所示。

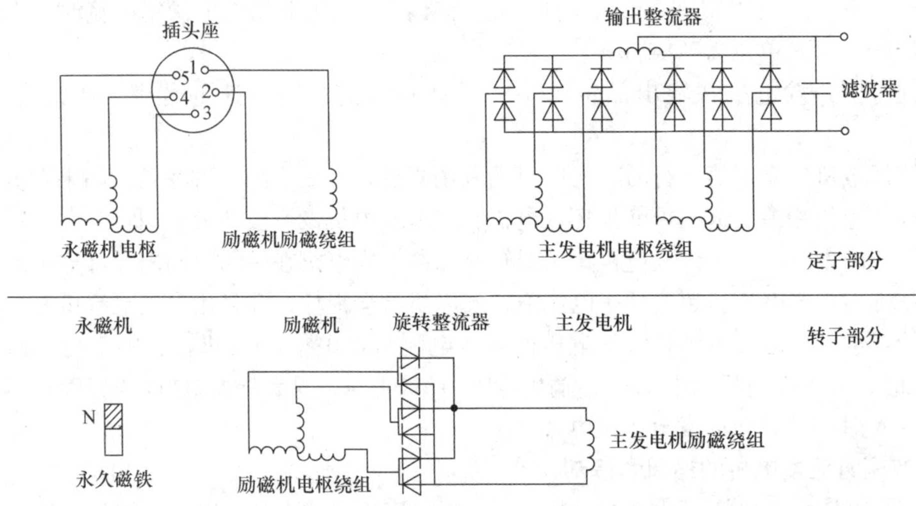

图4-19 油冷式无刷直流发电机结构框图

油冷式无刷直流发电机的励磁首先是从最左端的永久磁铁开始的，然后由励磁机的励磁绕组励磁，再由主发电机转子中励磁绕组励磁，完成整个发电机的励磁。其中，主发电机转子中励磁绕组励磁时，需整流，其整流电路也装在转子中，随转子一起旋转，因此又称为旋转整流器，它可采用半波整流，也可以采用全波整流。发电机励磁完成后，就可产生感应电压了。

3. 工作原理

当转子转动时，在永磁机中，永久磁铁也不停地旋转，产生的磁感线被定子中的三相感应线圈切割，产生感应电动势，这样永磁机就感应出了电压，该电压经整流器和励磁机励磁绕组，产生磁场，作用于励磁机的转子感应线圈，形成切割磁感线的作用，在励磁机转子线圈中就产生了三相感应电压，励磁机中的电压就建立起来了。然后经旋转整流器电路，形成直流，输入主发电机励磁绕组，产生直流发电机的磁场，也就是主磁场，因该磁场在转子中，故其形成的磁感线也随之旋转，使得励磁机定子中的感应线圈产生感应电压，由于感应线圈有三个，故产生的感应电压为三相交流电压，经过输出整流器的整流变换，就生成了270V 的直流电压，这就是油冷式无刷直流发电机的工作原理。

4. 冷却方式

油冷式无刷直流发电机的冷却方式为油冷，自带冷却系统由油箱、油泵和油路系统及相关油路部件等组成，对主发电机励磁绕组及电枢绕组、发电机输出整流器、旋转整流器等主要电气设备提供喷油冷却；同时，还对主发电机电枢进行循油冷却，并对轴承进行润滑和冷却。

4.2　航空直流发电机的电压调节

航空直流供电系统的额定电压为28V，但当负载变化或发动机转速改变时，电压将偏离额定值，因此，必须由电压调节器来自动调整发电机的励磁电流，以保持输出电压恒定。增加发电机励磁电流，发电机输出电压增高，反之，则减小。电压调节器的重要组成部分是电压检测和比较电路，它随时检测发电机的电压，并与基准电压比较，当有偏差时通过执行机构调节发电机的励磁电流。

常用的电压调节器有振动式电压调节器、晶体管电压调节器、碳柱电压调节器等类型。

如图 4-20a 所示，在直流发电机励磁绕组 W_f 的电路中串联一个附加可变电阻 R_f，改变它的数值，就可以调节励磁电流的大小，保持发电机电压恒定。碳柱电压调节器就是根据这种原理制成的，其碳柱是一个可变电阻，改变作用在碳柱上的压力就能改变碳柱电阻的大小，从而达到调节发电机电压的目的。

如图 4-20b 所示，在励磁绕组的电路中，串联一只晶体管，使其工作在开关状态，其中会有一个平均电流流过，改变晶体管的导通比，即可改变励磁电流的数值，达到调节发电机电压的目的。晶体管电压调节器就是根据这种原理制成的。

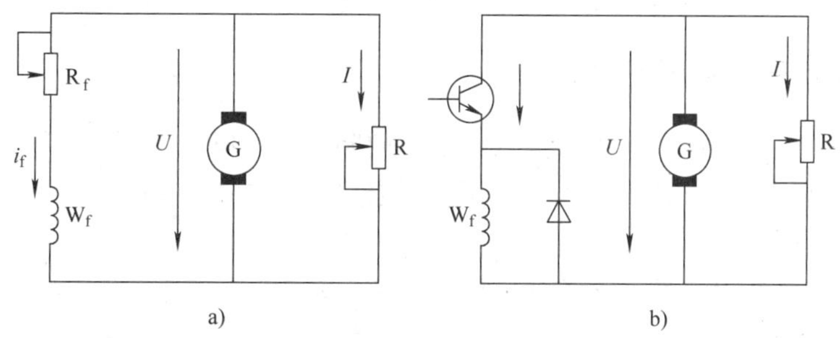

图 4-20　调节励磁电流的方法

4.2.1　振动式电压调节器

1. 组成

振动式电压调节器如图 4-21 所示，主要由以下部分组成。

（1）电磁铁　用于检测发电机的电压，电磁铁线圈并联在发电机的输出端，电压越高，电磁铁产生的电磁吸力越大，电磁铁拉开触点的作用就越强。

（2）弹簧　弹簧的作用是使触点闭合。

（3）触点　触点闭合，使电阻短路，励磁电流增大，发电机电压升高。

（4）电阻　触点断开时，将电阻串入励磁绕组，使励磁电流下降，发电机电压下降。

2. 工作原理

当发电机开始转动时，发电机自励发电。此时由于发电机电压低，电磁铁的吸力小，弹簧的拉力大于电磁铁的吸力，使触点闭合，励磁电流上升，发电机输出电压上升。当发电机输出电压上升到一定值（大于额定值）时，电磁铁的吸力大于弹簧力，触点断开，这时电阻串入到励磁绕组中，使励磁电流下降；当发电机输出电压下降到一定值（小于额定值）时，电磁铁的吸力小于弹簧力，触点闭合，将电阻短路，发电机电压上升。如此循环，使发电机电压恒定在28V。调整弹簧拉力，就能调整发电机的输出电压值。

发电机输出电压波形如图4-22所示。

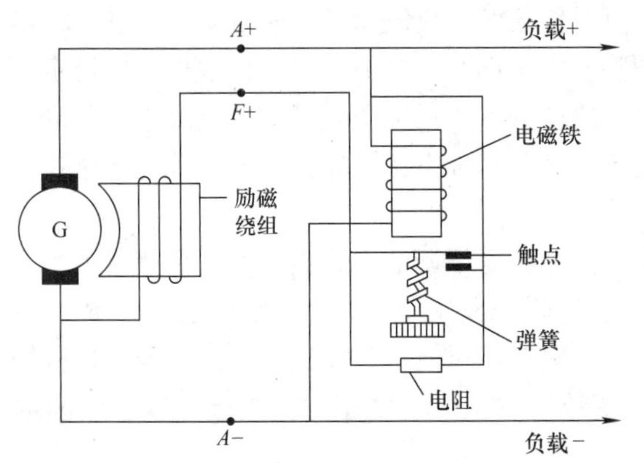

图4-21　振动式电压调节器

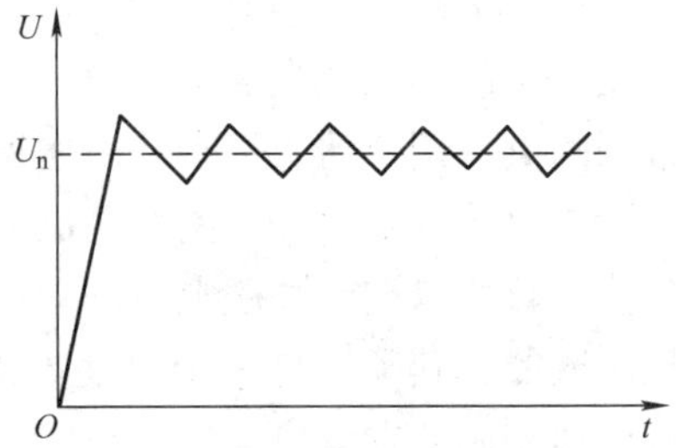

图4-22　振动式电压调节器的输出电压波形

这种电压调节器主要用于小型发电机，其优点是结构简单，重量轻；缺点是触点开合频繁，易产生磨损和干扰，发电机输出电压有微小波动。

4.2.2　晶体管电压调节器

为克服振动式电压调节器机械触点开合引起的问题，可以采用无触点开关，即用大功率晶体管代替机械触点。典型的晶体管电压调节器电路结构如图4-23所示。

1. 组成

电路主要由电压敏感电路和开关放大电路两部分组成。

（1）电压敏感电路　由电阻 R_3、R_4、R_5 和电容 C_2 组成。

（2）开关放大电路　由晶体管 T_1、T_2 和二极管 D_1、稳压管 Z_2 及电阻 R_1、R_2 组成。

2. 工作原理

当发电机电压低于一定电压时，稳压管 Z_2 截止，T_1 截止，T_2 导通，电源“+”端通过 D_1、T_2 加到励磁绕组的 F_2 端，再回到电源的“−”端，使发电机电压上升；当电压上升到一定值时，Z_2 击穿导通，T_1 导通，T_2 截止，励磁绕组断电（励磁绕组中的反电动势通过续流二极管 D_2 释放），发电机输出电压下降；当电压下降到一定值时，Z_2 又截止。如此循环，使发电机输出电压保持在额定值上。当负载增大时，T_2 的导通时间变长，截止时间变短，以维持输出电压不变，调整 R_4，就能调整发电机的输出电压值。

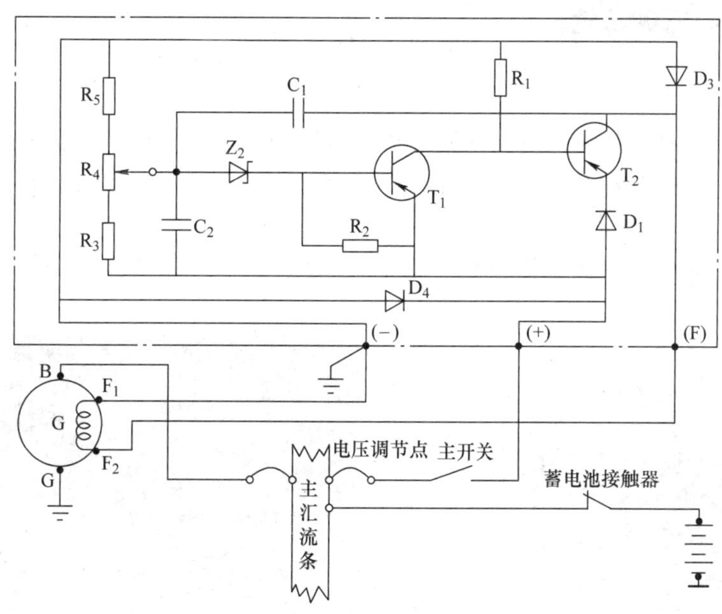

图 4-23　晶体管电压调节器

C_1 为负反馈电容，用于提高电源的稳定性。二极管 D_4 的作用是防止电压调节器或发电机极性接反，起到保护电压调节器的作用。

晶体管电压调节器具有调压精度高、动态性能好、体积小、重量轻、工作可靠等优点，目前被许多飞机采用。

图 4-24 所示为集成电路构成的晶体管电压调节器。

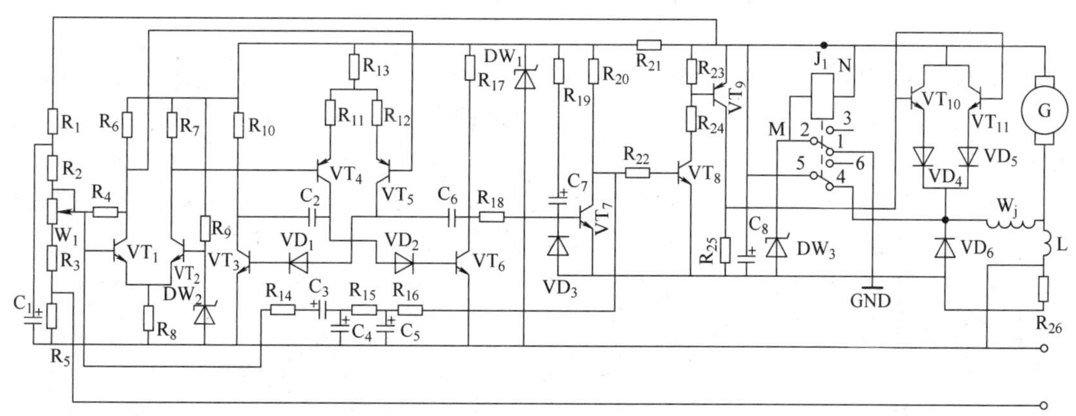

图 4-24　集成电路构成的晶体管电压调节器

它主要由大功率晶体管和集成电路元件构成，具体由五部分组成：检比电路、差动放大电路、调制电路、整形放大电路和励磁控制电路。另外为了工作安全可靠，还设置了校正电路、防过电压等辅助电路。其工作原理与前面所述相似，在此不再作过多叙述。

4.2.3 碳柱电压调节器

4.2 碳柱电压调节器

1. 组成

碳柱电压调节器是指通过对发电机励磁电流的控制，实现对发电机输出电压调节的自动装置。图 4-25 所示为碳柱电压调节器的结构图，图 4-26 所示为碳柱的外形图。

碳柱电压调节器由碳柱电阻（碳柱）、衔铁弹簧组件、电磁铁等主要部件组成。

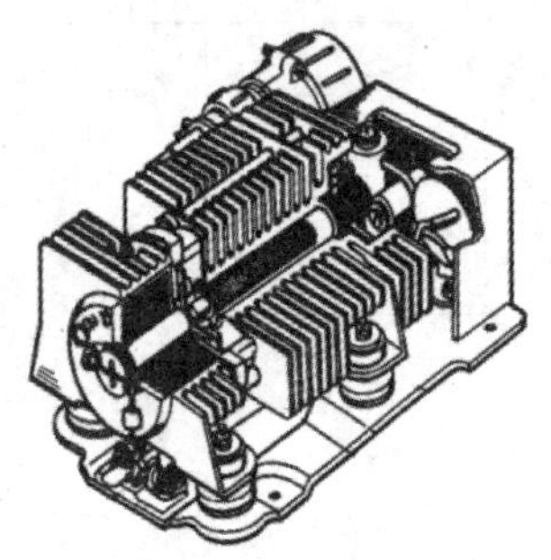

图 4-25 碳柱电压调节器结构图

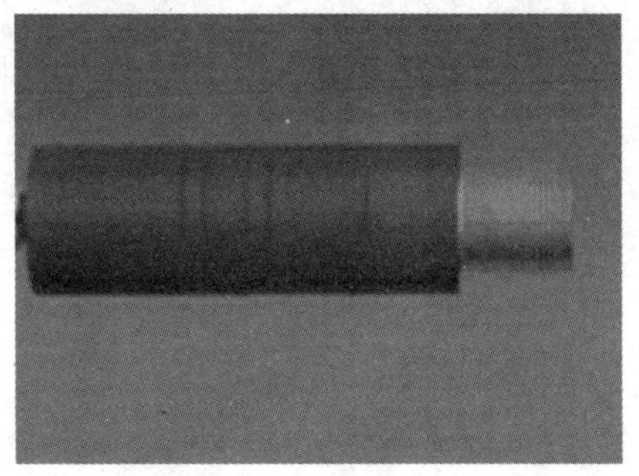

图 4-26 碳柱外形图

碳柱作为一个可变电阻串联在励磁电路中，用来调节励磁电流 I_j。碳柱是由几十层碳片叠加而成的。碳片表面比较粗糙，挤压力较大时，碳片接触较紧，挤压力较小时，碳片接触较松。导体之间相互接触会存在接触电阻，阻值大小与接触的紧密程度有关，当碳片之间的接触比较紧密时，接触电阻阻值比较小，接触比较松散时，接触电阻阻值比较大。碳柱的电阻主要就是由碳片与碳片之间的接触电阻构成。所以当作用力施加在碳柱上时，碳片之间接触的紧密程度会发生改变，碳柱电阻也就发生了变化。因此，只要调节作用在碳柱上的力，就可以改变碳柱的阻值。

衔铁弹簧组件提供压缩碳柱的力，弹簧和衔铁是固定在一起的，压缩弹簧时，弹簧形变，产生的弹簧力。当调压器装配好后，弹簧对衔铁产生一个指向碳柱的弹簧力 F_t，使衔铁压缩碳柱。

电磁铁提供使碳柱放松的力，电磁铁上绕有线圈，线圈跨接在发电机的两端。线圈通电以后，会产生电磁力 F_d，指向铁心。当发电机电压变化时，电磁力就会跟着发生变化，衔铁的位置产生移动，从而改变加在碳柱上的压力，使碳柱电阻发生变化，进而调节发电机的电压。

2. 工作原理

碳柱电压调节器工作原理如图 4-27 所示，首先假设发电机处于稳定工作状态，发电机电压为额定值。当发电机转速升高或负载降低时，发电机电压就会升高，电磁铁线圈中的电流 I，也会升高，电压调节器开始工作，对发

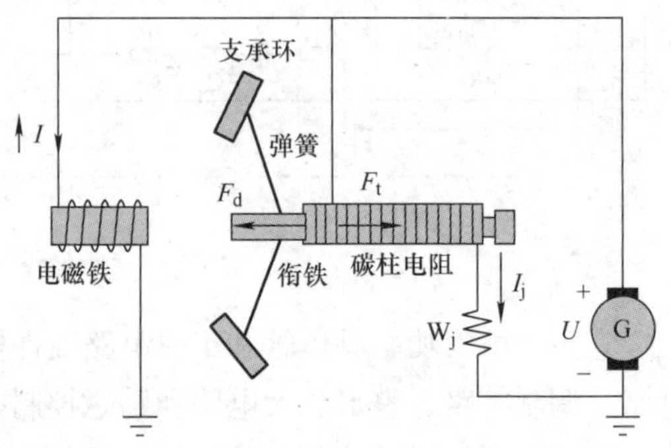

图 4-27 碳柱电压调节器工作原理图

电机电压进行调节。由于电磁铁上的线圈是并联在发电机两端的，所以，随着发电机电压的升高，电磁力 F_d 增大；衔铁在电磁力的作用下，向着铁心方向移动，使加在碳柱上的压力减小，碳柱的电阻值增加；在励磁电路中，由于电阻增大，励磁电流就会减小，磁通 Φ 随之减小，引起发电机电压下降。

$$n\uparrow(I\uparrow)\rightarrow U\uparrow\rightarrow F_d\uparrow\rightarrow(F_t-F_d)\downarrow\rightarrow r_f\uparrow\rightarrow I_j\downarrow\rightarrow\Phi\downarrow\rightarrow U\downarrow$$

这样，通过调节，发电机电压就能重新恢复到额定值，实现电压的稳定。

当发电机电压降低时，电压调节器调节的过程与此相反，同样能实现稳压的作用。

4.3　航空直流发电机的控制和保护

航空电源的控制与保护包括飞机发电机和应急电源、地面电源的控制与保护。由于后两者比较简单，这里重点讨论飞机发电机的控制与保护。控制与保护装置是实现电源系统正常、安全供电的重要设备，用以保证发电机与汇流条可靠地接通、断开或转换；保证故障部分与电网可靠地分离。目前低压直流电源的保护项目主要有发电机反流保护、过电压和励磁保护、过载保护和短路保护等。控制保护装置有电磁继电器式、晶体管式及组合式等几类，新型飞机的电源系统多采用组合式的调压、控制和保护装置。本节主要讨论直流发电机的控制与反流保护、发电机的励磁控制与过电压保护相关的内容。

4.3　直流发电机的控制与保护

4.3.1　直流发电机的输出控制

发电机输出的控制装置通常是接触器，用以接通或断开发电机的输出电路。在供电系统各种设备正常工作的条件下，可以根据需要人为地控制装置闭合或断开；在供电系统有故障时，控制装置又可作为保护装置的执行机构使发电机脱离电网。

由于发电机的励磁故障及其他的原因，使发电机电压低于电网电压时，电网上的其他电源将向发电机输送电流，称为反流。反流太大将损坏其他电源或发电机，此时应使发电机控制装置断开，这就是反流保护装置的功能，在这里控制装置即为反流保护装置的执行机构。

在飞机上，发电机与应急电源、地面电源要协调工作，因此发电机控制装置 GC（又称为 GB、GCB）的动作，必须符合规定的逻辑关系，典型的发电机控制装置的动作逻辑如图 4-28所示。

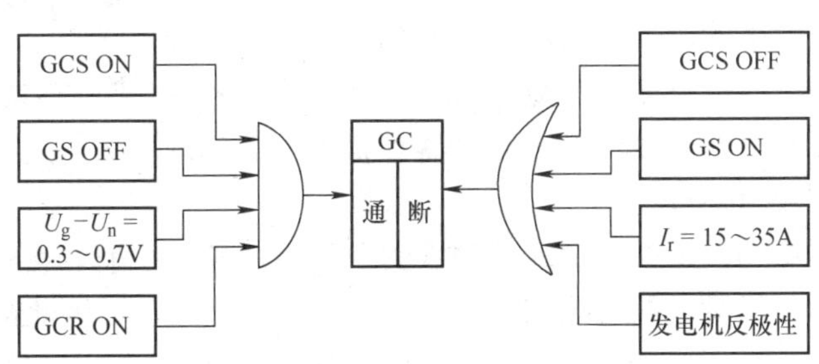

图 4-28　发电机控制装置 GC 的动作逻辑

图中 GCS 为发电机控制开关，GS 为地面电源开关，U_g为发电机电压，U_n为电网电压，

I_r为发电机反流。由图 4-28 可知使 GC 接通的所有条件为“与”逻辑，使其断开的条件为“或”逻辑。

4.3.2 直流电源系统的反流保护

在航空直流电源系统中，发电机和蓄电池是通过汇流条并联向用电设备供电的。通常情况下，发电机电压高于汇流条电压，而蓄电池电压较低，因此发电机向用电设备供电，同时也给蓄电池充电。但是，在发动机起动或停车过程中，发电机转速较低，从而使得发电机电压低于蓄电池电压，这时就将由蓄电池给用电设备供电，同时也将有一部分电流流入发电机，形成反流。

反流不仅白白地消耗蓄电池的电能，过大的反流还会烧坏发电机和蓄电池。所以，发电机和蓄电池不能直接并联向负载供电，它们之间需要一种自动保护装置，能在出现反流时及时断开发电机输出电路，割断反流。这种自动保护装置就是反流割断器，其外形如图 4-29 所示。

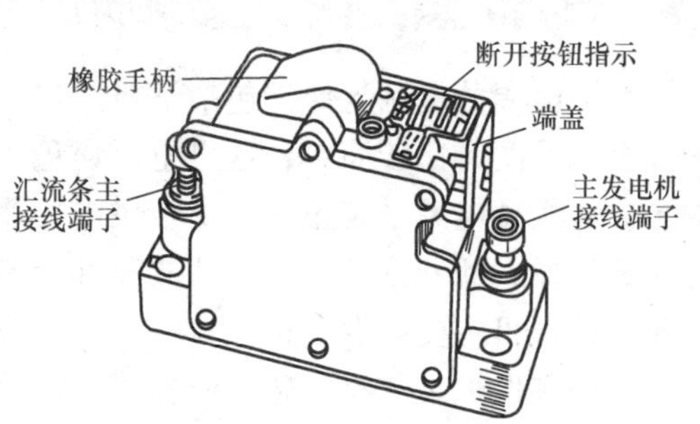

图 4-29　反流割断器外形图

1. 反流割断器的功用

当电路中出现反流时，反流割断器应该及时地断开发电机的输出电路，割断反流。当发电机电压正常以后，反流割断器还应该具有及时接通发电机输出电路的功能。反流割断器的功用如下：

（1）当 $U_{发电机} < U_{蓄电池}$，$I_{反} = 15 \sim 35\text{A}$ 时，自动断开发电机输出电路。

（2）当 $U_{发电机} > U_{蓄电池}$，$\Delta U = 0.3 \sim 0.7\text{V}$ 时，自动接通发电机输出电路。

2. 反流割断器的基本组成

在飞机电路网中，可以使用电磁控制设备自动接通或断开发电机输出电路，电磁控制设备包括接触器和继电器两种。在这里选用接触器来控制发电机输出电路的通断。当接触器的线圈通电后，接触器吸合，接通发电机的输出电路；而当线圈断电时，接触器被释放，从而断开发电机的输出电路。但接触器只是执行元件，它本身不具有检测压差和反流的能力，因而也就无法根据电路的情况自动接通或者断开发电机的输出电路。因此还需要另一种控制装置，利用它来检测电路中的压差和反流，从而相应地接通或断开接触器的工作线圈，使接触器适时地通断。这种控制装置就是两位极化继电器。很显然，两位极化继电器是整个反流割断器的核心元件，如图 4-30 所示。

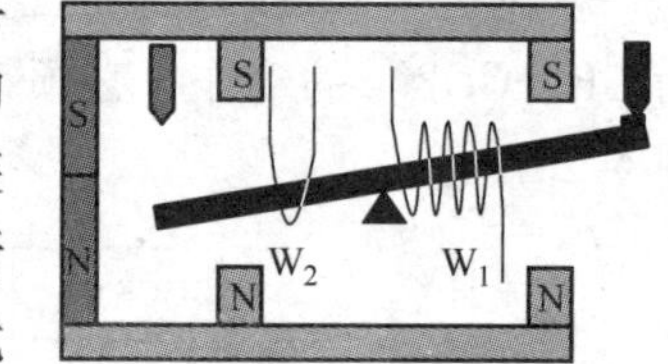

图 4-30　两位极化继电器

两位极化继电器有一个永久磁铁，在磁铁的上下两端各有一个导磁板，两个导磁板上对称地有两对极靴，由于极靴处的气隙相对较小，磁阻也就比较小，因此绝大部分的磁感线都会通过这两处气隙，这样四个极靴就形成了四个磁极。在这四个磁极之间有一个条形的衔铁，衔铁的中部有一个支点，因此衔铁可以绕支点做顺时针方向或逆时针方向的旋转。在衔铁的右端有一个触点，它可以随衔铁移动，因此称为活动触点。活动触点的上方有一个固定的接触螺钉。在衔铁的左上方也有一个固定的螺钉，称为止动螺钉。这样在止动螺钉、接触螺钉和支点的作用下，衔铁就只能在一定的角度范围内进行转动。此外在衔铁上还绕有两组线圈，用于产生控制磁通。其中线圈 W_1 是差动线圈，用于检测压差信号，线圈 W_2 是反流线圈，用于检测反流信号。这些就是两位极化继电器的基本组成部分，两位极化继电器和接触器共同组成了反流割断器，如图 4-31 所示。

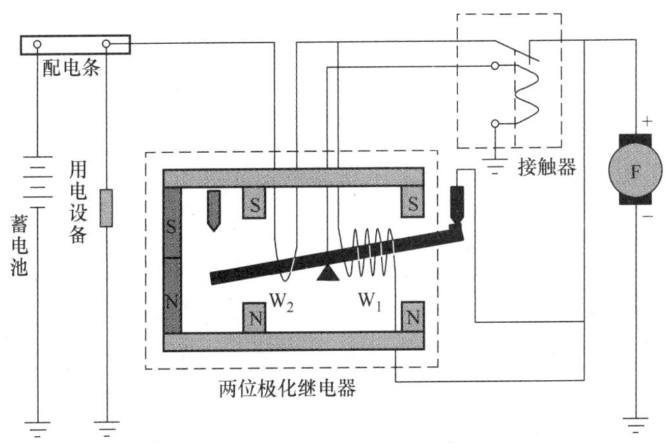

图 4-31 反流割断器的结构图

3. 反流割断器的基本工作原理

将接触螺钉和发电机相连，同时将衔铁和接触器的线圈相连，这样当触点接通以后，就会有电流经发电机、接触螺钉、触点、衔铁流到接触器线圈，构成导电通路，从而使接触器通电吸合，发电机输出电路被接通，发电机对负载供电。而当触点断开时，则使接触器线圈断电，接触器释放，从而使发电机输出电路断开，切断发电机与外电路的联系。由此可见，发电机输出电路的通断主要取决于接触器线圈的通断，线圈的通断是由这对触点的通断引起的。触点的通断则是由衔铁的偏转决定，而衔铁的偏转又是由作用在衔铁上的力所决定的。因此有必要对衔铁的受力进行分析。那么，使衔铁发生偏转的力都有哪些呢？

由于衔铁处在四个小磁极之间，在永久磁铁的作用下，四个小磁极都将对衔铁产生吸力。如图 4-32所示，其中左上和右下磁极对衔铁产生的吸力都力图使衔铁顺时针方向偏转，因此把这两个力统称为 F_1，而左下和右上磁极对衔铁产生的吸力都力图使衔铁逆时针方向偏转，把这两个力统称为 F_2。很显然，当 $F_1 < F_2$ 时，衔铁就将逆时针方向偏转，使触点接通；当 $F_1 > F_2$ 时，衔铁就将顺时针方向偏转，从而使触点断开。

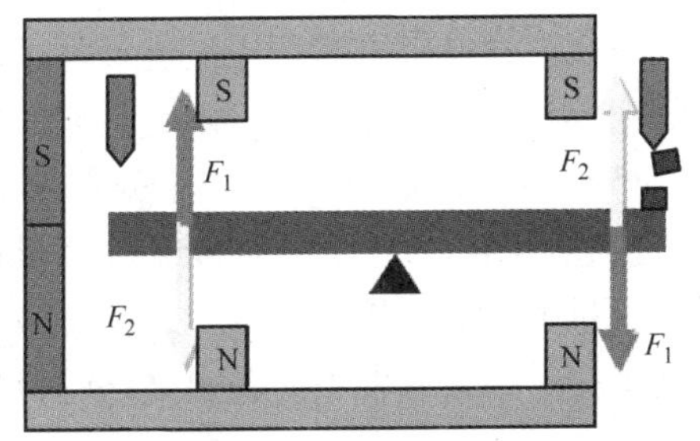

图 4-32 极化继电器衔铁受力分析图

假设触点在接通位置，这时永久磁铁产生的永久磁通是这样分布的：一路从 N 极出，经左下小磁极，左上小磁极回到 S 极，形成闭合回路；一路经右下小磁极，右上小磁极回到 S 极，形成闭合回路。另外，由于左上和右下处的气隙大，磁阻大，而左下、右上处气隙小，磁阻小，因此还有一路磁通将从 N 极出发，经左下小磁极、衔铁和右上小磁极回到 S 极，形成闭合回路。这时左下和右上处气隙的磁通量明显要强于左上和右下气隙处的磁通量。因此这时 $F_2 > F_1$，从而将衔铁逆时针方向偏转。由于接触螺钉的止动作用，触点将继续保持在接通位置。

同样的道理，当触点在断开位置时，永久磁通的分布是这样的：一路从 N 极出，经左下小磁极，左上小磁极回到 S 极，形成闭合回路；一路经右下小磁极，右上小磁极回到 S 极，形成闭合回路。一路则从 N 极出发，经右下小磁极、衔铁和左上小磁极回到 S 极，形成闭合回路。这时左上和右下处气隙的磁通明显要强于左下和右上气隙处的磁通。从而使 $F_1 > F_2$，这时衔铁将顺时针方向偏转。由于止动螺钉的存在，衔铁将使触点保持在断开位置。

通过以上的分析可以得出这样一个结论：仅在永久磁通的作用下，衔铁将使触点保持在原来的位置不变。

那么，怎么才能改变触点的通断状态呢？要想改变触点的通断状态，就必须在控制线圈的作用下，产生控制磁通来改变磁通的分布，从而改变 F_1 与 F_2 的大小对比关系。下面就来分析一下反流割断器是如何在控制线圈作用下，控制发电机输出电路的。

假设触点在断开位置，为了使发电机电压高于汇流条电压，接通发电机输出电路，就必须要让 $F_2 > F_1$，从而使衔铁逆时针方向偏转，接通触点。要实现这一点，就必须加强左下和右上气隙处的磁通，而削弱左上和右下处气隙的磁通，如何做到呢？根据右手定则可知，当差动线圈 W_1（图 4-31）中流入右进左出的电流时，就可以产生控制磁通。这样一来，在左下和右上气隙处，控制磁通的方向与永久磁通方向一致，总磁通量增强，F_2 增大；而在左上和右下气隙处，控制磁通的方向与永久磁通的方向相反，总磁通量减弱，F_1 减小。

为了让差动线圈产生这样的控制磁通，要将其串接在发电机和配电条之间。这样一来，当发电机的电压高于汇流条电压时，就会产生所需的控制磁通，并且随着压差的增大，控制磁通会逐渐增强，从而使 F_2 不断增强，F_1 不断减小。当压差达到 0.3 ~ 0.7V 时，F_2 就开始大于 F_1，使衔铁逆时针方向偏转，触点接通，接触器吸合，发电机输出电路被接通，发电机开始向外供电。当输出电路被接通后，W_1 就会被短接，这时控制磁通也将消失。以上过程就是反流割断器的接通过程。

那么当发电机电压低于汇流条电压出现反流时，反流割断器又是如何断开发电机输出电路的呢？与接通过程相比，两者在工作原理上来讲差别不大，唯一的区别就是当反流值达到 15 ~ 35A 时，反流线圈 W_2 产生的控制磁通开始使 $F_1 > F_2$，使衔铁顺时针方向偏转，触点断开，接触器断电释放，从而断开发电机输出电路，割断反流。

通过上面的分析，可以知道两位极化继电器和接触器就基本上构成了一个反流割断器，实现了接通或断开发电机输出电路的目的。

4.3.3 直流发电机的励磁控制与过电压保护

电源电压超过规定值的稳态电压极限值的上限，称为过电压。由于产生过电压的原因和具体条件不同，过电压的方式也不同。如电压调节器发生故障失去调压作用时，发电机的励磁电流将急剧增大，发电机电压将因电动势的急剧升高而上升到 100V 以上，发电机过电压分为持续过电压和瞬时过电压。

1. 持续过电压

由发电机励磁电路或电压调节器故障而造成的过电压，持续时间很长，称为持续过电压。

发电机产生持续过电压时，危险极大。持续过电压分为失调性过电压和超调性过电压两类，若发电机的励磁电流完全失去控制，励磁电流很大，过电压值很高，这种过电压称为失调性过电压；若由于电压调节器调整不当或电压调节器个别元件有故障，但励磁电流仍能受控制，过电压值不是很高，这种过电压称为超调性过电压。不管是什么样的过电压，都容易损坏用电设备，发电机也会因过载发热而烧坏，而且还可能引起蓄电池爆炸。例如，如果把33V 电压加到 12HK－28 蓄电池的两端，将引起电解液大量外溢。

过电压越大，破坏性就越强。为了防止过电压造成严重后果，现代飞机上广泛采用发电机过电压保护装置。过电压保护装置的作用是当发电机出现过电压时，迅速地将过电压发电机的励磁磁场消除（或者减小到安全程度），同时把该发电机的输出电路断开。

2. 瞬时过电压

电源系统在调压过程中，也会出现过高电压（即超调量），不过这种过高的电压与持续过电压不同，它是在极短的时间（毫秒级）内出现的电压尖峰和电压波动，通常称为瞬时过电压。瞬时过电压是在调压过程中不可避免的正常现象，而且对一般用电设备不会造成危害。所以，在出现瞬时过电压时，过电压保护装置不应动作，否则，就会破坏电源系统的正常工作。因此电源系统要求过电压保护装置在出现过电压时不应立即动作，而是在过电压延续一段时间以后再动作。且过电压值越高，延迟时间应越短，即具有反延迟特性。

下面以图 4-33 所示的 BDJ－1A 型过电压保护器为例，说明电磁式过电压保护装置的主要组成和基本工作原理。

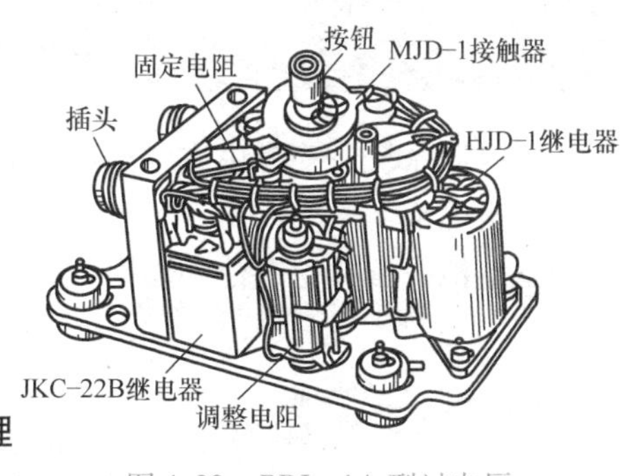

图 4-33　BDJ－1A 型过电压保护器结构图

3. BDJ－1A 型过电压保护器的组成及工作原理

如图 4-34 所示，BDJ－1A 型过电压保护器主要由敏感继电器 J_1（HJD－1 继电器）、中介继电器 J_2（JKC－22B 继电器）和控制继电器 MJ（MJD－1 接触器）组成。

敏感继电器 J_1 的工作线圈检测发电机励磁绕组两端电压，当此电压达到 26.5～28V 时，J_1 动作，其触点控制 J_2 的线圈电路，J_1 继电器利用空气阻尼原理获得反延迟特性。串联于 J_1 线圈电路中的可变电阻 R_2 是用来调整 J_1 动作电压值的；R_2 增大时动作电压升高；反之动作电压降低。中介继电器 J_2 介于 J_1 和 MJ 之间，起功率放大作用，其触点控制 MJ 的线圈电路。

MJ 接触器是用来控制发电机励磁电路的。发电机过电压时，它的一对触点断开，将电阻 R_3（20Ω）串入发电机励磁电路，减小励磁电流，使过电压消失。同时，它的另一对触点将发电机开关电路断开，使反流保护器断电，将发电机输出电路断开。MJ 接触器通电工作以后，其自锁机构会将触点保持在断开状态，以防止过电压再次出现。只有在按压它的恢复按钮时，其触点才能复原到接通状态。

继电器 J_3（JKC－22B）是防止发动机起动时，过电压保护器误动作的。发动机起动时，地面电源以 48V 电压向起动发电机供电，这时如果没有 J_3，过电压保护器将动作，使起动发电机励磁电流大大减小，发电机起动不起来。有了 J_3，发动机起动时，它能把 J_1 的线圈电路断开，过电压保护器便不会动作。J_3 的另一对触点还能把发电机开关电路断开，防止起动时反流保护器工作，地面电源的 48V 电压就不会加到飞机电网上。

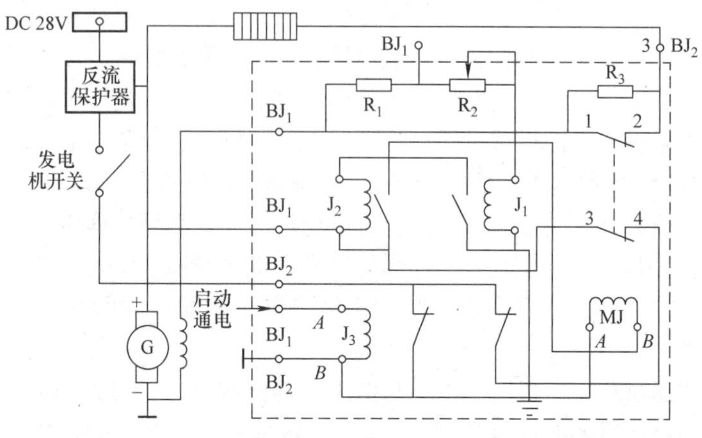

图 4-34　BDJ－1A 型过电压保护器原理图

4.4　航空蓄电池

飞机电源系统主要是由主电源、辅助电源、二次电源和应急电源组成的。常用的应急电源是航空蓄电池。

铅蓄电池、银锌蓄电池和镍镉蓄电池是常见的三种航空蓄电池，如图 4-35 所示。

图 4-35　航空蓄电池的种类

目前在飞机上使用铅蓄电池较少，在此不做过多介绍。下面以银锌蓄电池和镍镉蓄电池为主来进行详细介绍。

4.4　航空蓄电池（1）

4.4.1　银锌蓄电池

1. 功能

当发电机不能供电时，银锌蓄电池就向维持飞行所必需的用电设备供电，以保证飞机安全返航着陆。所以它的主要作用是作应急电源。

2. 组成

图 4-36 所示为银锌蓄电池的结构图，银锌蓄电池有两个主要组成部分，分

别是外匣和单格电池。

外匣用不锈钢皮制成，用来放置 15 个单格电池。单格电池内部包含着极板组和电解液，如图 4-37 所示。

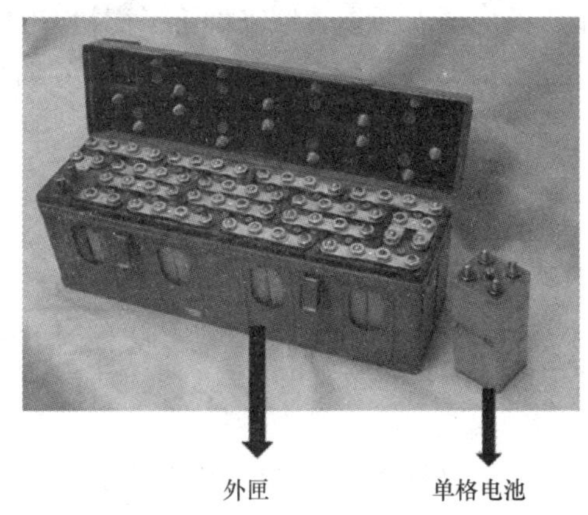

图 4-36　银锌蓄电池的结构图

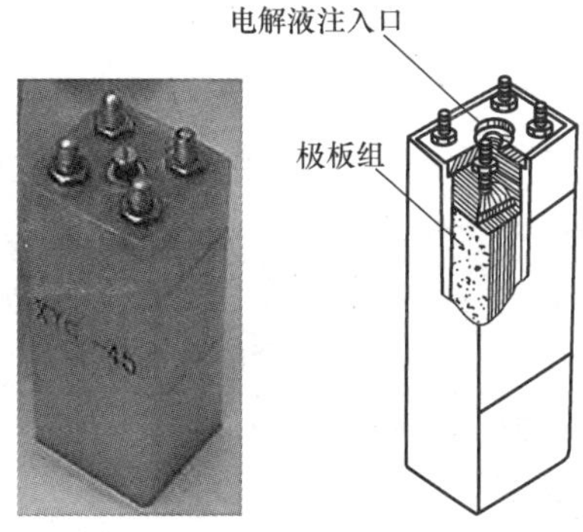

图 4-37　单格电池的结构图

极板组中有两种极板，上面的有效物质分别是多孔性结构的 Ag_2O_2 和 Zn，它们分别被分隔材料包裹着，并相间放置。电解液为 KOH 溶液。单格电池所注入的电解液为 120mL。银锌蓄电池是利用极板上的有效物质同电解液的化学反应来获得电能的。

那么当 Ag_2O_2 极板和 Zn 极板同 KOH 溶液相接触时，蓄电池内部会发生什么样的化学反应呢？电能又是如何产生的呢？下面介绍一下它的工作原理。

3. 工作原理

Ag_2O_2 极板同 KOH 电解液相接触时，Ag_2O_2 同 H_2O 以及极板上的电子产生化学反应，生成 Ag_2O 和 OH^- 离子，反应式为：

$$Ag_2O_2 + H_2O + 2e \rightarrow Ag_2O + 2OH^-$$

在此过程中，Ag_2O_2 极板失去电子，带正电，为正电极，其标准电位为 +0.604V。

当反应进行一段时间后，正电极上生成的 Ag_2O 较多，它同 H_2O 以及极板上的电子产生化学反应，生成 Ag 和 OH^- 离子：

该反应居于主要地位，比较稳定，此时，正电极的标准电位为 +0.345V。

Zn 极板同 KOH 电解液相接触时，Zn 同 OH^- 离子产生化学反应，生成 $Zn(OH)_2$ 并释放出电子，其反应式如下：

$$Zn + 2OH^- \rightarrow Zn(OH)_2 + 2e$$

在此过程中，Zn 极板得到电子，带负电，为负电极，其标准电位为 −1.249V。

由于正电极反应种类不同，其电极电位的高低也不同。当正电极进行 Ag_2O_2 变为 Ag_2O 的反应时，标准电动势为 1.853V；当正电极进行 Ag_2O 变为 Ag 的反应时，标准电动势为 1.594V。

银锌蓄电池每个单格电池的电压通常按 1.5V 计算。为了获得较高的电压，航空用银锌蓄电池通常都由 15 个单格电池串联，组成蓄电池组，其总电压为 22.5V。

在外电路接通负载的条件下，负电极积累的电子将沿外电路向正极转移，从而打破两电极界面上原有的平衡状态。

在负电极界面，Zn 与 OH^- 反应，转变为 $Zn(OH)_2$，生成的 $Zn(OH)_2$ 沉积到负极上，并释放出电子。

在正电极界面，从外电路获得了来自负电极的电子，所以，原来处于平衡状态的化学反应向 Ag_2O_2 转变为 Ag_2O，以及 Ag_2O 转变为 Ag 的方向进行。Ag_2O 转变为 Ag 的反应式如下：

$$Ag_2O + H_2O + 2e \rightarrow 2Ag + 2OH^-$$

生成的 Ag_2O 和 Ag 沉积到电极上，OH^- 离子留在电解液中。

随着放电化学反应不断进行，正电极上的 Ag_2O_2 不断地转变为 Ag_2O，最终转变为 Ag，这两个反应都是要消耗电子的，相当于正电极不断地输出电流；负电极上的 Zn 不断地转变为 Zn $(OH)_2$，该反应是要释放电子的，相当于负电极不断输入电流，这就形成了蓄电池对外放电的电流。

电解液中的水参与化学反应，将不断减少，液面高度降低；OH^- 离子和 K^+ 离子不断地做定向移动，形成蓄电池内部的放电电流。蓄电池中储藏的化学能也就不断地转变为电能，输送给负载。这就是银锌蓄电池的放电原理。

当放电完毕后，两电极界面的化学反应重新进入平衡状态，当然这种平衡状态是低能量下的平衡状态，接下来就要进行充电，下面介绍一下充电原理。

放电完毕后，正电极上的沉积物质是 Ag，负电极上的沉积物质是 $Zn(OH)_2$。当接入充电电源时，正电极上的电子就会被强行“拉走”，向负电极方向移动。这个过程刚好与放电时的相反。

在正电极界面和负电极界面上，原有的化学反应平衡状态被打破。而且化学反应同放电时相反。

随着充电化学反应不断进行，正电极上的 Ag 不断地转变为 Ag_2O，最终转变为 Ag_2O_2，这两个反应都是要释放电子的，相当于正电极不断地输入电流；负电极上的 $Zn(OH)_2$ 不断地转变为 Zn，该反应是要消耗电子的，相当于负电极不断地输出电流。这就形成了外加充电电源对蓄电池的充电电流。

4.4 航空蓄电池（2）

化学反应不断生成水，电解液中液面高度升高；电解液中的 OH^- 离子和 K^+ 离子不断地做定向移动，形成蓄电池内部的电流。两电极的有效物质恢复成 Ag_2O_2 和 Zn，蓄电池恢复了供电能力，实现了电能转变为化学能。这就是银锌蓄电池的充电原理。

在充电完毕之后，两电极界面的化学反应又重新回到平衡状态，这是在高能量下的平衡状态。

4. 工作特性

（1）放电特性　锌银蓄电池的额定电流为 4.5A。图 4-38 所示为单格电池以 4.5A 电流进行恒流放电时电压的变化规律。

从图 4-38 可以看出，*AB* 段的电压较高，下降很快，称为放电高平阶段；*BC* 段的电压较低，比较平稳，保持在 1.54V 左右，称为放电低平阶段。为什么会出现这两个阶段呢？

在高平阶段，正电极界面上主要的化学反应为 Ag_2O_2 转变为 Ag_2O，正电极的电位较高，所以蓄电池的放电电压也较高。反应生成的 Ag_2O 电阻率大，相当于增大了蓄电池的内阻；

Ag_2O 逐渐覆盖了正电极表面，使得能有效参与反应的 Ag_2O_2 快速减少。这两个因素都使得放电电压下降较快。

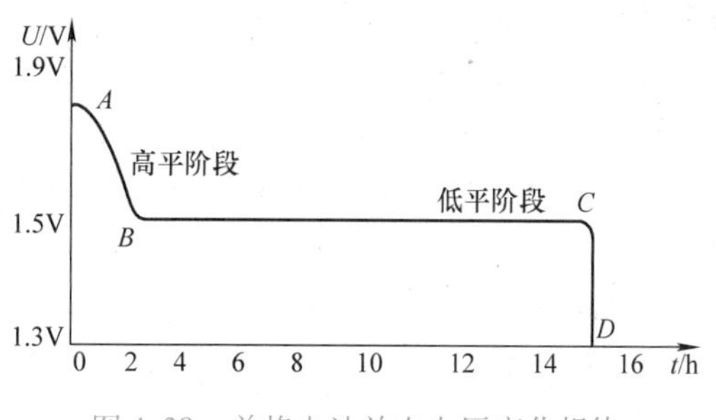

图 4-38 单格电池放电电压变化规律

在低平阶段，正电极界面上主要的化学反应为 Ag_2O 转变为 Ag，正电极的电位较低。所以蓄电池的放电电压也较低。反应生成的 Ag 电阻率小，相当于减小了蓄电池的内阻，蓄电池放电压增大；Ag 逐渐覆盖了正电极表面，一方面 Ag 原子之间的间隙比 Ag_2O 分子之间的间隙要大，所以在上一阶段被 Ag_2O 所覆盖的 Ag_2O_2 现在可以同电解液接触，参与反应，正电极电位升高；另一方面使得能有效参与反应的 Ag_2O 减少，正电极电位降低；这两方面的作用相互抵消，此时放电电压平稳。

从图 4-38 中可以发现，低平阶段是蓄电池放电的主要阶段，放电时间长，电压基本稳定在 1.54V。这是锌银蓄电池的一个主要优点。

当放电阶段进行到 C 点时，极板上的绝大部分有效物质都已参加了反应，化学反应越来越困难，此后放电电压迅速下降，如图中 CD 段所示。D 点的电压为 1.3 ~ 1.0V，称为放电终了电压，说明此时蓄电池电量已接近耗尽，若继续放电就称为过量放电。

锌银蓄电池由 15 个单格电池串联组成，其放电终了电压约为 19.5V。

蓄电池负载电压的检查方法是：在未接地面电源时接通二、三油泵和一个变流机（100A 负载），最后接通“机上电瓶”开关，此时电压表指示不应低于 21V，否则，说明蓄电池接近过量放电，须送往充电站充电。

放电电压平稳是锌银蓄电池的优点，但其缺点是不能完全通过负载电压的多少来判断蓄电池的剩余的电能还有多少。对此可用容量来进行判断，容量是用来表征蓄电池储藏的电能多少的。当放电电流恒定时，容量 Q 等于放电电流（I）和总放电时间（t）的乘积，即 $Q = It$，其单位为 Ah（安时）。

安时表显示剩余容量为 35Ah，蓄电池须送往充电站充电。

（2）充电特性　如图 4-39 所示为单格电池以 4.5A 电流恒流充电时，电压的变化规律。

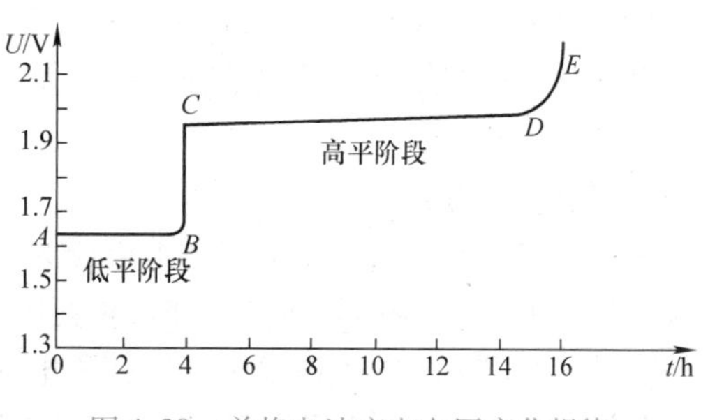

图 4-39 单格电池充电电压变化规律

同样，可以看出，充电时的 AB 段为低平阶段，CD 段为高平阶段。

在低平阶段，正电极界面上的主要化学反应为 Ag 转变为 Ag_2O，正电极电位低，所需要的充电电压也低。

在高平阶段，正电极界面上的主要化学反应为 Ag_2O 转变为 Ag_2O_2，正电极电位高，所需要的充电电压也较高。

当充电进行到 D 点时，极板上的有效物质绝大部分都已经参与了化学反应，化学反应越来越困难，可认为此时充电完毕，D 点的电压为 2.05V，称为充电终了电压。越过 D 点继续充电就称为过量充电，此时电压上升较快，还会产生电解水的现象，生成氧气和氢气，对蓄电池造成危害。

（3）充电方法

1）正常充电。蓄电池完全放电后，先用8A电流充电4h，然后再用4A电流充电6h。在蓄电池寿命后期，因容量减少，充电时间一般不到10h，应在充电到了终了电压2.05V时停止。

2）补充充电。对半放电的蓄电池可用4.5 A的电流进行补充充电，充到终了电压为止。

3）紧急充电。在急需的情况下，可用22.5A电流充电到2V，然后保持当时的电压继续充电3h。

4）初次充电。银锌蓄电池以干放电状态出厂，启用时要经过灌注电解液、浸泡、化成、检验容量和充电检查等步骤以后方能使用。

5）化成。进行两个充放电循环，使活性物质充分活化，以获得良好的供电能力。

6）检查容量。以45A电流放电到终了电压，放电时间不应少于54min。

7）充电检查。正常充电后放置24h，检查每个单格电池的电动势，若低于1.82V，说明存在内部短路故障，应予以更换。

初次充电总共需4~6天，所以启用银锌蓄电池需要一定的时间提前量。

5. 银锌蓄电池的常见故障

银锌蓄电池的常见故障是内部短路。单格电池短路时将出现这些现象，即充电电压很低或开路时电动势迅速降低，温度则迅速升高，导致极柱上的焊锡熔化，连接条烧红，塑料外壳变形，冒电解液，散发出难闻的气味。造成内部短路的原因有：

1）极板上端出现海绵状锌而短路。

2）锌酸盐在负极沉积，生成锌枝，穿透隔板，延伸到正极而短路。

3）氧化银溶解后，在隔板上沉积，使隔板强烈氧化，同时氧化银生成金属银微粒，使隔板失去绝缘性而短路。

前两种短路主要是由于过量充放电所致。过量充电时，正、负电极分别产生氧气和氢气，再加上温度高，气体膨胀，不断上移逸出，于是海绵状锌被挤压到极板上端而短路；过量充电时，电解液中的锌酸根离子会在负极板上逐步沉淀，形成树枝状的锌枝。

至于氧化银对隔板的氧化损坏，主要是蓄电池在充足电和高温下，长期保存所致。为此，应尽量防止充足电的蓄电池在高温下搁置。如果预计一个月内不使用蓄电池，应在放电状态下保存。

6. 维护注意事项

在维护中，充电时测量单格电池电压为2.05V，即可认为充电完毕，应停止充电。安时表指示超过48Ah，说明蓄电池存在过量充电现象，不能再装机使用，应送回充电站检查。

通过学习以上内容可以发现，银锌蓄电池通过极板上的有效物质同电解液的化学反应来进行充放电，这决定了其工作特性，而它的工作特性又决定了在日常维护中要采取的措施。理解银锌蓄电池的工作原理，才能熟悉其工作特性，进而掌握相应的维护措施。

4.4.2 镍镉蓄电池

镍镉蓄电池适用于大飞机，它能够经受住更高的充电/放电速率，拥有更长的寿命。在高放电条件下，镍镉蓄电池能够维持相对稳定的电压。单格镍镉蓄电池的输出电压较低，因此体积较大，重量较重。

1. 组成

镍镉蓄电池是一种以氢氧化镍为正电极，镉为负电极，氢氧化钾或氢氧化钠的溶液为电解液的碱性蓄电池，图4-40所示为镍镉蓄电池外形图。极板是通过把镍粉烧结在镍网上形成的。这种烧结过程用于形成多孔的基片。这一过程使活性材料的可用量达到最大。用电化学的方法，通过真空注入镍盐或钙盐沉积到基片的空隙内。用点焊的方法把镍片焊接到极板上，形成接线端。这些极板再堆积在一起，用多孔塑料分开。

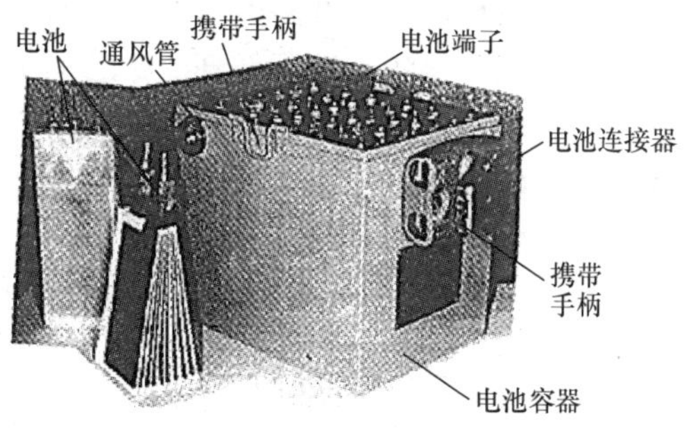

图4-40　镍镉蓄电池外形

镍镉蓄电池和银锌蓄电池一样，也具有能适应大电流放电和自放电小等优点。此外，镍镉蓄电池最突出的优点是寿命长，其充放电循环可达300~2000次，使用年限为3~10年，充电后使用半年仍可输出70%以上的容量。其次它还有低温特性好，结构牢固以及使用维护简单等优点。它的主要缺点是原料来源少，造价高。不过，这一缺点已由寿命长所弥补。

2. 工作原理

镍镉蓄电池放电时，正、负极板上的活性物质，分别于电解液中的钾离子和氢氧根离子起化学反应。在负电极，镉失去两个电子，并同氢氧根离子化合，生成氢氧化镉，其反应式为：

$$Cd + 2OH^- \rightarrow Cd(OH)_2 + 2e$$

在正电极，氢氧化镍或得电子并与钾离子起化学反应，生成氢氧化亚镍和氢氧化钾，其反应式为：

$$2Ni(OH)_3 + 2K^+ + 2\,e \rightarrow 2Ni(OH)_2 + 2KOH$$

将正、负极板化学反应式综合，并考虑到它们是可逆反应，就得到总的充、放电反应式为：

$$2Ni(OH)_3 + 2KOH + Cd <=> 2Ni(OH)_2 + 2KOH + Cd(OH)_2$$

从这个反应式可知，镍镉蓄电池在充放电过程中，电解液中的氢氧化钾并无增减，电解液的密度和高度几乎不变。因此，不能用测量电解液密度和高度的方法来判断其充、放电程度。通常用测量电压的方法来判断充、放电程度。

3. 镍镉蓄电池的特性

（1）电动势　单格镍镉蓄电池的电动势一般稳定在1.34~1.36V，基本不受电解液密度和温度的影响。这是因为镍镉蓄电池在充、放电过程中，电解液的密度基本不变，而且极板孔隙较大，对电解液的扩散速度影响较小。

（2）内电阻　镍镉蓄电池放电时，正、负极板上分别生成导电性能很差的氢氧化镍和氢氧化镉。它们一方面使极板电阻增大，一方面又使极板与电解液的有效面积减小，接触电阻增大，因此内电阻随放电程度的增大而增大，充电时则相反。

（3）端电压

1）放电电压。单格电池的放电电压随时间的变化情形如图4-41所示。刚充足电的镍镉蓄电池，在正极板上除了有三阶氢氧化镍外，还有少量的高价氢氧化镍，它能使正电极的电位升高0.12V左右；在负极板上，除了镉以外，还有铁，它会使负电极电位降低。因此，刚充足电的单格电池的开路电压可达1.48V，相当于图4-41中的A点。

放电初期，电压迅速降低到1.3V左右，如图4-41中的AB段。B点后，BC段的电动势基本不变，电压随内电阻缓慢增加而有所下降。C点后，正、负极板生成的氢氧化亚镍和氢氧化镉几乎把极板全部覆盖，剩下的活性物质将越来越少，电压将迅速下降。单格电池用10h放电率时，终了电压一般选择在1.1V，相当于图4-41中的D点。

2）充电电压。充电时单格电池端电压随时间变化情形如图4-42所示，镍镉蓄电池的充电电压曲线也具有明显的阶段性。

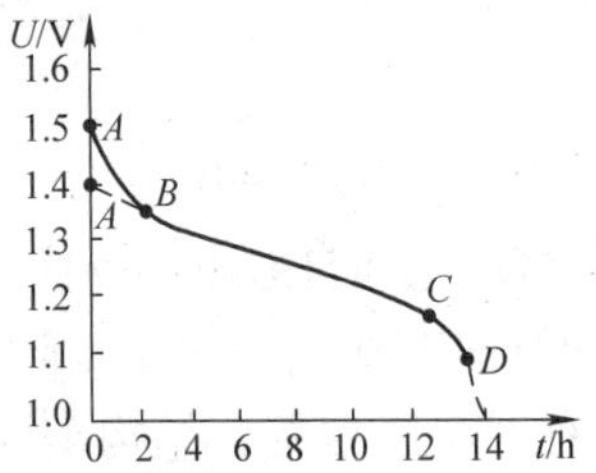

图4-41　单格镍镉蓄电池放电特性

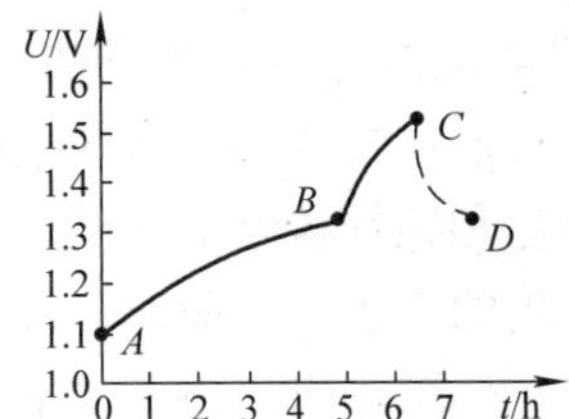

图4-42　单格镍镉蓄电池充电特性

在第一阶段，对应于图4-42中AB段，主要是使正、负极板上的活性物质分别氧化、还原为氢氧化镍和镉。开始电压上升较快，以后便稳定在1.5V左右，直到B点。B点以后，电压又迅速上升，直到1.8V左右才不再上升，相当于C点，到此充电结束。这一阶段电压迅速上升的原因是：正极板生成少量的高价氢氧化镍，正电极电位升高；负极板的氢氧化亚铁还原为铁，负电极电位降低；电解水产生较大的附加气体电极电位。当切断充电电源时，附加气体电极电位迅速消失，电动势很快下降到1.48V，相当于图4-42中的D点。

3）充、放电电流对电压的影响。镍镉蓄电池与其他蓄电池一样，放电电压也随放电电流的增大而降低，大电流放电时，单格电池的终了电压可以低一些。例如，额定放电电流规定为8h放电率，终了电压1.1V，用1h放电率，则终了电压为0.5V。镍镉蓄电池充电时，有以下规定：正常充电电流为额定容量数值的1/4，充电时间为7h；快速充电电流为额定容量数值的1/2，充电时间为4h。过充电是在正常充电的基础上，继续用同样的电流充电2h。

（4）充电方法

1）恒压充电。充电过程中充电电压恒定不变，充电器的电压高于蓄电池电压。由于充电初期电动势较低，充电电流很大，随着充电的进行电流逐渐减小，图4-43所示为充电电流和电压的曲线示意图。

若用恒压充电，当电压选择较低时，充电后期电流较小，不易充足；当电压选择较高时，充电一开始就有部分电能用于电解水，甚至形成电解液沸腾现象，温度升高也过快，影响蓄电池的寿命。

2）恒流充电。充电过程中充电电流恒定不变，充电电压随着蓄电池电压的变化而变化，图4-44所示为恒流充电电流和电压的曲线示意图。

恒流充电方式没有过大的冲击电流，不会引起蓄电池充电不平衡，容易测量和计算充入蓄电池的电能。

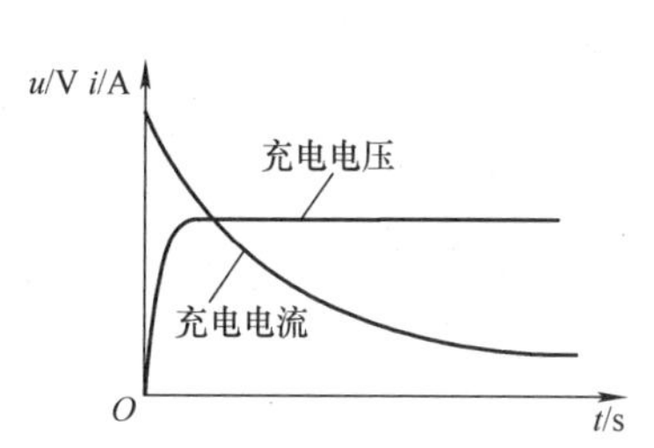

图 4-43 恒压充电电流和电压的曲线示意图

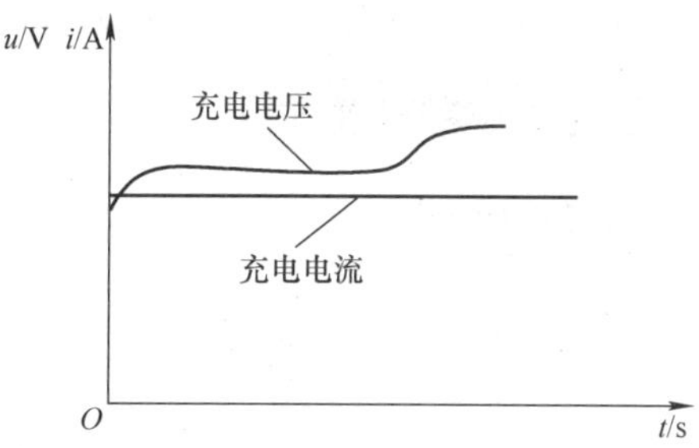

图 4-44 恒流充电电流和电压的曲线示意图

但是开始充电阶段如果选择恒流充电值较小，则充电时间较长；如果开始选择充电电流大，则充电后期会电流过大，造成过充电，对极板冲击大，耗能高，电解水严重，另外恒流充电设备的技术要求高。

3）先恒流后恒压充电方式。先用恒流给蓄电池充电，可以减小对蓄电池的电流冲击，节约充电时间。当蓄电池电压达到转折电压后，自动转换到恒压充电方式。这种充电方式摒弃了恒压充电前期的冲击电流 太大和恒流充电方式后期充电电流大的缺点。图 4-45 所示为恒流恒压充电电流和电压的曲线示意图。

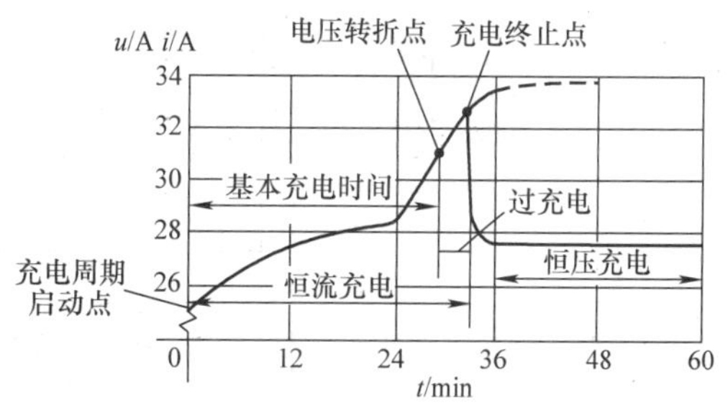

图 4-45 恒流恒压充电曲线示意图

开始时，采用恒流充电方式，当蓄电池电压达到转折电压时，再转换到恒压充电方式，此方式集中了恒流、恒压充电方式的优点，但充电设备比较复杂，有关充电技术可以参阅相关的文献。

4.5 变压整流器

变压整流器的结构呈圆柱形，圆柱体装在减振器上，壳体的内部有配电板，配电板上装有三相降压变压器、无线电干扰滤波器的扼流圈和电容器，以及带强制散热风扇的交流电动机。

在接线板之间固定有带散热器的二极管组合件。

整流器用插头与机上交流电网连接，通过两个接线柱与机上直流电网连接。变压器的一次绕组利用转接板上的连接线，连接成“星”形。发电机工作时，整流器由本身附带的风扇冷却，飞行时，由外部气流进行冷却。为了保证系统供电的可靠性，每台变压整流器的输出电路中装有反流割断器，用来排除由正常的变压整流器向发生故障的变压整流器供电的可能性。

整流器采用的是三相全波整流的方式。它主要包括把 200V 的交流电压变换成所需电压的变压器、把交流电变换成直流电的整流电路（主要是整流元件二极管）、输入和输出的滤波电路、冷却风扇和热控保护开关。

在以交流电为主电源的系统中，变压整流器将交流电转变为直流电，为机上的直流负载供电。交流电源的技术参数为：交流 115/200V，400Hz。

4.5.1 变压整流器的组成

变压整流器组成框图如图 4-46 所示。

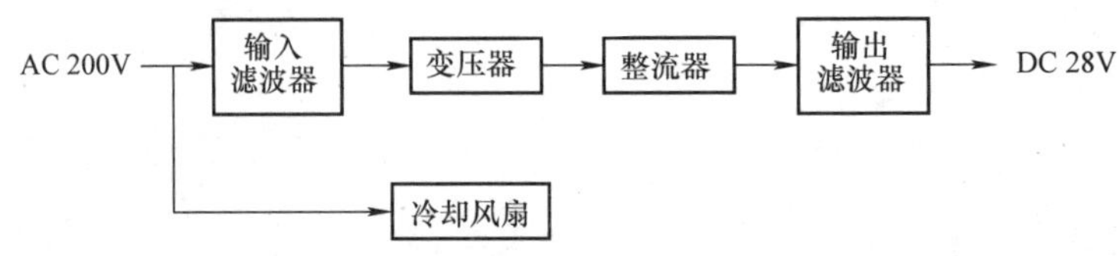

图 4-46　变压整流器组成框图

变压整流器的原理框图如图 4-47 所示。

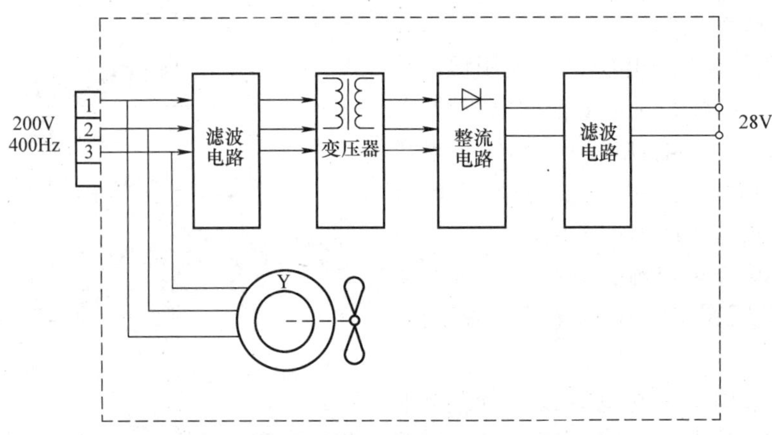

图 4-47　变压整流器原理框图

主变压器的作用是将 115/200V、400Hz 的三相交流电变换为适合整流器件工作的交流电压。

整流元件的作用是将主变压器输出的交流电变换为直流电。

滤波器包括输入滤波器和输出滤波器。输入滤波器的作用是减小变压整流器对电网电压波形的影响，滤除高频干扰：输出滤波器的作用是滤除整流后的脉动成分，使直流输出更加稳定。滤波电路由电感和电容组成，其结构形式有 Γ 形和 π 形滤波电路等。

冷却风扇对变压整流器进行通风冷却。

4.5.2 某型飞机变压整流器实例

其变压整流器的结构呈圆柱形，圆柱体装在减振器上，壳体的内部有铸造的横置的配电板，配电板上装有三相降压变压器、无线电干扰滤波器的扼流圈和电容器，以及带强制散热风扇的交流电动机。

在接线板之间固定有带散热器的二极管组合件。

整流器用插头与机上交流电网连接，通过两个接线柱与机上直流电网连接。变压器的一次绕组利用转接板上的连接线，连接成“星”形。发电机工作时，整流器由本身附带的风扇冷却，飞行时，由外部气流进行冷却。为了保证系统供电的可靠性，每台变压整流器的输出电路中装有反流割断器，用来排除由正常的变压整流器向发生故障的变压整流器供电的可能性。

整流器采用的是三相全波整流的方式，其电路原理图如图 4-48 所示。

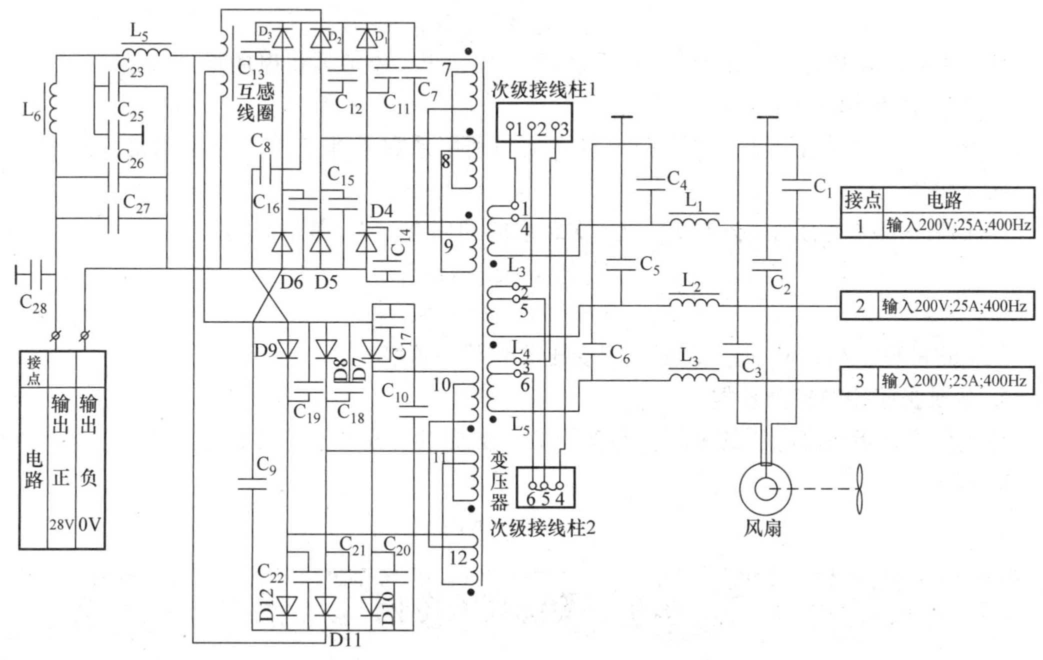

图 4-48　某型飞机变压整流器电路原理图

4.5.3　变压整流器衡量指标

1. 电压调整率

电压调整率表示整流器输出电压的调整程度，如图 4-49 所示。

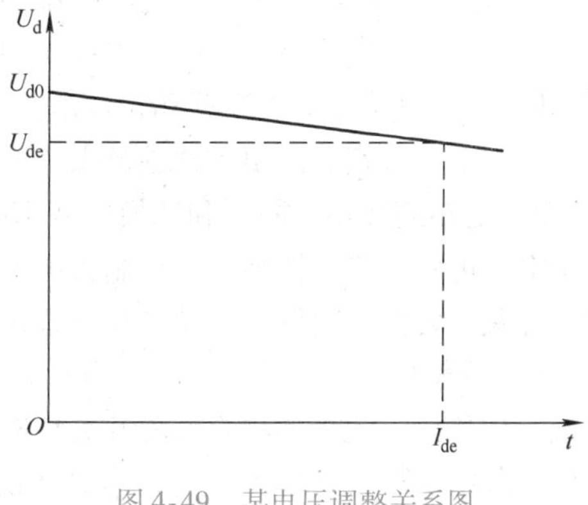

图 4-49　某电压调整关系图

电压调整率 ΔU 为

$$\Delta U = (U_{d0} - U_{de})/U_{de}$$

式中　U_{d0}——整流器空载时输出的直流电压；

U_{de}——额定负载 I_{de} 时整流器输出的直流电压。

电压调整率越小，则说明负载电流 I_d 的变化对整流器输出直流电压 U_d 的影响越小，供电质量越高。

2. 整流电压脉动程度

实际上流过负载的电流是脉动的，其中包含了不少的交流分量，通常用纹波系数 q 来表示负载上的电压或电流的脉动程度：

$$q = I_a/I_d = U_a/U_d$$

式中　I_a——负载电流交流分量的总有效值；

U_a——输出电压交流分量的总有效值。

波纹系数的大小与相数有关。相数越多，则波纹系数越小，整流器供电质量就越高。有时也可以用脉动系数 S 来表示负载上的电压或电流的脉动程度。通常负载电流中的交流分量以频率最低的幅度最大。这个分量的幅值或交流电压与直流分量的比值称为脉动系数，即：

$$S = I_{aM}/I_d = U_{aM}/U_d$$

脉动系数与相数有关。相数越多，则脉动系数越小，整流器供电质量也就越高。

3. 整流变压器的利用程度

整流变压器的利用程度通常用变压器绕组的利用系数 K 来表示，它指的是直流输出功率与视在功率之比。

变压器一次绕组的利用系数 K_1 与二次绕组的利用系数 K_2 是不同的。

$$K_1 = P_d/P_1 = U_d I_d/m_1 E_1 I_1$$

$$K_2 = P_d/P_2 = U_d I_d/m_2 E_2 I_2$$

从上式可见，K_1、K_2 越大，则说明变压器利用得越好。

4. 变压整流器的整流系数

整流系数是指整流电压的平均值与变压器二次绕组交流电压有效值之比。相数越多，整流系数越高。

$$K_d = U_{dp}/E_2$$

4.6 飞机直流电网

4.6.1 飞机直流电网的配置

1. 直流电网的配电装置

直流电网中的配电装置有各种类型的按钮、开关、转换开关、继电器和接触器等，用于接通、断开和转换电路。配电装置按功用分为三类。

1）用于直接接通、断开和转换电路，如按钮、开关、转换开关等，它们由驾驶员直接操纵，主要装于座舱内便于驾驶员操作的配电盘上。

2）远距离接通、断开和转换电路用的配电装置，如继电器和接触器等。继电器用于控制小电流电路，接触器则用于控制大电流电路。但是继电器和接触器的动作通常仍要通过按钮、开关、转换开关等由驾驶员控制或由定时机构控制。

3）行程开关或微动开关。行程开关广泛用在飞行操纵机构中，例如在起落架收起并达到预定位置后，起落架收起行程开关切断起落架收放液压作动筒电路，锁定起落架并接通起落架收起指示灯，告诉飞行员起落架已收好。行程开关常装于设备内部或设备附近，装配时必须注意位置正确和固定可靠，否则会造成严重后果。

2. 对飞机电网的要求

飞机电网的分布决定于飞机上用电设备的位置。用电设备几乎分布于飞机的全身，因此飞机电网非常复杂，比较容易发生短路、断路或其他故障。对飞机电网有下列要求。

1）飞机电网必须有高的可靠性和强的生命力。这就要求即使在各种故障状态下，也要保证用电设备不中断供电，特别要保证安全返航用的重要用电设备的连续供电。

2）供电质量要高。供电质量的高低直接影响到用电设备的性能。

3）电网重量要轻。低压直流电源电压低电流大，因而导线粗、重量重，降低电网的重量有很大的意义。

4）飞机电网还应易于安装、检查和改装。

早期飞机采用木质结构，电网为双线制，现代飞机的机身大多由金属骨架和蒙皮构成，用专门的金属编织线将机体的各部分连接起来，形成低电阻通路，故机体可作为电网的负回路，这样飞机直流电网可用单线制。单线制的优点是：仅正电路用导线，电网重量轻；减少了导线的连接次数和开关设备，提高了供电质量和简化了电网结构；消除了导线与金属体之间的静电感应。单线制的主要缺点是易发生短路，单根导线形成的磁场较强，如分布不合理会影响磁罗盘的工作。

3. 飞机的直流配电方式

飞机直流电网按功能可以分为供电网和配电网两部分。供电网是从飞机电源、电源汇流条到用电设备汇流条间的那一部分；配电网是从用电设备汇流条到用电设备间的电网。

飞机直流电网的配电方式有集中配电、混合配电和分散配电，如图 4-50 所示。

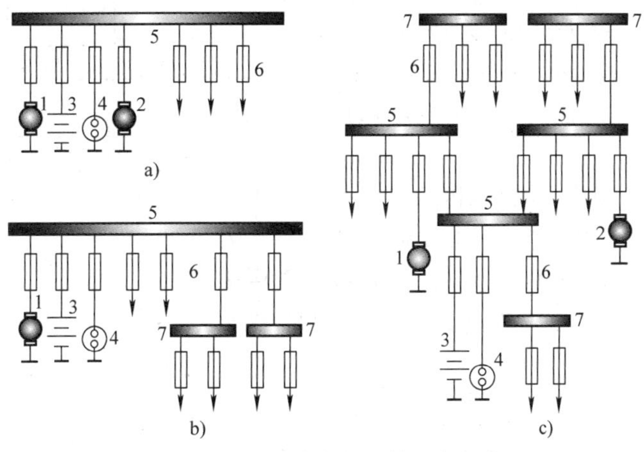

图 4-50　飞机直流电网的配电方式

a）集中配电　b）混合配电　c）分散配电

1、2—直流发电机　3—航空蓄电池　4—地面电源插座　5—电源汇流条　6—保护器　7—用电设备汇流条

图 4-50a 所示为集中配电的原理图，两台发电机、一台蓄电池和地面电源插座都接到唯一的一根汇流条上，由它直接将电能输送到用电设备，没有用电设备汇流条。图 4-50b 所示为混合配电系统，与集中配电系统一样，全部电源都接到电源汇流条。为了减轻电网重量，电源汇流条设在离大功率设备较近的位置，系统有多个用电设备汇流条，它由电压汇流条供电，并通过它将电能输送到用电设备。分散配电系统有多个电压汇流条，如图 4-50c 所示，图中有四个电源，用了 3 个电源汇流条，另外还有 3 个用电设备汇流条。独立配电系统的特点是每个电源只对它自己的用电设备供电，仅当该电源故障时，这部分设备才转由其他正常工作的电源供电。

只要正确选择电网的形式和保护装置，混合配电系统馈电线或用电设备汇流条发生短路时，只会造成与该汇流条相接的那部分用电设备断电，不会影响其他用电设备。其缺点与集中配电一样，一旦电源汇流条发生短路，全部用电设备都将失去电能供应；同时用电设备汇流条的电压无法保持恒定，它随用电设备接通个数和负载电流的大小而变化，电压稳定性较差。适用于电源数量不多和容量不大，大功率用电设备也不多，而电网分支较多的中型飞机上。

4.6.2 飞机直流供电系统典型实例

1. 单发低压直流供电系统

装备单发动机的飞机，其供电系统往往采用单发电通道。采用这种供电系统的飞机有战斗机、攻击机、教练机、轻型飞机、农业机、小型无人驾驶飞机和轻型直升机等。虽然上述飞机都采用单发电通道供电系统，但由于飞机用途不同，供电系统布局有不小的差别。其中战斗机和攻击机的用电设备较多，供电系统的布局较为复杂。而其他机种的用电设备相对较少，供电系统也比较简单。

典型单发电通道供电系统往往是28V低压直流系统。由于这些飞机用电量不大，选择技术成熟和结构简单的28V低压直流系统无疑是一种好方案。在大多数教练机、轻型直升机和小型无人机上，主电源往往是一台直流起动/发电机，这种典型的单发电通道供电系统如图4-51所示。

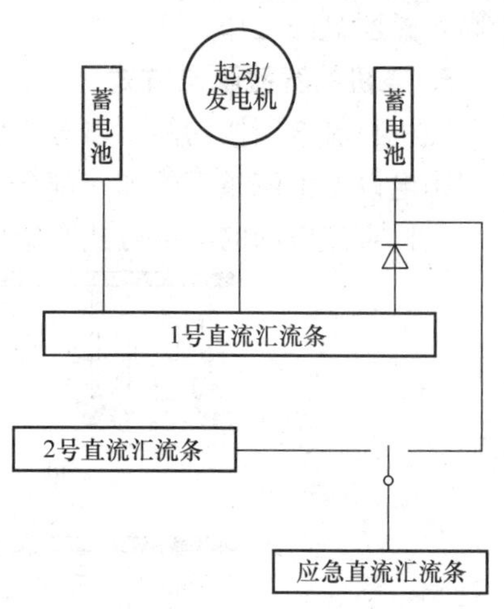

图4-51 典型的单发电通道供电系统

图4-52所示为“鹰”式教练机的单发直流供电系统，采用28V低压。主电源为一台9kW的无刷直流发电机；次级电源为两台500VA的静止变流器（图中未画出，其中一台为备份）；应急电源为两台18Ah的蓄电池。

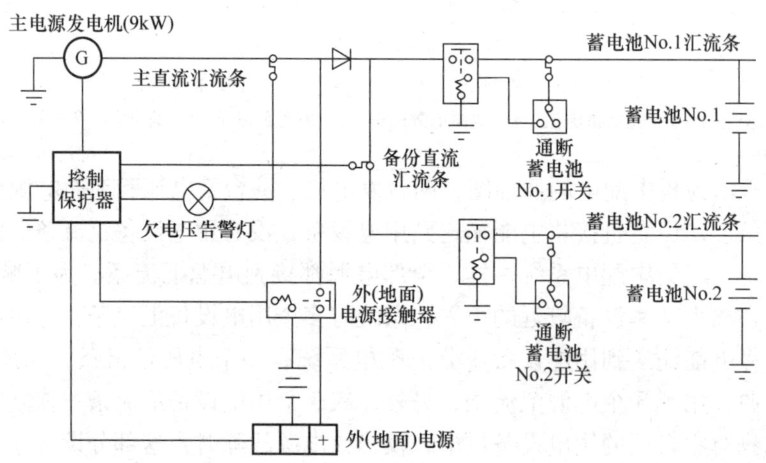

图4-52 “鹰”式教练机的单发直流供电系统

在系统中，主发电机先向主直流汇流条供电，然后再由主直流汇流条向备份直流汇流条和两个蓄电池汇流条供电。如图4-52所示，蓄电池仅向蓄电池汇流条和备份直流汇流条供电，因为在主直流汇流条与其他汇流条之间有一个阻塞二极管。交流负载由静止变流器供电。

与多发电通道供电系统相比，单发电通道系统具有下述特点：

1）可得到最小的系统质量和体积，成本低，系统维护方便，易于排除故障，系统复杂程度低，此为其优点。

2）完成任务的能力低，此为其缺点。

2. 并联低压直流供电系统

并联低压直流供电系统广泛用于双发动机的支线飞机、行政机和小型多用途运输机。小型多用途运输机、30座以下的支线飞机和一些行政机往往采用28V低压直流系统，并采用并联供电方式（图4-53）。

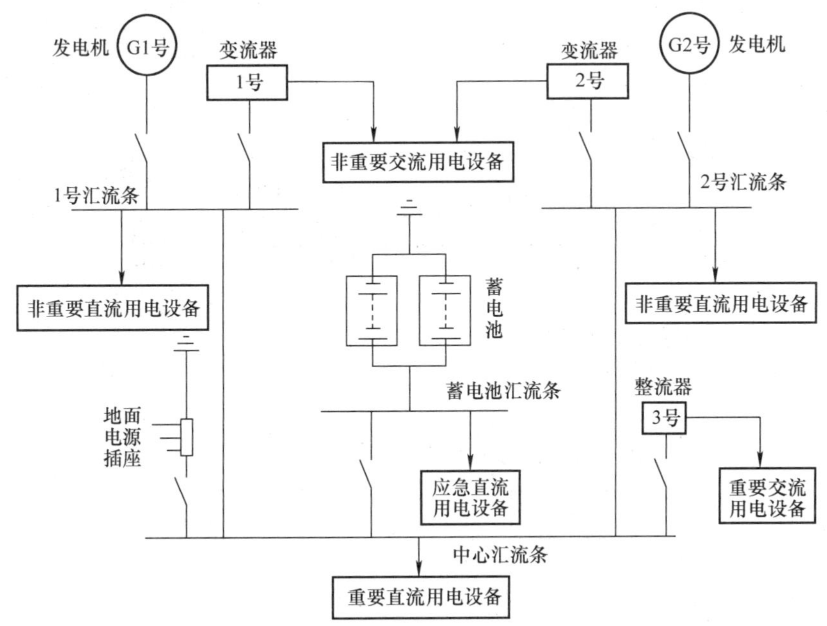

图4-53　通用航空飞机的典型双发电通道供电系统（主直流电源）

“梅特罗”Ⅲ型飞机为19/20座支线客机，装有两台涡桨发动机。“梅特罗”Ⅲ型飞机的一些技术数据如下：

最大起飞质量	6577kg
最大巡航速度	487km/h
实用升限	8380m
航程	1610km
发动机功率	2×745.5kW

“梅特罗”Ⅲ型飞机采用28V低压直流供电系统。主电源为两台6kW的起动/发电机；二次电源为两台115/26V、400Hz、250VA的静止变流器；应急电源为两台25Ah的蓄电池。在有些飞机上，装两台9kW的起动/发电机和两台350VA的静止变流器。

系统配电采用三汇流条布局，由左、右直流重要设备汇流条和直流非重要设备汇流条组成。上述三个汇流条通过三个汇流条开关和四个断路器连接在一起。当一个或多个汇流条因工作或其他原因被断开后，发电机和蓄电池保持向剩下的汇流条供电。一般情况下，左直流重要设备汇流条向附近左侧的设备供电，右直流重要设备汇流条向附近右侧的设备供电。与飞行仪表、发动机运行、飞机着陆有关的重要设备可通过汇流条转换系统，从一个直流重要设备汇流条转换到另一直流重要设备汇流条。

静止变流器分别向 115V 和 26V 的左、右交流汇流条供电。主变流器和备份变流器分别接在左、右直流重要设备汇流条上。

“梅特罗” Ⅲ型飞机的直流供电系统和交流供电线路结构分别如图 4-54 和图 4-55 所示。

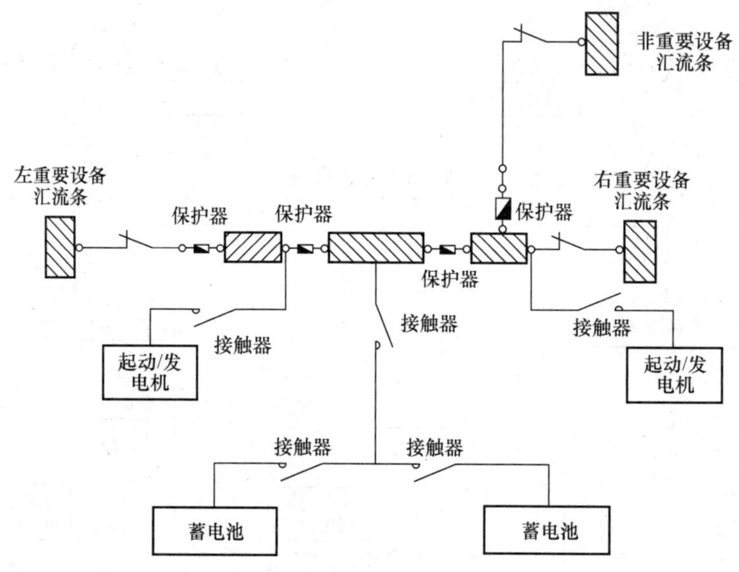

图 4-54 “梅特罗” Ⅲ型飞机的直流供电系统

3. 高压 270V 直流供电系统

许多现代新型的战斗机都采用了高压 270V 直流供电系统，例如美国的 F－22 型战斗机。

（1）F－22 型战斗机的部分技术参数

最大起飞质量	27216kg
超音速最大巡航速度	3890km/h
实用升限	15240m
空战作战半径	2177km
发动机推力	2×155100N

（2）F－22 型战斗机的供电系统 F－22 型战斗机供电系统的主电源为两台 65kW 的直流发电机；二次电源为 6kW 的变流器和四台 2. 1kW 的直流—直流变换器（270V/28V）；辅助电源为一台辅助动力装置驱动的 22kW 高压直流发电机。

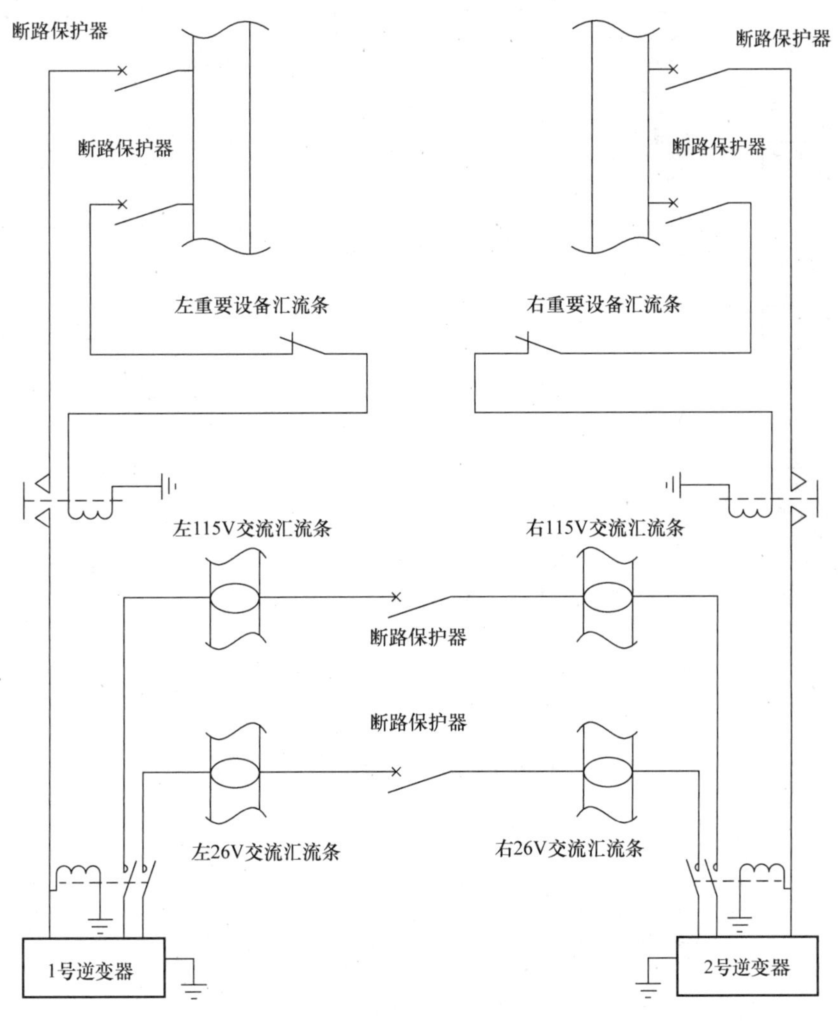

图 4-55　“梅特罗”Ⅲ型飞机的恒频交流供电线路结构

F－22 型战斗机的供电系统除了采用 270V 高压直流供电方式外，还采用 1553B 总线把配电中心连接到飞机主计算机上。在 F－22 型战斗机上，设有公共设备管理系统用来控制和管理包括供电系统在内的一些机载机电系统。

F－22 型战斗机的飞行控制系统由三台功率变换器（400W）供电，该功率变换器接于两台主发电机。

F－22 型战斗机的直流供电系统简图和发电通道框图分别如图 4-56 和图 4-57 所示。

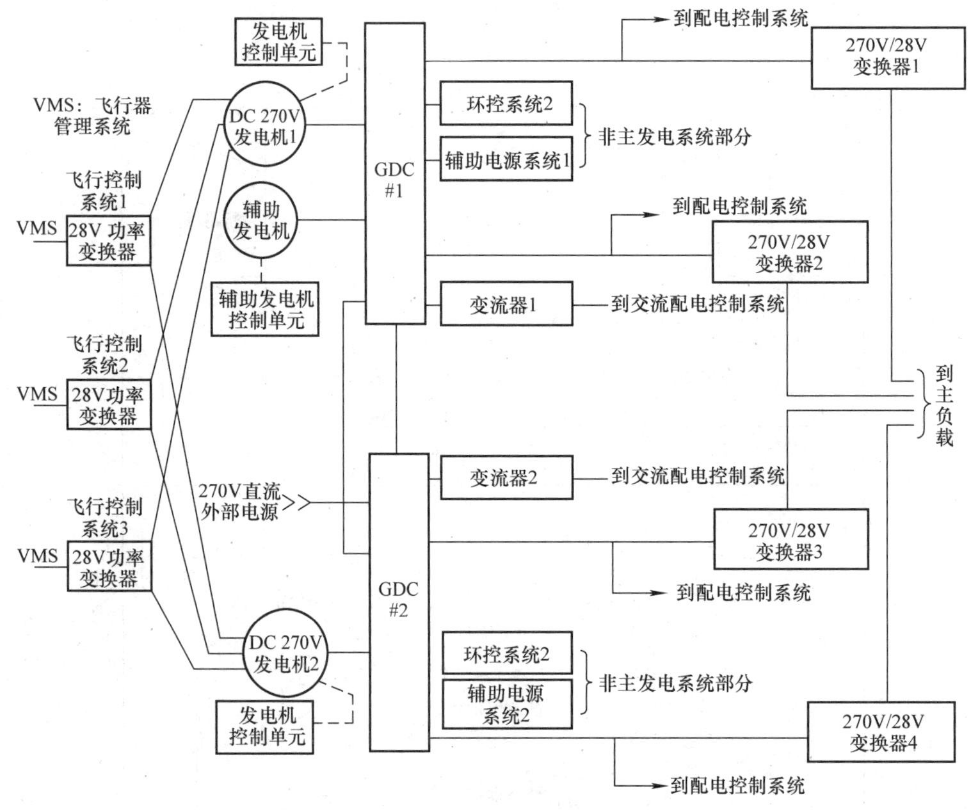

图 4-56　F－22 型战斗机的直流供电系统

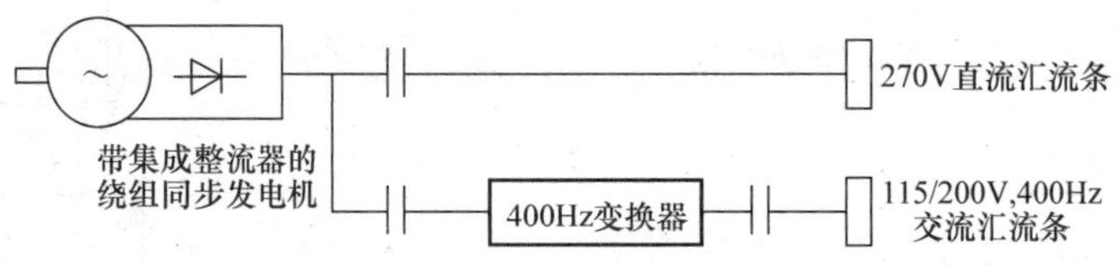

图 4-57　F－22 型战斗机发电通道框图

4.7　直流电源的使用和维护

4.7.1　直流电源系统维护特点

1）在对直流起动发电机进行外部检查时，应着重检查发电机安装固定是否可靠，外部状况是否完好，有无外损伤、松动错位、严重脱漆现象。发电机通风罩的固定是否良好可靠，风扇口和发电机外部炭粉是否过多，发电机输出正、负线的固定包扎是否完好。

2）在对直流起动发电机进行检查时，应打开保护罩检查清洁整流子，并用压力不大于 0.195MPa 的压缩空气吹净发电机内部的炭粉。

3）检查电刷时，电刷高度应不低于 19.5mm，若低于 19.5mm，应拆下发电机进行全面检查并更换新电刷。

4）在对电动机压簧和风扇叶片进行检查时，其状况应保持良好。电动机刷握不得松动或变形，电动机内部不应有渗油、摩擦、断裂现象。

5）目视检查，散热应状况良好。

6）清洗发电机时，应防止洗涤液进入发电机内腔。

7）对飞机蓄电池进行检查时，应注意以下检查事项。

① 蓄电池的容量应不低于额定容量的75%。

② 接线柱应完好，固定牢靠，螺母和垫片应齐全，零件不应有锈蚀。如垫片和螺母发生锈蚀，应用湿抹布擦净，禁止打磨、刮削。

③ 胶木壳体保持清洁、完整，沥青不应有裂纹、鼓泡、漏电解液现象。

④ 加10A负载，总电压应不低于24V，用带有负载的单个电池检查器测量各单个电池电压时，不应低于2.1V。

⑤ 检查电解液比重，应符合蓄电池说明书中的规定。

⑥ 电解液液面的高度应符合要求，高出蓄电池保护板6 ~8mm。

⑦ 螺塞和橡胶垫圈应完好。橡胶活门应清洁、灵活。通气孔不应堵塞。装好螺塞后将蓄电池倾斜45°，螺塞的沥青不应有电解液渗出现象。

4.7.2 直流电源系统在使用中应注意的事项

1）蓄电池的使用注意事项。

① 起动发电装置后，要在起动发电设备履历本上进行登记，起动两次后的蓄电池应及时送充电站充电。

② 环境温度低于－15℃时，蓄电池应及时拆下送充电站（或室内）保管。

③ 蓄电池严禁在太阳光下暴晒或受雨水淋湿。

④ 蓄电池应30天补充电一次，每三个月充放电一次。

⑤ 严禁用电压低于24V的蓄电池起动发电装置。

⑥ 蓄电池在装卸时，不要用力过猛，以免电解液溢出伤人。在机上安装时，应慢慢推入，用力过猛会损坏挡片，并注意不能装反。

⑦ 单位电池电压低于1.7V时，严禁继续使用。

⑧ 在飞机上拆装和途中搬运蓄电池时，防止损坏壳体和其他零件。

2）蓄电池舱的维护要求。

① 通气孔应畅通。

② 舱内应清洁干燥和完整，如电解液溢出，应先用压缩空气吹出，然后用湿抹布擦干净。

③ 蓄电池的插座、插片均应清洁完好，不应有严重烧伤、松动和裂纹。

④ 检查舱内各接触器、继电器、熔断器、电缆、插销及接线应清洁完好，不应有被电解液或雨水浸湿现象。

3）碳片电压调节器。定期打开碳片电压调节器盖板，检查通风散热管，应保持畅通，防止鸟在通风管内筑巢，堵死通风管。

4）发动机转速未达到80%时，严禁将发电机测压选择开关放在被起动的发电机位置上。

5）通电检查尾翼加温时应先接通“左、右”汇流条连通开关。

6）接通地面电源供电时，不应接通应急供电开关，防止机上蓄电瓶与地面电源发生并联供电。

7）在需要应急供电时，只需接通应急供电开关即可，机上蓄电瓶自动向应急汇流条供电。

8）在接通地面电源供电时，应先检查地面电压是否符合规定，然后方可接通供电开关向机上供电。

9）在检查电源系统附件时，应禁止通电，并拔掉主蓄电池插头。

10）在对接地面电源插头座之前，应确保地面电源功率控制盒上的“地面电源开关”处于“断开”位置（手柄向下）。在拔下地面电源插头之前，也应判明“地面电源开关”确实处于“断开”位置。

4.7.3 直流电源系统的地面检查

1）检查直流发电机通风管，应保持清洁，无外来异物。

2）座舱内电源操纵控制盒上的“直发”开关应在接通位置。

3）检查主蓄电池和飞控蓄电池容量。

① 接通座舱内电源控制盒上的“蓄电池”开关。

② 接通前起落架舱内维护监控板（MMP）上的电源开关，打开防尘板并按下“飞行前”按钮。此时机械电气系统监控处理机（NAMP）发出主蓄电池和飞控蓄电池容量检测请求，机械电气系统监控处理机（NAMP）检测完毕后，若维护监控板（MMP）上显示“BAT OK”，则表示主蓄电池容量符合要求。

③ 在维护监控板（MMP）上依次按压“下一个”按钮，分别检查四组飞控蓄电池容量，若每组都显示“BAT OK”，表示飞控蓄电池容量符合要求。

若维护监控板（MMP）上显示“FL”，说明对应的蓄电池容量不足，需对其进行充电。充电的方法为：接通蓄电池开关，接通地面电源，主充电器应自动进行充电，主蓄电池上充电指示灯应亮。指示灯熄灭时，表明充电结束，再检查容量应符合的要求。

4）主蓄电池由地面电源车供电进行补充充电的方法。

① 将地面电源插头接入机上地面电源插座，向机上提供115V/200V，400Hz三相交流电。

② 将主蓄电池处的A类快卸口盖打开，观察充电状态。充电时“充电/不充电”指示灯亮，指示灯熄灭时表明充电结束。

③“充电/不充电”指示灯熄灭后，说明蓄电池已充好电，可断开“地面电源”开关，然后拔掉地面电源插头，并关上A类快卸口盖。

5）直流发电机电压的校准。在直流电压检查插座处检查直流发电机的电压值，应为28V，否则应进行调整，其方法如下：直流发电机子系统正常工作时，用小解刀缓慢拧动直流调压电位计的旋钮，直至直流发电机电压符合要求。

6）变压整流器的检查（TRU）。变压整流器属于视情维修设备，无故障时不需进行专门维护，平时只进行电连接器、通风管、安装固定和紧固性检查。在地面通电时，注意检查TRU自带小风扇的运转声音是否正常。

4.8　直流电源系统常见故障分析和排除

4.8.1　故障一

故障现象：发电机不发电。

1. 原因分析

1）发电机励磁接线柱、片松动，有时拆装发电机不慎将相线碰断。

2）发电机励磁消失。

3）过压保护器工作，断开了发电机励磁电路（或触点烧坏）。

4）碳片调压器的碳柱烧坏，造成接触不良。

5）发电机的电刷与整流子经常跳火花，使整流子积炭过多，造成电刷与整流子接触不良。

6）发电机励磁熔丝烧断。

7）发电机联轴节折断，电刷高度太低，发电机因潮湿严重漏电等原因都会引起发电机不发电，但其中以励磁电路不良居多。

2. 排除方法

1）打开发电机保护盖。检查接线柱是否松动，如松动，用扳手拧紧接线柱。检查励磁线是否碰断，如碰断，重新修复励磁导线。

2）检查发电机励磁。在飞机上的检查方法：可用毫安表（或毫伏表）的正负极接到发电机的正负极上如图4-58所示，然后运动动力轴，如毫安表（或毫伏表）有一定的指示，说明有剩磁，无指示就是剩磁消失，反指就是反磁。

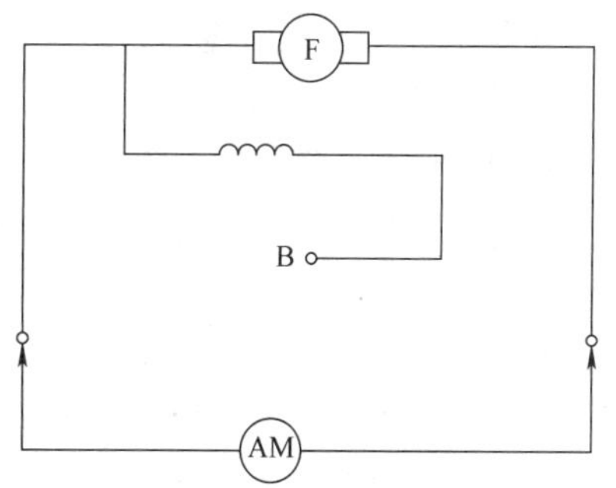

图4-58　检查发电机剩磁原理示意图

发电机的剩磁消失或反磁时可进行充磁，充磁时，将蓄电池的正极接到发电机接线柱上相应的动力线，负极接负接线柱上，短时间的通断2～3次或者正常起动，冷转发动机均可。

3）按下过压保护器恢复按钮，发电机如仍不发电，有可能是过压保护器内触点烧坏。此时应更换过压保护器。

4）拔下碳片调压器插销，送内场校验或更换调压器。检查发电机整流子是否烧坏。

5）打开发电机电刷保护带，用压缩空气吹净电动机内部的炭粉，检查发电机整流子是否有烧伤，或电刷与整流子接触不良现象，如有烧伤，送内场校修。

6）更换发电机励磁熔丝。

7）更换按触不良或烧坏的励磁接触器。

8）拆下发电机，检查发电机联轴节。

4.8.2 故障二

故障现象：发电机不输出（有电压无电流）。

1. 原因分析

1）差动断电器故障。如差动继电器触点、辅助继电器触点、操纵继电器触点接触不良。

2）发电机开关按触不良。

3）均衡电路故障。

4）发电机输出线接触不良，接触电阻大，差动继电器接不通电路。

5）各发电机正负端电阻相差太大。

6）发电机电流表熔断器烧断。

2. 排除方法

1）更换差动继电器。

2）更换发电机输出开关。

3）查找均衡电路故障部位，并排除。

4）查找接触不良部位。

5）一般负端电阻烧坏的可能性最大。重点是差动继电器的“P”接线柱。

6）更换发电机电流表熔断器。

4.8.3 故障三

故障现象：发电机电压过高的故障。

1. 原因分析

1）电压调节器的外设电阻接线松动或接触不良。

2）电压调节器的工作点改变或碳柱中碳片粘住。电压调压器工作点是随着碳柱的磨损，弹簧特性的改变，实际的工作点而发生变化。如碳柱由于磨损而使长度变短时，碳柱的接触点向外退出，准确性和稳定性也随之变化。

3）电压调节器的工作线图或温度补偿电阻断路。

4）起动结束后，“起动发电”励磁转换继电器在“起动励磁”状态或轴杆弯曲卡在起动状态。

2. 排除方法

1）固定并拧紧调节电阻的接线。

2）更换调压器。

3）更换励磁接触器。

3. 注意事项

发电机电压过高，会烧坏发电机、灯泡、晶体管等用电设备，损坏飞机蓄电池。由此可见，电压过高会危及飞行安全。所以必须加强责任心，加强对电源系统的维护工作，预防电压过高故障的发生。

4. 预防措施

1）在试车中认真检查发电机电压蓄电池的充电电流，在高转速，小负载的情况下，电压不应超过31V。当发电机电压过高，充电电流过大时，应立即关闭发电机输出开关，停车检查。

2）定期检查调节电阻的接线。

3）定期校验调压器的稳定性和准确性。

4.8.4 故障四

故障现象：碳片调压器调节电压不稳定。

1. 原因分析

电压调节器不稳定故障多在高转速、小负载时发生。由于高压不稳定，使碳柱烧伤粘住，又往往会发展为电压过高的故障。

调压不稳定的原因是多方面的，最主要的有以下几点：

1）衔铁弹簧片疲劳弹性减弱。碳片调压器的衔铁弹簧片是处在温度较高的环境中工作的。并经常被压扁，弹簧弹性易减弱，从而使机械变化率小于电磁变化率，使调节器变成负坡率调节（转速上升或负载减小，电压反而下降，转速下降或负载增加时，电压反而上升）。负坡率调节稳定性最差，所以衔铁弹簧片弹性减弱是调压不稳的主要原因。

2）工作中碳片磨损，碳柱长度变短，使工作点改变，稳定性变差。

3）碳片烧伤或变质使电阻变大，使工作点改变，稳定性变差。

4）调压器减振不良，瓷管松动，调整不当，使工作点靠近拍合区使稳定性变差。

2. 排除方法

更换调压器。

3. 注意事项

稳定性和准确性是碳片调压器的主要技术性能，它们在使用过程中是按照一定规律逐渐变化的。检查稳定性和准确性，掌握量变到质变的规律，就可以及时发现和预防调压不稳定，电压高、电压低以及电压变化过大等故障。

4.8.5 故障五

故障现象：发电机电压表指示28.5V，而电流表不指示。

1. 原因分析

1）电流表熔断器烧坏或底座接触不良。

2）差动继电器内部故障。

3）因为电压表连在差动继电器接线柱前端，所以电压表有指示，而电流表是连接在差动继电器后端，所以电流表不指示。

2. 排除方法

1）检查电流表熔丝及底座。

2）更换差动继电器。

4.8.6 故障六

故障现象：发电机电压、电瓶电压在空中、地面总是摆动1V左右。

1. 原因分析

原因是直流发电机滤波电容器发生断路。直流发电机装此电容的目的是起灭火花的作用的，当电容器正常的情况下，电刷下火花不应超过规定值。但是当滤波电容器断路时，电容器就不起作用，电刷下火花会增大。由于火花增大，也就影响到发电机的输出电压，因此输出电压就不稳定。飞机电瓶与发电机是并联的，而且电瓶电压比发电机电压低，电压表指示的电瓶电压实际上也是发电机的电压。

2. 排除方法

分别断开发电机开关进行检查，判断是哪台发电机电压摆动。

4.8.7 故障七

故障现象：试车结束，当关闭八台起动发电机供电开关后，起落架放下位置信号牌闪亮、喇叭叫，相关信号灯也随之闪亮，听到继电器“咔嗒咔嗒”声音，电瓶电压不稳定，下降到10V以下。

1. 故障原因

经检查是飞机蓄电池右汇流条供电的熔断器底座接线柱严重接触不良并烧坏接线柱。

2. 原因分析

在关闭发电机供电开关之前，由于发动机右侧发电机和飞机蓄电池并联向右发电机汇流条供电，当关闭发电机供电开关后，只有飞机蓄电池单独向右发电机汇流条供电，因蓄电池向右汇流条供电的接触底座接线柱严重接触不良，压降大。当电压下降到低于继电器吸合电压时．继电器工作断开。当高于吸合电压时又接通，如此反复，便出现了上述现象。

起落架放下位置信号牌闪亮，提醒放起落架，喇叭叫，是因为起落架本身在放下位置。由于起落架放下继电器因吸合电压低而断开。相当于起落架未放到位，起落架未放好，信号灯不亮，喇叭叫。

3. 排除方法

更换新件。

4.8.8 故障八

故障现象：发动机起动后，检查某发电机无电压（电压表指零位）。

1. 原因分析

1）该发电机电压表熔丝断（1A）。

2）发电机熔丝联轴节的小轴断裂。

2. 排除方法

接通该发电机开关，检查发电机是否有无电流输出，有电流输出属原因1，无电流输出属原因2。

3. 注意事项

1）检查左汇流条发电机有无输出，应接通左、右汇流条联通开关。

2）如无电流输出，本场应停车排除，外场尽可能不停车飞回本场，否则停车后无法再起动。

3）更换熔丝或保险联轴节。

4. 预防措施

1）加强对熔丝的检查，对严重变形熔丝头松动的要及时更换。

2）为防止发电机保险联轴节扭断，在冬天气温过低时，要多运动传递杆，然后再起动发动机。

3）加强对起动发电机的检查与维护。

4.8.9 其他故障分析

1. 直流发电机子系统故障

1）故障现象：直流告警。

2）故障原因：直流发电机有故障；个直流互感器断线或匝间短路；开关断线或接触不良；电源功率盒有故障；故障保护电路误动作；线路故障。

2. 主蓄电池子系统故障

1）故障现象：主蓄电池告警。

2）故障原因：主蓄电池有故障；主充电器有故障；线路故障。

3. TRU 故障

1）故障现象：整流器告警。

2）故障原因：TRU 过热；输出端接线松动，引起负载变化时输出电压变化大；线路故障（接触不良或断路）。

励志篇

航空发动机上的老兵——吴大观

吴大观同志 1916 年 11 月出生于江苏镇江，1942 年西南联大毕业后，被分配到贵州大定航空发动机厂任设计课技术员，这个工厂是当时全国唯一的航空发动机厂。他用了两年时间，潜心研究美国莱特公司的活塞式发动机整套技术资料，较全面地掌握了当时世界上最先进的航空发动机工艺技术。在抗战时期目睹过日寇侵华暴行的吴大观立下航空救国的人生理想，怀着赤子之心参加新中国航空工业的筹建。

航空发动机被喻为“航空工业皇冠上的明珠”，要是能把它摘下来，飞机的很多问题就能迎刃而解。1957 年，吴大观受命来到沈阳 410 厂，组建了新中国的第一个航空发动机设计室。在新中国一穷二白的条件下，吴大观率领科研团队牢记“航空报国”的崇高使命，饱含“航空报国”的爱国情怀，自力更生、顽强拼搏。他们边研究、边建设、边补习发动机的知识，开始了我国第一型喷气式发动机——喷发 1A 的设计研制。

一年后，经过无数艰辛努力的实验，装配着该型号的发动机的“歼教—1”型飞机试飞成功。我国自己设计制造的第一型喷气发动机就此诞生。

时刻以国家利益为己任的吴大观，在追赶世界先进水平的奔跑中一刻都不敢懈怠。当世界航空大国都研制出了比涡喷更为先进的涡轮风扇发动机时，吴大观已组织搜集、储备了大量的相关技术资料。1964 年，他带领队伍开始挑战我国第一个大推力、涡轮风扇发动机——涡扇 6。

在航空发动机设计中，很多困难是常人难以想象的。当时，少数航空大国开始用到钛合金新材料。在发动机上采用新材料，没有足够的胆识和战略的眼光是很难作出决断的，吴大观力主上马。就这样，涡扇 6 发动机上首次使用了钛合金等 15 种新材料，使发动机的材料和工艺水平与国际逐渐接轨。涡扇 6 的研制成功，实现了中国航空发动机由仿制到自行设计的历史性突破。

饱含“航空报国”情怀的吴大观对航空工业有着强烈的责任心和对祖国的赤胆忠诚。1982 年，离开一线岗位的吴大观仍追踪航空发动机的最新动态，他主持完成了我国第一部军用航空发动机通用标准规范的编制。80 多岁高龄，他归纳总结了 11 条“我国航空工业需要统一的认识”问题。

1985 年，国内航空发动机界围绕是否启动第三代发动机的研制，产生了严重分歧。吴大观深知，没有自己的发动机，就会受制于人，军用飞机的“心脏病”就永远解决不了。“航空报国”就是把国家利益摆在最高的位置，这种使命感驱使他带头签名，联合了八位专家上书中央领导。1986 年，邓小平同志明确批示支持。“太行”发动机起死回生，得以立项研制。

吴大观的一生始终在为祖国的航空事业大声疾呼并身体力行。喷发 1A、涡喷 7 甲、昆仑、太行，这些中国航空工业最重要的发动机无不与他紧密联系在一起。我国第一个航空发动机设计室、第一台涡轮喷气发动机、第一台大推力涡扇发动机、第一个发动机试验基地都凝聚着吴大观团队的心血和汗水。

从航空救国、航空报国到航空强国，吴大观一生在为梦想而奋斗，为理想而奋斗。他走过了一位中国知识分子的成长之路，也体现了一位共产党员的报国情怀。

复习思考题

1. 直流发电机的转子主要由哪些部分组成？
2. 直流无刷发电机的工作原理是什么？请详细说明。
3. 碳柱电压调节器的功能和主要组成是怎样的？
4. 什么是反流？有什么危害？
5. 简述航空镍镉蓄电池的常见故障及其形成原因。
6. 酸性蓄电池、碱性蓄电池的电解液分别是什么成分？
7. 简述直流电源系统的地面检测步骤。
8. 对航空蓄电池进行检查时，应注意哪些事项？
9. 发电机电压表指示 28.5V，而电流表不指示的故障分析与排除方法是什么？

第5章　航空发动机控制系统电气设备

5.1　航空发动机起动电气系统

5.1.1　航空发动机概述

下面以某型双涵道涡轮喷气飞机发动机为例来进行介绍。该发动机起动采用的是电力起动，首先由起动电动机带动燃气涡轮起动机，再由燃气涡轮起动机起动飞机发动机，如图5-1所示。

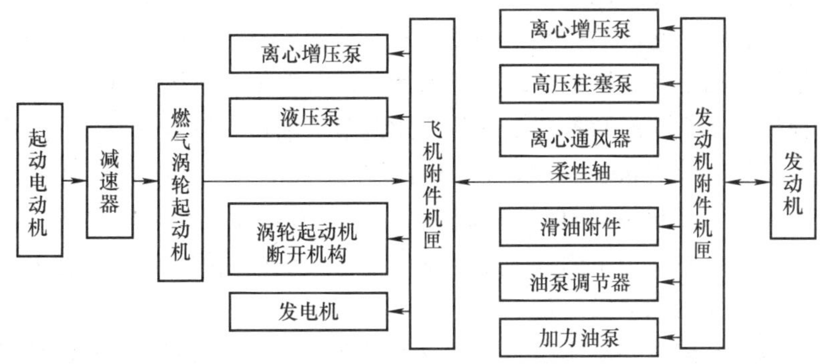

图5-1　双涵道涡轮喷气飞机发动机组成

发动机由主要部件和主要系统两大部分组成。

1. 主要部件

发动机的主要部件有低压压气机、中介机匣、高压压气机、燃烧室、高压涡轮、低压涡轮、混合器、加力燃烧室、可调喷管和附件传动机匣等。

低压压气机有4级，进口导流叶片尾端1/3段的弯度可调。正常工作时，它由发动机综合调节器或液压机械调节器进行调节。高压压气机有9级，前三级导流叶片可调，它由液压机械调节系统调节。

燃烧室为短突扩压器的环形燃烧室。在燃烧室上采用了加大尺寸的双路离心式喷嘴，输油圈为主、副输油圈，燃烧室上还装有高能点火装置。

涡轮为双级、双转子、轴流反应全冷却式。第一级涡轮为高压涡轮，它与高压压气机组成发动机高压转子。高压转子的转速以 n_2 表示，n_2 为 100% 时，对应的物理转速为 13300r/min。第二级涡轮为低压涡轮，它与低压压气机组成发动机低压转子。低压转子的转速 n_1 为 100% 时对应的物理转速为 10098r/min。在涡轮冷却气路上安装有空气热交换器，利用外涵道的空气使冷却涡轮的空气降温，以减少冷却空气的需求量。涡轮冷却空气的流量，可以根据发动机的工作状态进行调节。

加力燃烧室位于涡轮后内外涵道气流的混合处。为保证加力燃烧室内的火焰稳定，还安装有火焰稳定器。加力点火方式为火舌点火——在接通加力时，由一个定量调节器控制。在主燃烧室进行三次脉冲短时供油，产生火舌，再经离心喷嘴加强，在加力燃烧室形成火带，点燃加力燃烧室的燃油混合气。加力供油部分有 5 个定量开关、5 个输油圈。

发动机的喷管为全态可调、收敛扩散型超音速喷管。喷口临界截面积和超音速段由专门调节机构进行调节。

附件传动机匣由发动机附件机匣和飞机附件机匣（外置机匣）两大部分组成。其功用是安装和传动发动机及飞机系统的各个附件。发动机高压转子带动发动机附件机匣上的发动机附件工作，发动机附件机匣通过一根柔性轴传动飞机附件机匣，使飞机附件工作。

2. 主要系统

发动机上的主要工作系统有起动系统、燃油控制系统、发动机综合调节器、涡轮冷却控制系统、几何通道控制系统、预防和消除喘振系统、润滑油系统、防冰系统。

起动系统包括燃气涡轮起动机、电动起动机、补氧系统、高能点火装置、惯性与遭遇起动电路、自动起动箱等。它的功用是保证发动机在地面或空中均能安全、可靠地迅速起动。

燃油控制系统包括主燃油调节系统和加力燃油调节系统。主燃油调节系统主要用来向燃烧室供油，并根据发动机状态和外界条件的变化调节供油量，以保证发动机在各个状态下都能稳定工作。发动机在节流状态（发动机油门杆在最大位置与慢车位置间所对应的发动机工作状态）的供油由液压机械转速调节器控制；在最大和加力状态，主要由电子调节器控制。加力燃油调节系统主要用来向加力燃烧室供油，并根据油门杆位置、发动机进口空气总温、压气机出口空气总压调节供油量。

发动机综合调节器的主要功用是：调节发动机在最大和加力状态主燃烧室的供油量；调节低压压气机进口导流叶片的转角；控制涡轮冷却的空气流量；对发动机预防和消除喘振系统进行控制，发出保证发动机正常工作的离散指令，控制发动机的惯性和遭遇起动。

涡轮冷却控制系统与发动机综合调节器相连，根据发动机的工作状态控制涡轮冷却空气的流量。

几何通道控制系统主要对发动机喷管、低压压气机进口导流叶片和高压压气机导流叶片进行调节，保证各部件的几何通道与发动机状态相适应，使发动机能稳定工作。

预防喘振系统和消除喘振系统是两个独立系统，而它们之间又有联系。预防喘振系统的作用是预防飞机发射武器时因发动机吸入导弹和火箭的尾气而可能导致的喘振。防喘主要由几何通道控制系统实施。消除喘振系统是当发动机喘振信号器监测到喘振信号后，通过燃油通道和几何通道的联合作用消除喘振。

润滑油系统主要由润滑油泵、润滑油喷嘴、前中后三个轴承收油池、调压活门、油箱及一些温度传感器、压力传感器组成。它分为供油、回油、通气和增压四个子系统。

5.1.2　航空发动机的起动过程

航空发动机功率很大，采用通常的电动机很难使其起动，故采用了间接电力起动。也就是说，用起动电动机起动涡轮起动机，再由涡轮起动机起动发动机。

涡轮起动机是一台燃气涡轮起动机（以下简称小发），由压气机、燃烧室、涡轮和排气管等部分组成。涡轮有两级，第一级涡轮和压气机组成压气机涡轮转子；第二级涡轮称为自由涡轮，经减速器、附件机匣去带动发动机（以下简称大发）的高压转子。为了保证小发工作的可靠性，在小发上设置有排气活门。从小发起动开始时打开，直到小发停止工作后才关闭。在小发上还装有油泵调节器，它是齿轮式油泵、润滑油回油泵和调节器的组合体。

传动机匣用来把起动电动机的转矩传递给涡轮起动机，以及用来传动油泵调节器内的齿轮燃油泵和润滑油回油泵。传动机匣内有齿轮机构和偏轮式自由离合器。偏轮式自由离合器和棘轮式离合器的作用相同，但其可靠性高，故障率低。

附件机匣包括飞机附件机匣和发动机附件机匣。在飞机附件机匣内也有偏轮式自由离合器，其作用是只允许涡轮起动机的自由涡轮带动大发，而不允许反向传动。在飞机附件机匣上设置有涡轮起动机断开电动机构。根据工作需要，该电动机构可以操纵小发与大发间的机械联系，使之结合或脱开。在起动电动机、燃气涡轮起动机、发动机之间采用了减速器以增大转矩。

5.1　发动机起动电气系统–发动机地面起动原理和起动过程

5.1.3　航空发动机起动系统完成的任务

1. 地面起动（即热开车）

在这种起动方式中，由起动电动机起动小发，而由小发去起动大发。在大发的整个起动过程中，小发经历过起动和正常工作两个阶段，小发的起动时间一般小于10s，大发的起动时间一般小于50s。

2. 冷开车

（1）大发冷开车　大发冷开车的用途是：吹除发动机内的燃油；使发动机降温；进行油封（或启封）起动。大发冷开车时，小发的工作和地面起动时相同，而大发不供油、不点火，只在小发带动下转动。大发冷开车的时间为50s。

（2）小发冷开车　小发冷开车的用途和大发冷开车相同。小发冷开车时，小发不供氧、不供油、不点火，只在起动电动机带动下转动。小发冷开车的时间为10s。

3. 空中起动

1）遭遇起动是指当发射武器或发动机喘振时自动接通的8s空中点火。

2）惯性起动是发动机空中熄火后，当 $n_2<53\%$ 时自动接通的8s空中点火。

3）油门杆起动是用油门杆操纵的20s空中点火。

4）空中起动开关起动是用“空中起动”开关操纵的空中点火。点火持续时间一般不大于180s，否则，飞机着陆后应更换起动箱。

发动机空中起动的应用顺序是：惯性起动、油门杆起动、空中起动开关起动，最后考虑遭遇起动。

5.1.4 航空发动机起动系统的组成

航空发动机的起动系统是独立的，每台发动机完成起动过程需设置下列组成部分：

1）带转装置。将发动机由静止状态带转到一定转速。为此每台发动机设置一台起动电动机和一台燃气涡轮起动机。

2）点火系统。用来产生火源，使燃烧室由静止状态到工作状态。为此每台发动机设置有涡轮起动机点火系统和主燃烧室点火系统。

3）补氧系统。为了保证地面和空中可靠起动，设置有涡轮起动机补氧设备和空中起动补氧设备。

4）起动控制设备。包括按一定程序控制起动附件的工作和调节起动供油量。

5）起动供油和调节系统。

6）转矩传递装置。

7）几何调节。为了缩短起动时间并保证可靠起动，在起动过程中采用放大喷口面积和调节压气机通道面积等措施。

5.1.5 燃气涡轮起动机系统

燃气涡轮起动机系统由燃气涡轮起动机、传动装置、补氧系统、点火系统、润滑油系统、燃油系统等组成。

1. 燃气涡轮起动机

燃气涡轮起动机由离心式压气机、燃烧室、燃气发生器涡轮和自由涡轮等组成。实质上是一台小型的涡轮轴发动机。燃气发生器产生的燃气推动自由涡轮，自由涡轮输出轴功率，通过减速器、外置机匣和发动机附件机匣带动发动机转动。

2. 传动装置

传动装置包括传动机匣和减速器两大部分。

传动机匣用于将起动电动机的功率传送给燃气发生器的转子，燃气发生器的转子带动附件和润滑油回油泵转动。起动电动机带动燃气发生器转子转动，起动电动机停止工作时，超越离合器将燃气发生器转子和起动电动机脱开。

减速器用于自由涡轮的功率传递给发动机，并通过传动轴（天轴）带动附件中的自由涡轮转子最大转速限制器转速传感器转动。自由涡轮高速转动时，通过齿轮组件和超越离合器、附件机匣带动发动机转动，同时通过传动轴带动自由涡轮转子最大转速限制器工作；自由涡轮停止工作时，超越离合器将自由涡轮和发动机脱开。

3. 补氧系统和点火系统

燃气涡轮起动机的补氧系统和发动机补氧系统为共用。点火系统和发动机点火系统相同，仅是点火功率小些。小发点火线圈的工作电流为2.5A，点火频率为15～45Hz，点火能量为0.5J。

4. 起动电动机

起动电动机是低压直流串激式电动机，它的工作电压为16～30V，工作电流为100A。

功率为5kW。采用直接起动方式，不采用分级式程序控制。

5. 润滑油系统

润滑油系统与发动机润滑油系统连在一起，是开式循环系统，它由供油系统和回油系统组成。

供油系统用于向减速器、涡轮轴承、压气机轴承、传动机匣输送有一定压力的润滑油。它由齿轮式油泵、安全活门、单向活门、过滤器、放气接头、最小润滑油压力信号器等构成。

回油系统用于抽回燃气涡轮起动机转动部件润滑用过的润滑油，它由三个润滑油回油泵、两个过滤器和燃气涡轮起动机内的收油池组成。

发动机起动时，燃气涡轮起动机工作，润滑油供油泵供油，油压增大，当油压增至0.2～0.3MPa时，调压活门开始工作，保持供油泵出口油压不变。润滑油一路经限流嘴输往外置机匣，用于外置机匣内传动部件的润滑散热；另一路经过滤器输往减速器、自由涡轮轴承、燃气发生器涡轮轴承和传动机匣，用于润滑散热。如果过滤器流动阻力增大，压降达0.1MPa时，安全活门打开，润滑油不经过滤器而直接输往上述部件。工作过的润滑油由减速器润滑油回油泵、传动机匣润滑油回油泵、涡轮轴承润滑油回油泵抽回放入外置机匣。

6. 燃油供给与控制系统

燃油供给与调节系统的功用是：

1）起动时控制涡轮起动机燃烧室内的燃油流量。

2）限制涡轮起动机转子的最大转速。

3）根据燃油压力，发出切断电动起动机的电信号。

4）根据起动箱发出的指令停止向涡轮起动机燃烧室供油。

燃气涡轮起动机燃油供给与控制系统由油泵控制器和燃油喷嘴组成。油泵控制器由齿轮泵、起动加速控制器、燃气发生器转子最大转速限制器、自由涡轮转子：最大转速限制器、起动电动机关断机构、停车开关、压差活门、冷却循环活门、极限压力活门、动力状态控制器重调机构、关断动力状态电磁活门等组成。

5.2　航空发动机起动点火装置

5.2.1　概述

起动电点火包括涡轮起动机电点火系统和主燃烧室电点火系统。它们都是按照起动程序把燃烧室内的油气混合气点燃。点燃的方法都是采用在半导体电嘴上进行火花放电的方法。在电嘴上进行火花放电所需要的电压和能量由电感或电容点火器提供。

5.2　发动机起动点火装置（1）

1. 主燃烧室电点火系统

主燃烧室点火系统是在发动机地面起动和空中起动时点燃主燃烧室中空气

和燃油混合气，由点火器、两组装有沿表面放电的半导体电嘴和两根高压电缆组成，如图5-2所示。

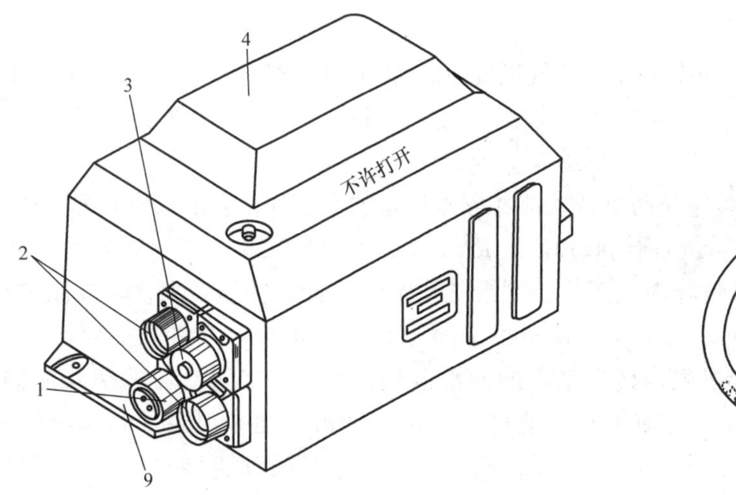

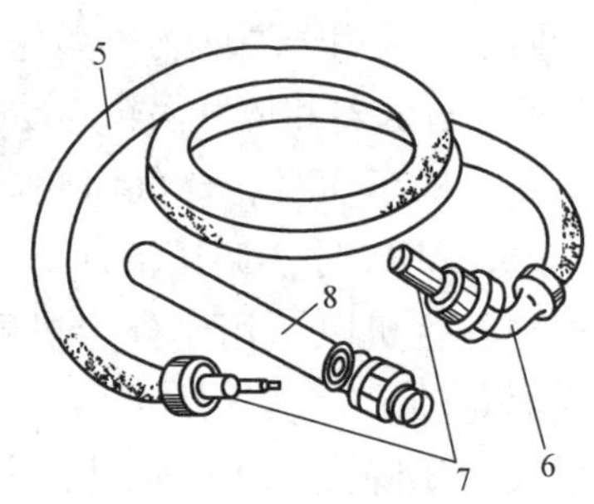

图5-2　主燃烧室点火系统组成

1—电源插座　2—高压电缆内接头　3—“检查”插座盖　4—点火器
5—高压电缆　6—弯管　7—接触装置　8—半导体电嘴　9—支架

1）电容点火器。用于把电源电压转换为半导体电嘴点火所需电压。它有两个独立、完全一样的电路，结构上由两组一样的组件组成，固定在一个箱体内。箱体外面有电源插座和检查插座各一个，两个高压电缆内接头和带有固定孔的支架，用于把点火器固定到发动机壳体上。

2）高压电缆。用于连接点火器高压输出头和点火电嘴，由屏蔽高压电缆、弯管和接触装置组成。

3）半导体电嘴。安装在主燃烧室的点火装置内，电嘴带有陶瓷绝缘体，其电极是屏蔽的。火花放电发生在沿绝缘体工作面电嘴电极间，绝缘体表面有半导体图层。

2. 涡轮起动机电点火系统

涡轮起动电点火系统由电容点火器和半导体电嘴以及高压电缆组成，其作用是在地面起动时，点燃涡轮起动机燃烧室内燃料和氧气混合气。

5.2 发动机起动点火装置（2）

5.2.2 半导体电嘴

半导体电嘴主要由中心电极、半导体塞、壳体（寄负极）和绝缘体组成，如图5-3所示。

半导体塞一般是以陶瓷材料为基础，掺入一定比例的半导体材料制成的。半导体塞位于中心电极和壳体之间，它的电气性能是有明显的导电性，材料结构不均匀，不同的部位的导电性不同，具有负电阻温度系数。

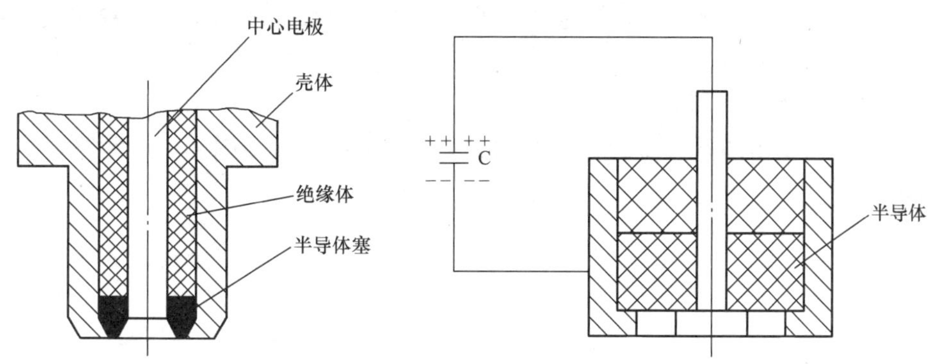

图 5-3　半导体电嘴基本结构　　　　图 5-4　半导体电嘴供电

加于半导体电嘴上的电压来自电点火器的储能电容器，如图 5-4 所示。当在电极间施加较高的电压时，在半导体塞的内部和端表面上都产生电流。由于电嘴端部的极间距离小，半导体塞中的电流主要从端表面上流过，而表面电流又集中在导电性能好的某一导电通道上。电流通过该通道时，使通道发热，温度升高，致使通道的电阻减小。这样，通道中的电流又增大，使通道的电阻继续减小。如此继续下去，当达到一定程度时，电嘴端表面的半导体材料开始蒸发，形成蒸汽层。在蒸汽层中，由于热电离，而产生大量带电粒子，使电嘴间隙的耐电强度降低。当电极间的电压大于表面蒸汽层的击穿电压时，就在电嘴表面形成火花放电。

5.2.3　起动电点火系统的基本工作原理

1. 高能点火系统

高能点火系统的基本原理电路如图 5-5 所示。图中，U_1 为电源电压；BH 为电压变换器；U_2 为 BH 输出的电压，G 为密封式气体放电管；D 是整流管，BDZ 为半导体电嘴。

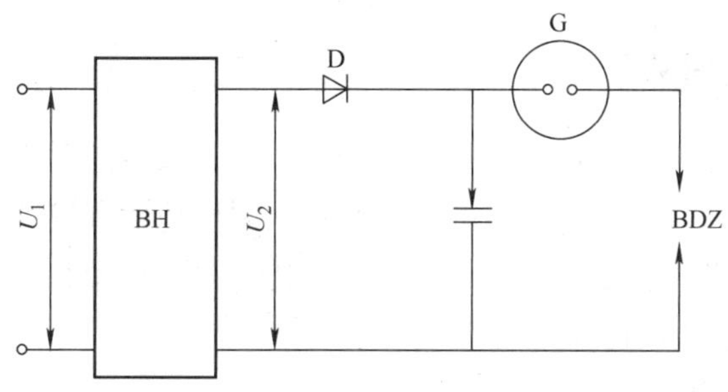

图 5-5　高能点火系统的原理电路

BH 的作用是将电源电压 U_1 变换成高电压脉冲，以便向储能电池充电，那么经数百次充电后，电路中就会储存较多的能量。当气体放电管被击穿后，电容器就会使电嘴产生放电，并可得到较大的火花能量。

高能点火系统的突出优点是，储能电容器储存的能量大，故电嘴的火花能量大，并且点火有较高的效率和可靠性。

2. 电感式点火线圈

电感式点火线圈由圈数较少的一次线圈、圈数较多的二次线圈和一个断路器组成，如图 5-6所示。

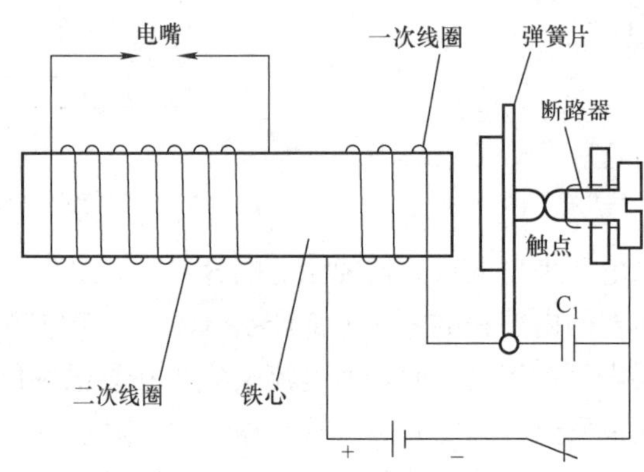

图 5-6　电感式点火线圈的原理电路

按钮接通时，一次线圈上有电流流过，产生磁通量，并在断路器的衔铁片上形成电磁力，当电流增大到一定值，使电磁吸力大于弹簧片的弹力时，弹簧片便被吸向铁心，使触点断开。触点断开后，电流迅速消失，磁通量也随之迅速减少，由于磁通量的迅速变化，匝数很多的二次线圈就产生很高的互感电势，它的大小与磁通量减小的速率成正比。此高压电势输给电嘴，就在电嘴两极间产生火花。

5.3　航空发动机综合电子调节器

5.3.1　航空发动机调节

发动机调节就是根据工作条件的变化或使用的需要，保持发动机的工作状态，或按照一定的规律改变其工作状态。发动机调节的目的是最大限度地发挥发动机的潜在性能和最有效地使用发动机，实现发动机在不同状态下的性能最优。要实现调节目的，必须选择被调参数及调节中介、选定调节规律和设置调节器。

1. 被调参数及调节中介

为了有效地控制发动机的工作状态，在反映发动机工作状态及其性能的各个参数中，选择一个或几个起主导作用的参数，即为被调参数。在选择被调参数的过程中，除了能反映发动机性能的主要参数外，还应易于测量，便于控制。

发动机的被调参数有：

1）低压转子转速 n_1。

2）高压转子转速 n_2。

3）涡轮后燃气温度 T_4。

4）加力燃烧室温度。

5）涡轮落压比。

根据发动机调节原理，要独立地改变发动机转速和涡轮前燃气温度，必须独立地改变燃烧室的供油量和喷口临界面积才能达到，像这种能够改变发动机被调参数的作用量，称为调节中介。

调节中介有：

1）主燃烧室供油量。

2）加力燃烧室供油量。

3）发动机低压压气进口导流叶片角度。

4）发动机高压压气机导流叶片角度。

2. 发动机的选定调节规律

发动机的选定调节规律就是指飞行条件变化时，发动机被调参数遵循的变化规律，这种变化规律可以是被调参数固定不变，也可以依据某种外部因素，而按规定的关系变化。不同型号的发动机调节规律不同。

（1）节流状态　$n_2=\text{const}$（常数）时，发动机调节规律是

$$n=f(a,t_1)$$

式中　a——油门杆角度；

t_1——发动机进口空气温度。

即用 t_1 对 n 进行修正。

（2）最大状态　采用组合调节规律。即发动机燃油流量调节通道，根据发动机进口空气温度选用不同的调节规律，而几何调节通道则通过喷口临界截面面积的变化，保持涡轮落压比为常数。通过高低压压气机导流叶片转角变化，保持压气机必要的喘振裕度。

（3）加力状态　调节采用最大状态的调节规律，而加力通道的调节采用的调节规律是

$$G/p_2=f(a,t_1)$$

式中　G——加力燃烧室耗油量；

p_2——压气机出口空气总压力。

实际上是间接调节加力燃烧室温度。

3. 调节器

要实现既定的调节规律，必须通过相应的调节器。调节器按控制系统的结构划分，有机械式、液压机械式、模拟电子式和数字电子式等，某型发动机综合电子调节器控制关系如图5-7所示。

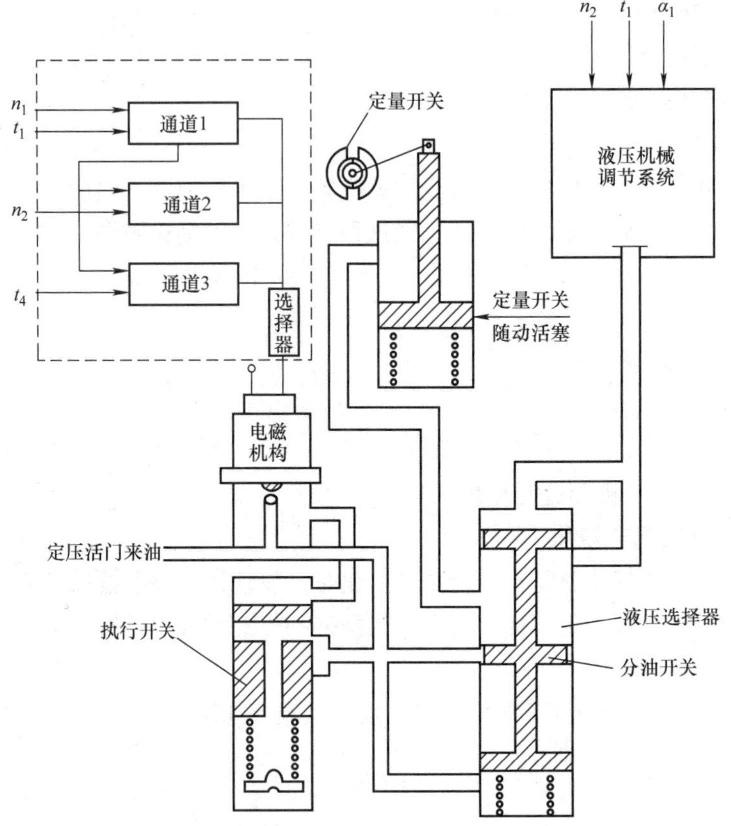

图 5-7 某型发动机综合电子调节器控制关系示意图

5.3.2 航空发动机综合电子调节器

1. 功用

综合电子调节器的主要功用为调节发动机参数，向发动机控制设备和机载飞行参数记录系统等输送信号。

综合电子调节器协调液压机械附件即燃油泵调节器和喷口加力调节器，共同完成以下功能：

1）按进口空气温度调节限制低压转子的转速。

2）按进口空气温度调节限制高压转子的转速。

3）按进口空气温度调节限制低压涡轮后燃气温度。

4）按低压转子转速和进口空气温度调节低压压气机进口导向叶片的转角。

5）在武器发射指令起作用时，保证提高发动机工作稳定裕度，并进行防喘保护。

6）在惯性运转中实现发动机自动起动。

7）控制接通加力并给出加力点火信号。

8）控制接通涡轮冷却。

9）控制燃气涡轮起动机的工作，并给出极限状态信号。

10）在发动机起动状态下，限制低压涡轮后的燃气温度。

11）保证形成并给出有关发动机工作状态的离散信号，送至飞机及发动机的自动系统。

12）连续自动检测调节器的各个通道，当出现故障时向信号系统发出信号。

13）当 $n_2 \leqslant 57\%$ 或接通加力时，保证锁闭应急放油功能。

14）飞行前对调节器进行检查。

15）提供给机载记录系统、检测和告警系统、自动信号系统、语音电路和检查记录装置各种信号。

2. 基本组成

综合电子调节器主要由壳体、功能电路板、接线插座、检查插座、调整螺钉和电源等部分组成，如图 5-8 所示。此外，位移传感器及温度传感器配合工作。

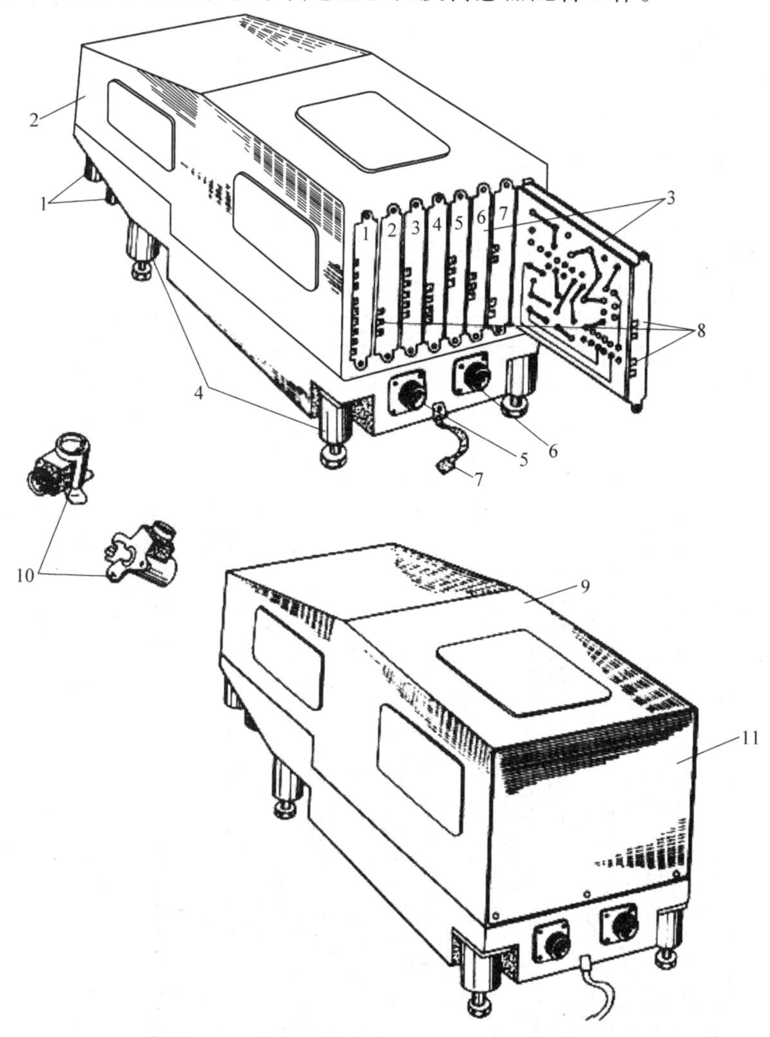

图 5-8　发动机综合电子调节器组成示意图

1—插座　2—壳体　3—各功能模块　4—减振器　5—检查插座 1　6—检查插座 2
7—搭铁条　8—调整螺钉　9—综合调节器　10—位移传感器　11—调节电阻器盖

（1）壳体　铸件壳体。壳体内主要安装有 8 个功能电路板模块，下部安装有电源模块、继电器模块和脉冲调制器模块。壳体前面板将调节电阻器盖打开，可以看到调整螺钉；前面还有 2 个检查插座搭铁条。壳体后面安装有滤波器和继电器模块，下部为 7 个接线插座，正常工作中使用。壳体下部为减振器。

（2）功能电路板　每一功能电路板由两块电路板构成，用支架连在一起。电路板带有电子元件、插座和定位销。壳体上设置了用于安装电路板的导向装置，沿导向装置可将电路板安装到带有螺钉的活节上，并由螺钉定位。

功能电路板按其功用可分为下列几个主要模块：

1）低压压气机导流叶片调节通道。

2）低压转速调节通道。

3）高压转速调节通道。

4）低压涡轮后燃气温度限制通道。

5）涡轮冷却控制通道。

6）防喘保护和惯性运转中的自动起动通道。

7）故障检测系统。

8）加力控制和信号形成模块。

9）离散指令输出模块。

此外，还有脉冲调制器和二次电源等功能模块。

发动机综合电子调节器功能元件布局如图5-9所示。

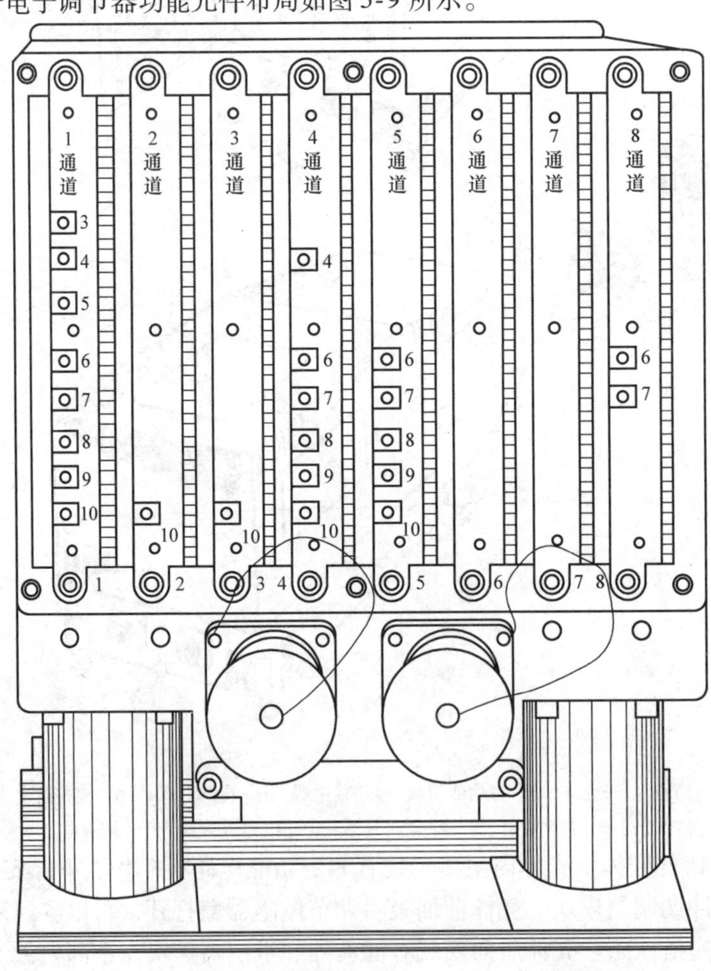

图5-9　发动机综合电子调节器功能元件示意图

5.4　进气道电气控制系统

5.4.1　飞机进气道简介

进气道是飞机推进系统的重要组成部分，特别是超音速战斗机，进气道工作的好坏，直接影响着发动机的性能和稳定工作，影响飞机战斗力的发挥。飞行时，进气道是一个增压部件，要求其流动损失尽量小；另外进气道又是飞机的一个组成部分，要求其外部阻力也应该较小。

按飞行速度，进气道可分为亚音速进气道和超音速进气道，按在飞机上的位置可分为头部进气，两侧进气和腹部进气等。亚音速进气道又称为皮托管式进气道，其结构简单，与发动机匹配良好，不需要调节。超音速进气道飞行速度变化范围大，要求它在各种使用条件下与发动机能较好地匹配工作，因此需要调节。

超音速进气道是利用激波减速增压的，迎面气流在超音速进气道中的滞止是在专门设计的激波系内实现的。通常，这些激波中的最后一道激波是正激波。如某型飞机超音速进气道为四激波系外冲压式超音速进气道，如图5-10所示。在超音速飞行时，气流流过斜板，在前缘和两个转折处各产生一道斜激波，在进气道进口处产生正激波。正激波的位置随着发动机低压转子换算转速、飞行高度和斜板角度的变化而变化。

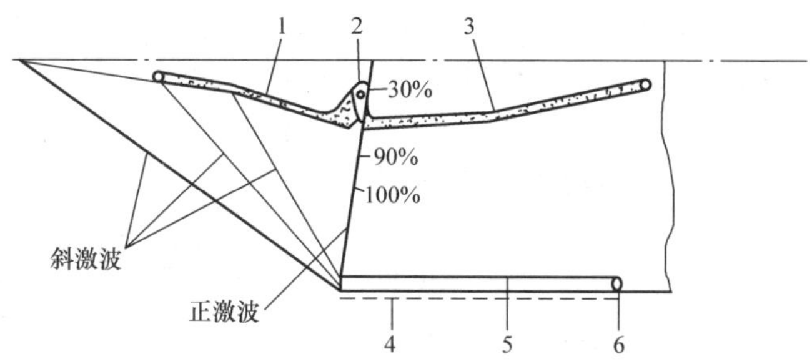

图5-10　发动机超音速进气道示意图

5.4.2　超音速进气道调节

超音速进气道按结构形式可分为中心锥体式进气道和风斗式进气道，后者也常称为可调斜板式进气道。

超音速进气道调节的目的：

1）使进气道在各种飞行条件下都能和发动机很好地匹配工作，以获得最有效推力。

2）使进气道在各种飞行条件下都能稳定地工作。

3）使发动机获得比较均匀的进口流场。

进气道的调节方法主要有：

1）移动中心锥位置或改变中心锥角。

2）调节斜板楔角。

3）调节进气道进口面积。

4）设置旁路系统，如辅助进气门、放气门等。

实际上，可调进气道往往是几种方法的组合，从而达到较高的工作效率。

一般应用自动调节系统来实现超音速进气道的调节。调节系统应包括计算装置，该计算装置根据飞行M数、飞行高度、发动机的转速、周围大气的温度以及气流的入角等确定调节的最佳状态。要实现这样的系统，其结构是相当复杂的。因此，实际应用的是根据几个主要参数进行调节的系统，如飞行M数、压气机的增压比和发动机换算转速等。

5.4.3 进气道斜板调节规律

在超音速飞行时，影响进气道调节的主要是换算转速、飞行高度和斜板角度等。

换算转速取决于发动机的实际转速、飞行M数和大气温度等。在超音速飞行时，若换算转速等于99%，正激波正好处于进口。当换算转速小于99%时，发动机需气量减小，压气机进口气流受到阻滞，进口正激波移至进气口前；反之，当换算转速大于99%时，又将正激波吸入进气道。也就是换算转速发生变压，发动机的需气量变化，如果斜板角度不变，正激波与进口的相对位置发生变化。

为使进口正激波在换算转速变化时处于有利位置，需要进行斜板调节。当换算转速减小时，角度增大，使进气道的喉部面积减小，进气量随之减小，适应发动机的需气量，使正激波处于有利位置。

飞行高度升高时，空气的黏性增大，发动机需气量减少。所以，飞行高度在6000m以上时，进气道斜板放下角度在按换算转速进行调节的基础上，还要继续下放，进行补充调进行。

此外，在发射机载武器等情况下，还要进行修正调节。

图5-11中横坐标为发动机换算转速，纵坐标为斜板的位置。斜板的位置为100%时，表示斜板完全放出，进气道喉道面积最小，斜板的位置为0时，表示斜板全部收起，进气道的喉道面积最大。曲线1为正常情况的调节规律，曲线2为存在高度修正的调节规律，曲线3为存在发射修正的调节规律。

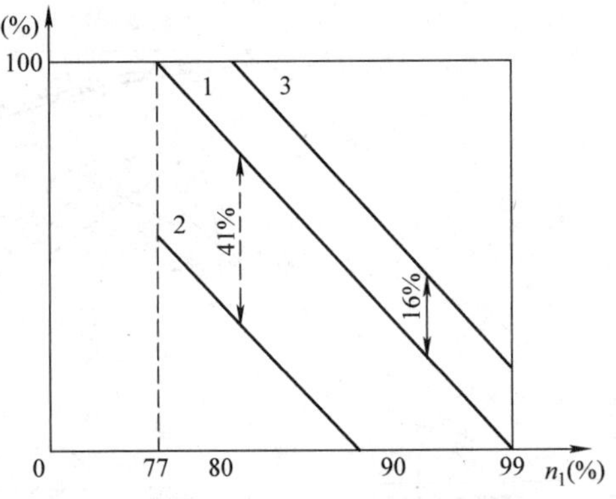

图5-11 发动机进气道斜板调节规律

5.4.4 进气道防护网

在发动机地面试车、滑行以及飞机起飞和着陆时，为了防止外来物进入进气道，飞机进气道进口处安装了钛合金防护网。在起落架接地时，防护网自动升起呈斜置状，飞行时，防护网向下折叠与进气道底部贴平。

1. 防护网电气控制系统的功能

防护网是用来阻挡低空异物进入进气道的，而防护网电气控制系统则是用来控制防护网放下和收起的，它往往与电气控制器件和液压系统密切相关。

在起落架接地时，防护网自动升起呈斜置状，飞行时，防护网向下折叠与进气道底部贴平。

整个过程通过电动液压机构来操纵，左进气道防护网通过第 1 液压系统操纵，右进气道防护网通过第 2 液压系统操纵。

防护网的工作状态有自动状态和手动状态两种。当进气道防护网转换开关置于自动位置时，防护网的收起和放下根据左起落架减振支柱压缩终点开关的位置自动进行。

防护网位置信号要输送到位置指示器、机上飞行监测告警系统的通用信号盘、语言告警器和飞行参数记录系统。

位于座舱左侧操纵台上飞机系统 2 号配电板上的进气道防护网转换开关置于“打开”时，才能根据起落架位置手动收起防护网。

2. 防护网电气控制系统的组成

防护网电气控制系统由电气部分和机械部分组成。电气部分由汇流条、防护网供电开关、防护网转换开关、起落架手柄、左起落架压缩位置终点开关组成；机械部分由第 1 液压系统供油的电动液压阀、第 2 液压系统供油的电动液压阀、右防护网、左防护网、作动筒、弹簧减振器、收上位置锁组成。

3. 防护网电气控制系统的工作原理

防护网有“自动”和“手动”两种工作状态，工作原理如图 5-12 所示。

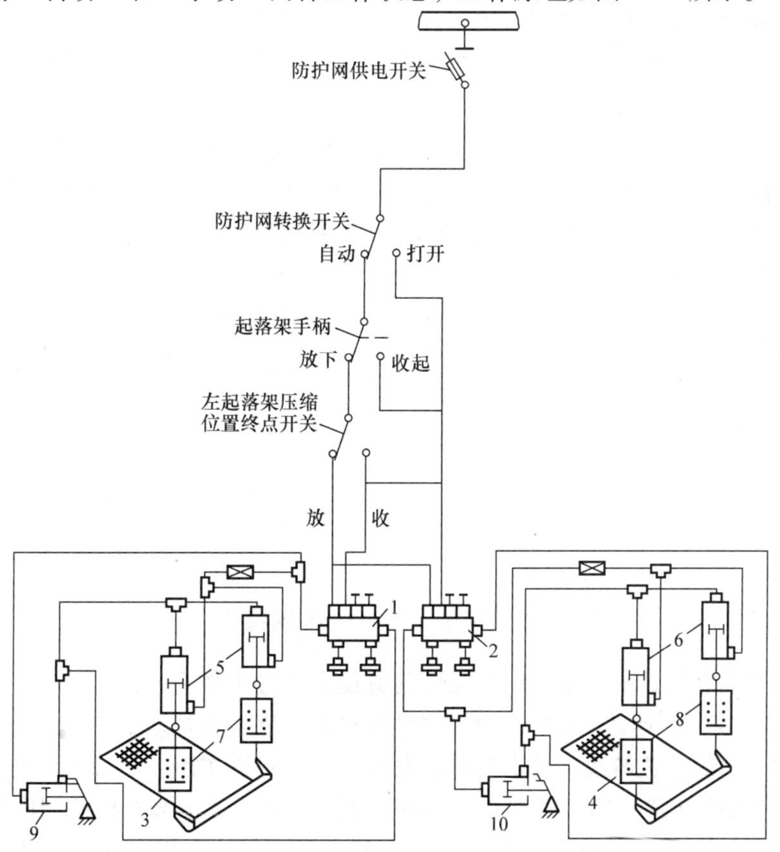

图 5-12　发动机进气道防护网工作原理

1、2—电动液压阀　3、4—防护网　5、6—作动筒　7、8—弹簧减振器　9、10—收上位置锁

（1）自动状态下的工作原理　飞行员上飞机后，接通防护网供电开关，再将防护网转换开关置“自动”位置后，飞机若在地面，左起落架减振支柱上的压缩终点开关通，电动液压开关放出线圈通电，高压油液进入操纵作动筒和吸上位置锁动作筒另一腔，锁被打开，松开防护网，并在操纵作动筒和压缩弹簧阻尼器的作用下，防护网进入进气道并覆盖整个进气道截面，其前端支靠在上斜板上，防护网放下，左右两个防护网同时动作。

当飞机离地后，由于左起落架减振支柱上的压缩终点开关在起落架收上后，触发到“收”位置，使电动液压开关的收上线圈通电，高压油液反流，驱动作动筒收上，防护网收起。这是左起落架减振支柱上的压缩终点开关控制防护网收起的现象，除此之外，还可用手动开关控制防护网的收起，起落架手柄就是其中一种手动开关。

（2）手动状态下的工作原理　飞机离地后，若终点开关电路故障，将起落架手柄置于“收起”位置后，防护网收起电路再次接通，使电动液压开关的收上线圈通电，高压油液驱动作动筒收上，防护网收起。

当防护网被收上位置锁锁住时，位于信号盘上的两个信号灯灭，如果防护网未处在收上位置锁上，信号灯亮。

当防护网转换开关置于打开档后，防护网收起电路接通，电动液压开关的收上线圈通电，高压油液驱动作动筒收上，防护网收起。

4. 防护网电气控制系统的使用维护

正常情况下，防护网转换开关置“自动”位置，飞机起飞离地后防护网收起，信号灯熄灭。

如果灯未灭，自动操纵电路故障，防护网没被收上位置锁锁住，则在飞行速度高于450km/h时，在通用信号盘上显示“进气道防护网关闭”信息，并用语言告警“进气道关闭速度不大于550km/h”。此时，将防护网转换开关放到“打开”位置，若防护网仍未打开，则飞机应返场着陆。

若在结冰条件下起动发动机，事前应将进气道防护网转换开关置于“打开”位置。

此外，根据收上位置锁的信号，防护网的位置被记录在飞行参数记录系统中。

励志篇

飞机制造专家——陆颂善

陆颂善，飞机制造技术专家，从事飞机制造技术管理工作近40年，先后参加组织和主持歼5、歼教1、轰6、运7、运8工程等多种飞机的试制生产技术工作。主持轰6、运7飞机的改进改型，组织攻关解决了技术关键，发挥了技术决策作用。20世纪60年代初，从英国引进用了明胶板绘制模线及用光学望远镜安装型架技术，用于轰6机试制取得成功，很快在全行业推广。坚持“航空为本，飞机为主”，积极开拓国外民用飞机零部件转包生产，对推动企业技术改造、质量管理、技术进步，起到积极作用，取得显著技术经济效益，为航空工业的发展做出了重要贡献。

在轰6、运7等飞机的试制生产中，陆颂善应用了多种新工艺、新技术、新材料，突破了多项技术关键。

轰6垂直尾翼的翼尖，原为木质结构，对材质要求苛刻，结构复杂，成形困难，工艺方法落后，生产效率低。在试制第一架时，从大量的木材中才勉强选取了一架份材料，取材率很低。我国木材资源并不丰富，在批量生产中，材料供应将成为关键问题，必须另找出路，陆颂善决定用玻璃钢代替木材。经过一年多时间，他设计制出了玻璃钢翼尖，强度、电性能均满足设计要求，证明结构改进设计是成功的。

轰6天窗骨架零件，由GC－4高强度钢制成，是一项结构复杂、协调关系多、成形难度大的关键零件，陆颂善采用热成形工艺方法，解决了该项技术关键。运7驾驶舱用的定向有机玻璃，尺寸精度要求高，成形难度大，必须在一定拉伸应力状态下加热成形。运7整体油箱的制造，关键是解决密封工艺问题，同时要有适合的密封材料，陆颂善在制造中采用了干涉配合自封铆接技术，解决了该项技术难题。陆颂善多次获得国家领导人的高度评价，被誉为航空领域飞机制造领域的卓越专家。

复习思考题

1. 现代航空发动机起动电气系统功能是什么？由哪些部分组成？
2. 飞机高能点火系统由哪三大部分组成？简要说明飞机点火系统点火的过程及其主要优点。
3. 简述现代飞机中发动机的被调参数和调节中介。
4. 简述发动机综合电子调节器的功能和主要组成。
5. 超音速进气道的结构有哪几种？进气道调节有哪几种方法？
6. 简述用可调斜板调节超音速进气道的基本原理，画出调节曲线并进行说明。

第6章 环境控制系统电气设备

6.1 空调系统电气设备

6.1.1 空调系统概述

飞机在飞行中，飞行的高度、速度不断地变化，外界大气的温度、压力变化剧烈，这给飞行员的工作以及机载设备的工作带来了不利影响。为了给飞行员创造一个良好的工作环境，飞机采用气泡式气密座舱，安装空气调节系统（简称空调系统）用来在飞行中不断向座舱内输送新鲜的增压空气，并自动按预定值调节座舱内的温度和压力，以满足飞行员的生理需要。同时，空调系统还为电气和无线电设备舱的有关设备增压和散热，以保证这些设备正常工作。

6.1 空调系统电气设备

1. 空调系统的功用

空调系统将引自发动机高压压气机第 7 级后的空气进行逐级冷却，并进行压力调节，按照不同的用途，分别送到需要的部位，空调系统的功能主要有以下 3 个方面。

1）向座舱不断输送新鲜的增压空气以维持座舱内规定的压力和温度，为飞行员创造一个良好的工作环境，还可以预防风窗玻璃起雾。

2）保证无线电和电气设备的正常工作，对这些设备进行冷却和增压。

3）一部分空气被引出来用于飞行员服装的通风、燃油箱增压和为弹药箱的气体推力器供气。

2. 空调系统的组成

空调系统由管路系统、空气冷却系统、温度调节系统、座舱压力调节系统、设备冷却系统、设备增压系统等组成。

6.1.2 座舱温度调节系统

空气温度调节系统是空调系统的组成部分，按用途可分为涡轮冷却器后管路中空气温度自动调节系统和座舱内温度自动和手动调节系统。

座舱温度调节系统能够在所有飞行状态下，自动保持座舱内空气温度在 15 ~ 25℃ 范围内的任一给定值，还可以限制对座舱的供气温度，即当进入座舱的空气温度超过 35 ± 5℃

时，接通座舱内“关闭空调”信号。另外，当飞行员对自动工作状态所调定的温度不满意时，可以对座舱温度实行手动调节。

座舱温度调节系统包括温度调节器（座舱内的温度传感器、管路中的温度传感器和安装在后设备舱中的放大－变换装置）、电动可调节气门、座舱加温状态转换开关、M数信号器。

座舱温度放大－变换装置原理图如图6-1所示。

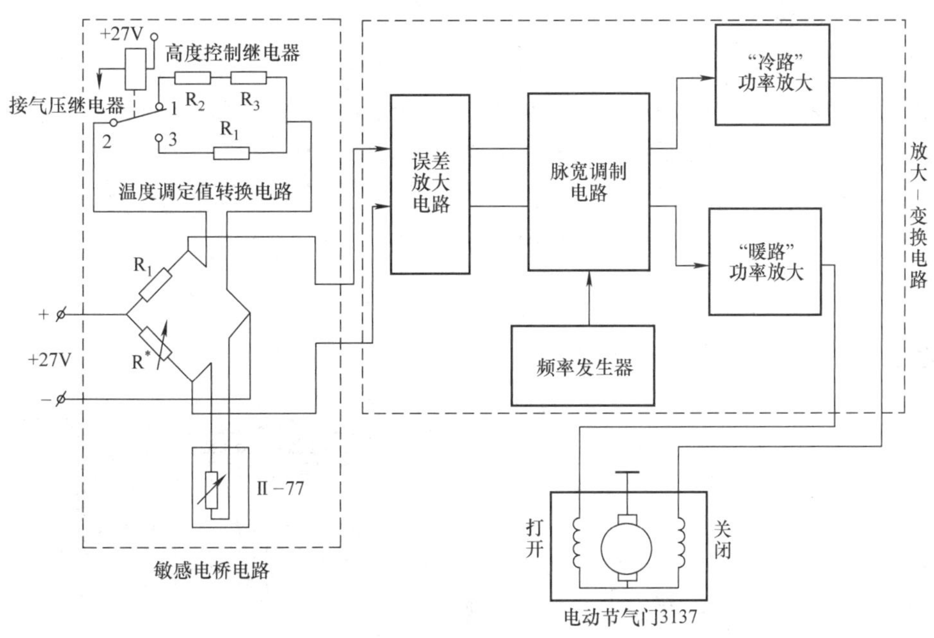

图6-1　座舱温度放大－变换装置原理图

6.2　防火系统

飞机发动机工作时要排放出大量高温高压气体，发动机外壁上敷设了许多管路，其中有易燃易爆的燃油、润滑油、氧气等管路。机身中也设置了容量很大的油箱，也属于易燃易爆装置，为了防止和扑灭发动机舱可能出现的火灾，飞机上安装了防火系统。

防火系统用于机身发动机舱中火灾的预防、告警和灭火。它由预防失火装置、火警信号系统和灭火设备组成。

6.2.1　预防失火装置

预防失火装置是指为限制火灾蔓延而在结构上采取的措施以及在火灾容易发生的部位安装的冷却和通风设备。飞机上容易失火的部位除了发动机舱还有油箱。

发动机舱由耐火材料制成，舱中安装有冷却通风系统，迎面气流在速压作用下进入该系统对发动机和传动附件进行冷却，进气口设置在垂直安定面根部。为了避免发动机停车后，或者在发动机起动不成功的情况下，燃油聚集在发动机舱中，飞机上设计有余油通风系统，将多余的燃油和润滑油排到机身侧后方。

为了保证机身、中央翼和机翼油箱的防爆性，在油箱内充填有多孔防爆材料——泡沫聚氨酯，该材料使用寿命为8年。

6.2.2 火警信号系统

火警信号系统用来监测发动机舱中是否发生火灾，当发动机舱发生火灾时，向“综合告警系统”“飞行记录系统”“语音告警器”等系统发出告警信号，使飞行员正确判断火灾情况并做出灭火操作。

飞机上一般装有两套火警信号系统（每个发动机舱各一个）。某型飞机的一套火警信号系统是由接有6条敏感支路的执行部件构成的。6条敏感支路共有23个具有绝缘层的点式热敏传感器。点式热敏传感器组成的6条支路分为3组，每一组有2个独立的执行部件电路。在每条支路上串接有3~4个传感器，安装在发动机舱不同的温度区域内。

6.2 防火系统

1组——左、右发动机舱各8个传感器，工作温度区为-20~+180℃。

2组——左、右发动机舱各7个传感器，工作温度区为-20~+300℃。

3组——左、右发动机舱各8个传感器，工作温度区为-20~+500℃。

火警信号系统通过分布在发动机舱不同温度区域的点式热敏传感器来探测温度的变化，监测是否发生火灾。若某温度区的温度超过规定的上限值，则认为是发生了火灾。

点式热敏传感器的结构如图6-2所示，通常装在两发动机舱火灾危险区的整流罩上。

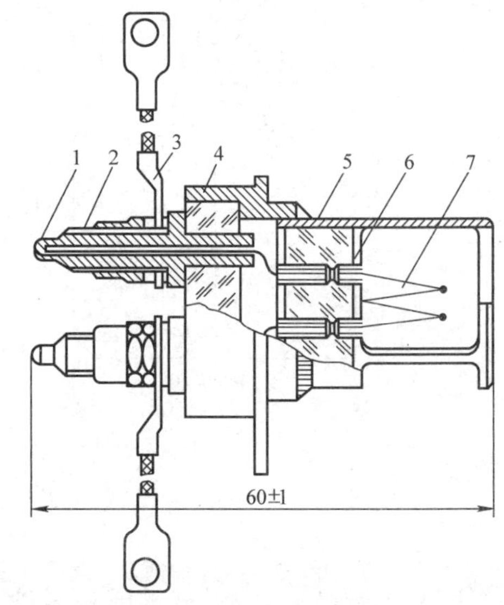

图6-2 点式热敏传感器

1—温差电池冷端 2—传感器触点 3—电缆 4—传感器外壳 5—温差电池外壳 6—温差电池绝缘衬套 7—传感器温差电池（热电偶）

点式热敏传感器是利用当周围介质的温度发生变化时，在热电偶传感器中产生热电动势的现象工作的。当发动机舱内的温度达到一定值时，传感器的热电动势也会达到一定数值，其输出电压加在执行电路中测量比较电路的输入端，与基准电压相比较，当传感器的输出电压大于基准电压时，门限电路输出有效信号，该信号经功率放大后驱动执行部件输出告警信号。6条敏感支路所构成的通道在逻辑输出上是“或”的关系，也就是说当发动机舱所安装的任何一个传感器检测到火灾情况，执行部件都会输出告警信号（27V电压）。

执行部件输出的告警信号送到灭火信号盘的红色信号灯（装在中央仪表板面板上）和两个装在座舱左侧壁上“发动机火警”信号灯。由“飞参系统”分别对左、右发动机舱“火警”信号做记录。

6.2.3 灭火设备

灭火设备由两个火警系统接通按钮、灭火瓶、切断发动机燃料通道的电动活门以及相应管路组成。当发动机舱发生火灾时，由飞行员操作灭火按钮来扑灭火灾。

飞机上的固定式灭火瓶结构如图 6-3 所示。

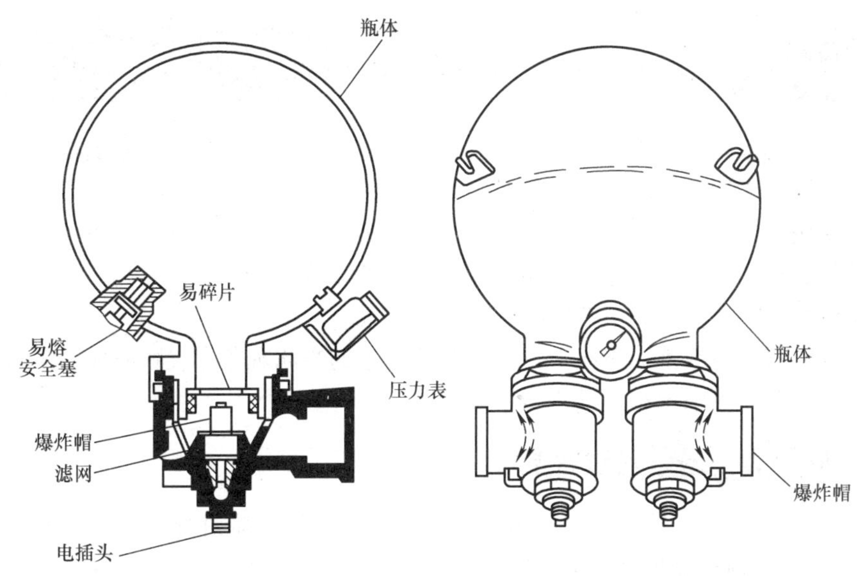

图 6-3　固定式灭火瓶

灭火时，首先应切断通往发动机的燃料通道，然后启动灭火设备扑灭火灾。

双发飞机双喷射交叉灭火系统如图 6-4 所示。

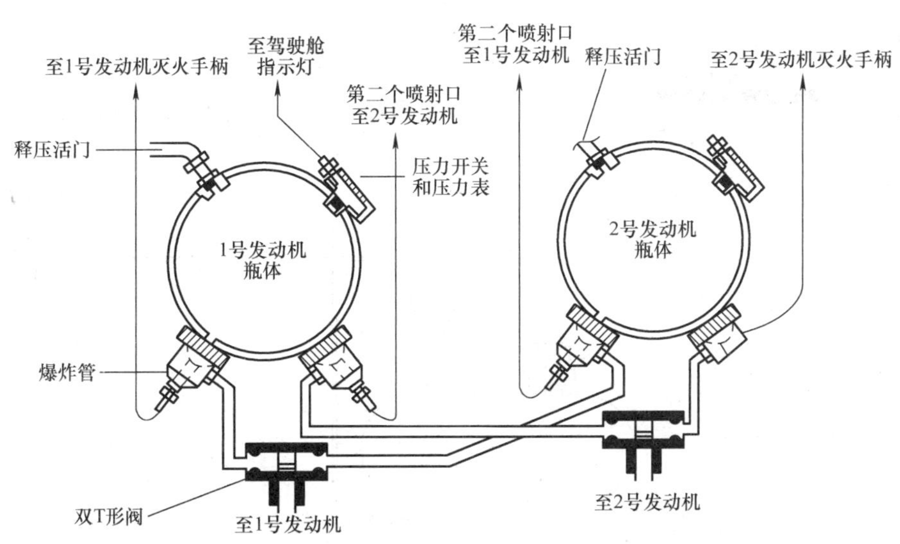

图 6-4　双发飞机双喷射交叉灭火系统

通往左、右发动机的燃料通道，在防火开关电动机构工作后即被切断。防火开关由直流应急汇流条经自动保护开关供电，并借助转换开关接通。

灭火设备由装在灭火瓶上的电燃爆管起动。当按下灭火按钮时，电燃爆管被引爆，灭火剂在压力作用下，流入发出火警信号的发动机舱的喷射集流管内。

灭火后灯光信号熄灭。

6.3 防冰防雨系统

飞机在寒冷气象条件下飞行或在高空飞行时，在飞机的空速管上、座舱盖玻璃上和发动机进气道口上可能出现结冰现象，严重时会影响飞行。

在实际使用中，采取了防冰和除冰两种方式：第一种是在探测到结冰条件后接通防冰系统；第二种是在探测到存在结冰后接通除冰系统，把冰除去。

现代飞机多采用热空气和电热防冰两种主要形式。

防冰系统能够预防或消除飞机上易结冰部位发生的结冰现象。飞机防冰系统包括座舱盖防冰系统、空速管防冰系统和发动机防冰系统。

6.3 防冰防雨系统（1）

6.3.1 座舱盖防冰系统

座舱盖防冰系统是利用安装在座舱左前部的喷射管喷酒精的方法来防止座舱盖风窗玻璃外部表面结冰。

酒精喷射到座舱盖玻璃上与水混合后，成为冰点很低的混合液，能够防止结冰。当座舱盖玻璃已经结冰时，喷射出的酒精可使冰层溶解而被气流吹走。

座舱盖防冰系统由酒精箱、活门组件、电磁开关、喷洒管和座舱内“座舱盖除冰”按钮等部分组成，如图6-5所示。

6.3 防冰防雨系统（2）

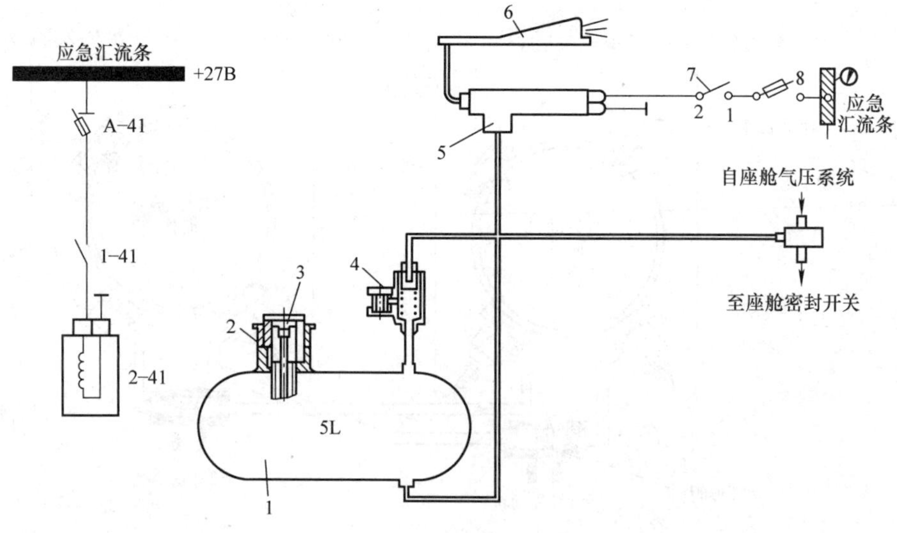

图6-5 座舱盖防冰系统

1—酒精箱 2—加注口 3—堵塞 4—活门组件 5—电磁开关 6—喷洒管 7—防冰开关 8—自动保护器

6.3.2　空速管防冰系统

为防止空速管结冰，影响相关仪表的正常工作，在空速管内部装有电加温的防冰装置，它们与“空速管加温”开关构成空速管防冰系统，如图 6-6 所示。

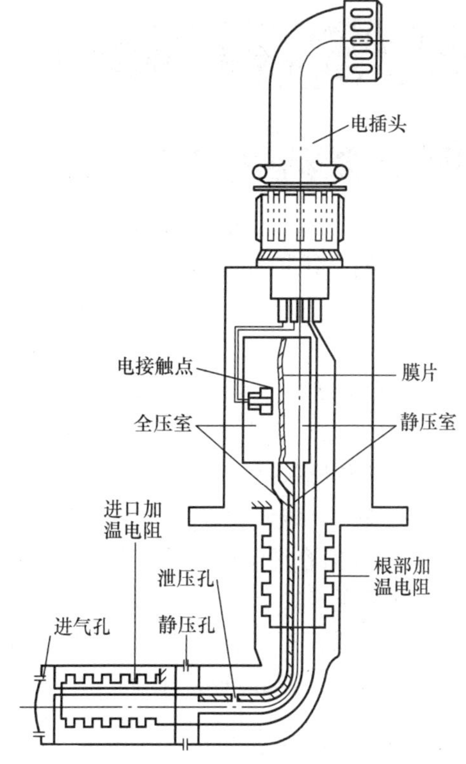

图 6-6　空速管防冰系统

6.3.3　发动机防冰系统

发动机防冰系统的功用是利用热空气对整流罩和低压压气机进口导流器进行加热，同时在发现结冰时向“飞参系统”和“机上告警系统”发出结冰信号。

发动机防冰系统的工作热空气是引自经调节的高压压气机第七级后的空气。其暖气管路的打开和关闭是由两个电磁活门执行的，而电磁活门的工作是由发动机防冰系统控制电路控制的。

发动机进气道防冰系统连接如图 6-7 所示。

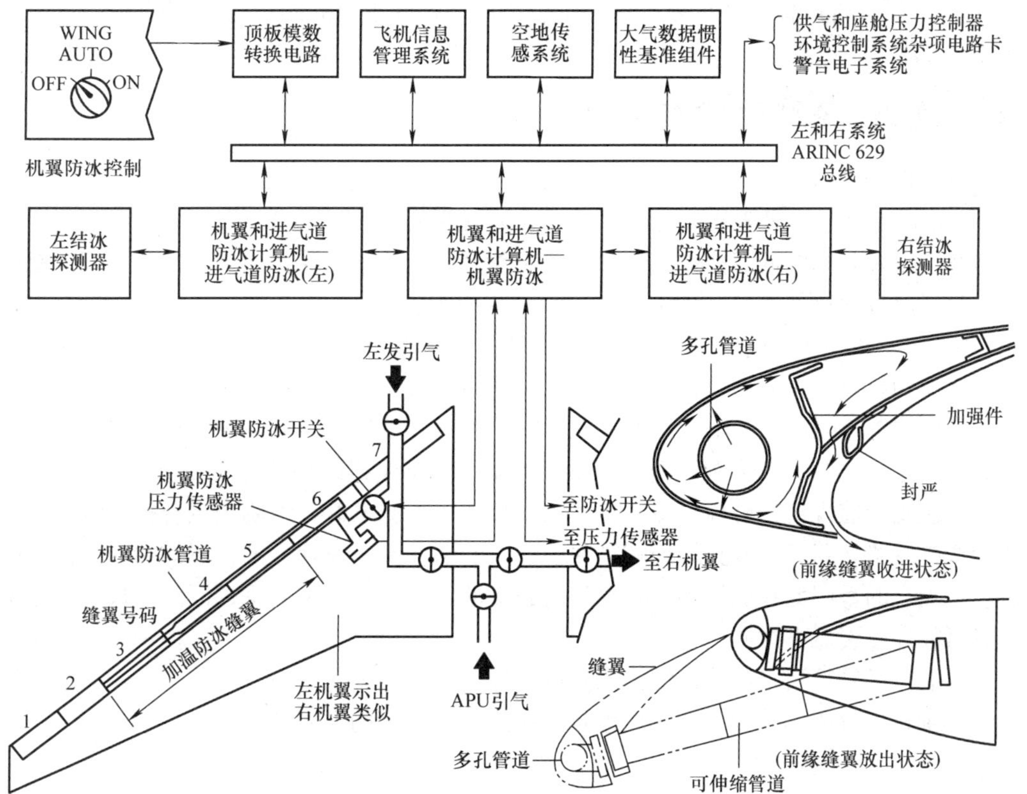

图 6-7　发动机进气道防冰系统

6.4 环境控制电气设备的维护和检查

6.4.1 火警探测系统的维护和检查

对飞机火警探测系统的维护应按照维护手册或制造厂说明书进行，其检查要按工卡规定程序认真执行。维护和检查中应注意的几个问题列举如下。

1）检查火警探测器的螺母有无松动或熔丝有无断开，松动的螺母应该重新拧到规定的力矩值。

2）火警探测器尺寸一般都较小，与其他部件间距不大，特别是装在发动机本体或整流罩上的感温环线，要经常检查是否有松动、磨损或结构损坏，检查探测器环线的定位和夹紧是否正确，固定不好可能会导致振动而断裂。

3）对感温环线来说，环线表面的凹痕和弯折的容许值及外形平滑度都有明确规定，不要企图矫正任何容许的凹痕或弯折，这样做可能使环线产生应力集中而引起损坏。

4）在感温环线上应安装垫圈以防止环线与夹子之间的摩擦。

5）热电偶托架腐蚀或损伤后，应及时更换；更换时注意标有“+”号的导线与热电偶探测器上的“-”端应连接正确。

6）在修理、更换零件之后和每次飞行前都应按工卡进行测试，保证系统始终处于良好状态。

7）探测器元件应保持在厂家提供的包装袋内，存放在背光通风处的架子上，防止潮湿或腐蚀性气体。

6.4.2 灭火系统的维护和检查

1）灭火瓶的检查。定期检查灭火瓶的压力，以确定灭火瓶的压力是否在制造厂所规定的最小极限压力和最大极限压力之间。检查灭火瓶的重量，称重时应拆下灭火瓶上的释放活门，如称得的灭火瓶重量与标签上相同，则说明灭火瓶没有泄漏，如不同则说明灭火瓶已经释放（热释放或灭火释放）或泄漏，需要填充灭火剂。

2）爆炸帽和释放活门的维护与检查。灭火瓶内的易碎片非常薄，大的振动和撞击都可能使其破裂，导致灭火剂不正常释放，因此在拆卸释放活门和搬动灭火瓶时必须非常小心。释放爆管内的爆炸帽由于静电产生的火花可能产生意外爆炸，会使维护人员受到伤害。只有取得处理爆炸物执照的人才能处理释放爆管。爆炸帽电路连续性检查在防火控制板上进行，这也是每次飞行前规定的必检项目。按住测试按钮，若测试灯亮说明测试合格，测试灯不亮说明爆炸帽线路断路。为防止爆炸帽被误引爆，测试电流是非常弱的，爆炸帽测试灯也是由测试电流点亮的，因此在更换测试灯灯泡时必须非常小心，一定要采用同型号灯泡，不同的灯泡有可能导致引爆爆炸帽。

灭火后，必须按要求尽快清洗灭火系统，以防止腐蚀。

更详细、更具体的检查，要按照维护手册或制造厂家的说明书进行。

励志篇

中国航空高温合金应用基础研究的奠基者——颜鸣皋

颜鸣皋，材料科学家，金属物理学专家，中国科学院院士。1942 年毕业于重庆中央大学（现南京大学）机械系，1947 年获美国耶鲁大学物理冶金科学硕士学位，1949 年获耶鲁大学工学博士学位。颜鸣皋是中国航空钛合金研究工作的开创者之一，在金属织构理论、航空钛合金研究、航空高温合金应用基础研究和航空金属材料疲劳与断裂研究等领域做出了卓越贡献。曾获全国机械装备失效分析及预防工作“特殊贡献奖”、航空航天工业部“航空金奖”、何梁何利基金科学与技术进步奖等。1991 年当选为中国科学院院士（学部委员）。

1962 年，为加强应用基础理论研究，颜鸣皋出任金属物理研究室主任，指导与参加一些高温合金的应用基础研究。他与陈学印共同在《金属学报》上发表了《镍基合金的强化》，并根据镍和其他元素的原子半径差、晶体结构和电子层构造，分析了各种合金元素在镍基合金中的存在状态及强化序列，评述了高温合金强化机理，对中国正在开展的高温合金研究工作起了促进作用。

在颜鸣皋指导下，航空材料研究所先后完成了材料在生产使用中的故障分析、材料产品定寿与延寿工作，如航空发动机火焰筒板材分层、发动机叶片榫槽裂纹与延寿、压气机盘断裂、歼－6 飞机起落架修补、加力喷嘴折断等重大失效分析工作，逐一得出了准确的科学结论，提出了相应的措施，积累了对飞机、发动机零部件失效分析和延长使用寿命的经验，培养了人才，提高了故障分析水平。为此，中国机械学会失效分析委员会授予他“优秀工作者”光荣称号和金质奖章。在航空工业由仿制走向自行设计的转变过程中，为解决航空材料为新机种设计和原有机种定寿、延寿服务的问题，颜鸣皋早在 1978 年就提出要实行两个“三结合”，即“设计、材料、使用”和“材料、工艺、测试”相结合。随后又根据多年来航空材料研究与发展中的正反两方面的经验，总结出设计、材料、工艺、测试、使用相互间的辩证关系，为中国航空工业做出了卓越贡献。

复习思考题

1. 简述飞机空调系统的功用和主要组成部分。
2. 飞机上常用的防冰方法有哪些？试分别举例说明其应用的系统。
3. 简述飞机发动机舱发生火灾时，飞机灭火设备的工作过程。
4. 简述灭火系统维护的主要内容及注意事项。
5. 查找资料，说说飞机上除冰的方法和工作原理（至少 5 种）。
6. 如果一架飞机是运输机，查找资料分别说明下列部位所用的火警探测器类型：发动机、APU、轮舱、气动管道、货舱、厕所、电子舱。

第7章　照明系统和告警信号系统

7.1　照明系统

不管是民用飞机还是军用飞机，飞机照明系统都不可缺少。飞机照明系统主要满足安全、运行、维护需要以及给机务人员、旅客提供方便。机上使用的照明技术有很多种，如白炽灯、荧光灯、闪光灯、LED 等。照明一般分为 3 类，即机内照明、机外照明和应急照明。

7.1.1　机内照明

飞机的机内照明主要可分为 3 类，即驾驶舱照明、客舱照明和应急照明。

1）驾驶舱照明最重要的是保证所有仪器、开关和控制装置等的照明，同时也要保证这些设备安装面板的照明，方便驾驶员对仪器仪表的数据进行读取，方便驾驶员对飞机进行操控。驾驶舱照明有的光源放置在仪器内部，或用灯柱照明，很多照明装置安装在面板上来照亮附近的小区域，提供对单个仪器的照明；有的采用泛光照明，光源被放置在驾驶舱以提供对操纵台或一整片区域的泛光照明；有时在夜间或能见度差的情况下需要提供对一些操纵、提醒和指示的文字信息的临时照明；有的仪器仪表的照明采用自适应亮度控制技术，能够根据当前环境亮度自动调节。驾驶舱前面板照明装置如图 7-1 所示，驾驶舱舱顶照明装置如图 7-2所示。

图 7-1　驾驶舱前面板照明装置

图 7-2　驾驶舱舱顶照明装置

2）客舱照明的照明强度取决于客舱的大小，而且很大程度上取决于飞机的内部装饰。客舱照明有时是安装在天花板上的若干白炽灯；有时是天花板上和行李架处的若干荧光灯，用来提供隐蔽的、令人愉悦的或功能性的光照效果。照明所需要的电源一般是28V直流电或115V交流电。在民航客机上，照明灯的控制开关都安置在客舱的服务员间的控制面板处。客舱照明装置如图7-3所示。

3）应急照明是飞机在应急状态时，主电源不能正常供电，但仍能维持必要照明的灯光设置，以确保驾驶员完成飞机迫降和迫降后机上人员的应急撤离。例如，为确保安全迫降时所需要的仪表（磁罗盘、地平仪等）提供照明；客机迫降后为确保机上人员迅速撤离飞机而设置的客舱主通道、应急出口区域、出口指示、应急撤离路线和应急撤离设施的照明，各应急出口都必须安装应急照明灯。客舱主通道应急照明装置如图7-4所示；客舱应急出口区域照明装置如图7-5所示，其内部结构图如图7-6所示；出口指示灯如图7-7所示，其内部结构图如图7-8所示。

图7-3　客舱照明装置

图7-4　客舱主通道应急照明装置

图7-5　客舱应急出口区域照明装置

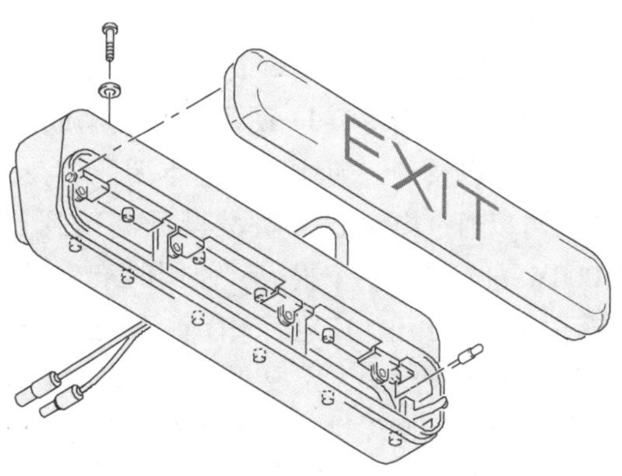

图7-6　客舱应急出口区域照明装置内部结构图

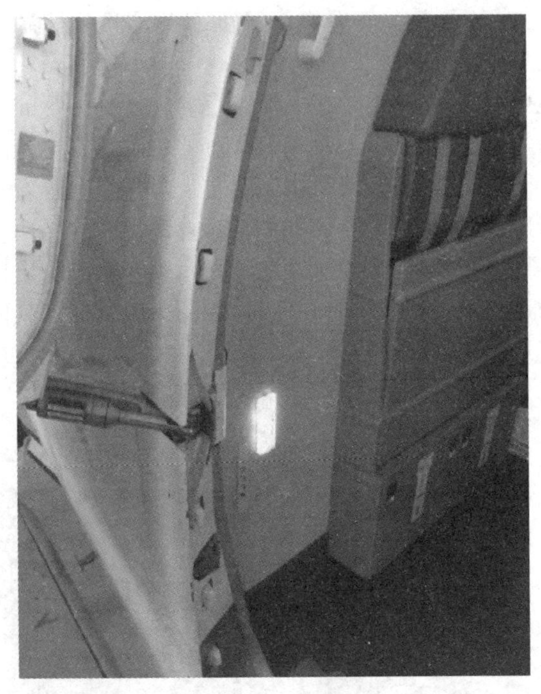

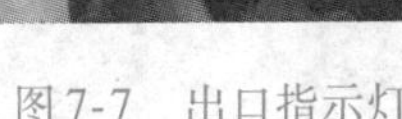

图 7-7　出口指示灯

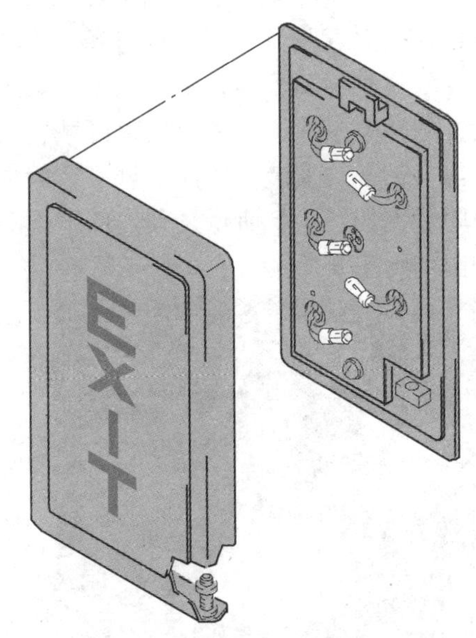

图 7-8　出口指示灯内部结构图

应急照明灯一般由灯具、光源、蓄电池和控制电路组成。当飞机电源正常供电时，由机上电网对应急灯的小型蓄电池充电；当飞机电源发生故障时，则通过控制电路使应急灯由蓄电池供电，作为应急照明。

7.1.2　机外照明

机外照明是飞机在夜里或能见度差时飞行和飞行前准备时必不可少的。机外照明的主要功能有：标记飞行器的方位；降落和着陆时提供前方照明；为机翼和发动机的空气入口提供照明以检查是否结冰；在紧急迫降后为乘客快速撤离提供照明。按照功能，机外照明主要可以分为着陆灯、滑行灯、航行灯和标志灯、防撞灯、频闪灯、机翼灯。机外照明灯的分布如图 7-9 所示。

（1）着陆灯　着陆灯安装在两侧机翼翼根，左右各两只，着陆灯外形位置如图 7-10 所示，内部结构如图 7-11 所示。在夜间或天气恶劣、能见度低时，着陆灯提供飞行器着陆、跑道滑行以及到终端地区的基本照明。在某些飞行器中，着陆灯以固定的预定角度发射光线，可以通过电动机和机械设备驱动到预先选定的角度并缩回。着陆灯一般采用 600～1000W 白炽灯，功率很大，使用时产生很高的热量，需要高速气流进行冷却，因此在飞机起飞滑跑前打开，离地后关闭；飞机最后进近阶段打开，落地后立即关闭。在地面测试时，着陆灯的点亮时间一定要非常短，以防着陆灯因过热而损坏。

现代大中型飞机一般都装有两只活动的或固定的着陆灯，以保证有足够的光强和可靠性，目前着陆灯的光强可达数十万坎。某些飞机还采用了光效高、光色好、寿命长的新型光

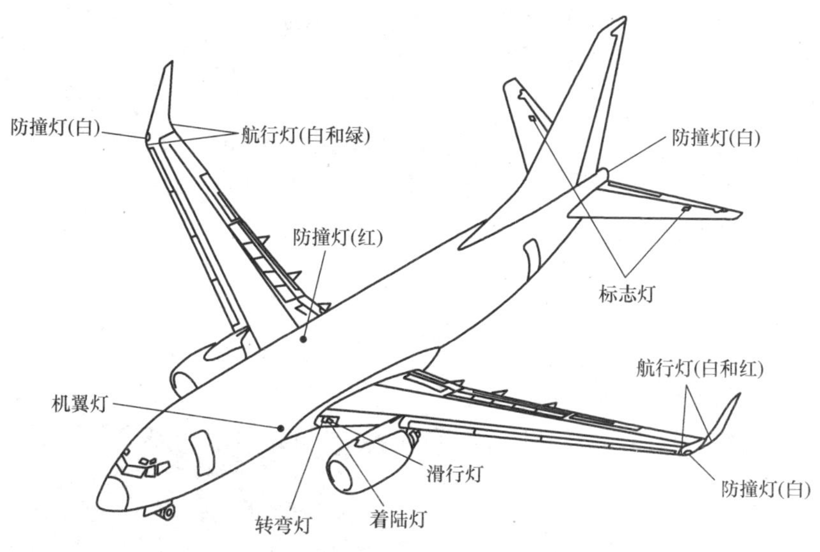

图7-9 机外照明灯分布图

源作为着陆灯光源，如氙灯、溴钨灯、石英碘灯等。着陆灯工作需要的电源是28V直流电。

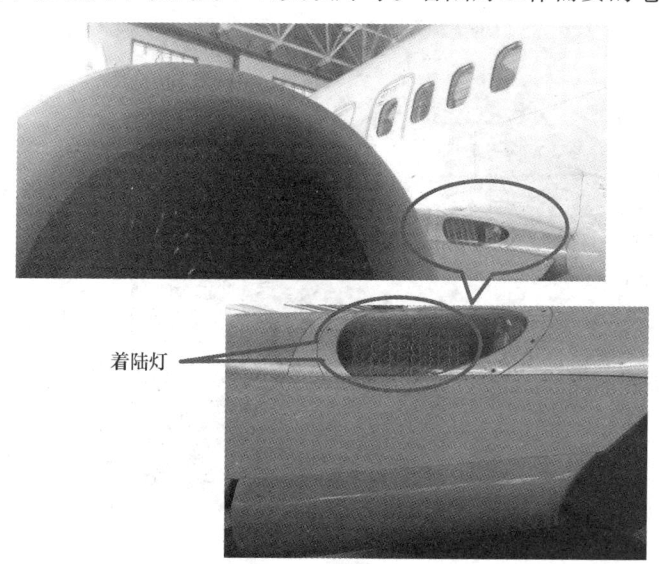

图7-10 着陆灯外形位置

（2）滑行灯 滑行灯是飞机滑行时照亮前方跑道及滑行道的机上灯光装置，一般由光源和棱镜等几部分组成，其灯光水平扩散角比较大，是着陆灯的数倍，但光强比着陆灯弱，一般只有几万坎，以满足飞机滑行时宽视野和较长的滑行照明时间的要求。滑行灯的功率通常比着陆灯要低，需要的电源是28V直流电。滑行灯外形位置如图7-12所示。

（3）航行灯和标志灯 航行灯是用于显示飞机轮廓的机外灯光信号装置，便于在黑暗中辨认飞机的位置及运动方向，以免碰撞，造成不良后果。航行灯有三个，分别安装在左右机翼的翼尖和尾部，颜色为左红、右绿、尾白。航行灯采用功率为数十瓦的航空低压白炽灯作为光源，并带有反射镜和滤光罩。国际上对航行灯的位置、颜色和空间能见范围有统一规定。能见距离取决于飞机飞行相对速度和飞行员从看清航行灯到做完机动转弯所需的时间。航行灯有连续工作和闪光工作两种工作状态，以闪光方式工作的航行灯可代替防撞灯。标志灯分别安装在两侧的水平安定面翼尖上，提供对垂直安定面上的航空公司标志进行照明。空客飞机有两组航行灯，当主起落架减振支柱被压缩或襟翼伸出15°以上时标志灯亮，只要飞机上有人航行灯就必须打开。航行左右灯外形位置如图7-13所示，内部结构如图7-14所示；航行尾灯外形位置如图7-15所示。

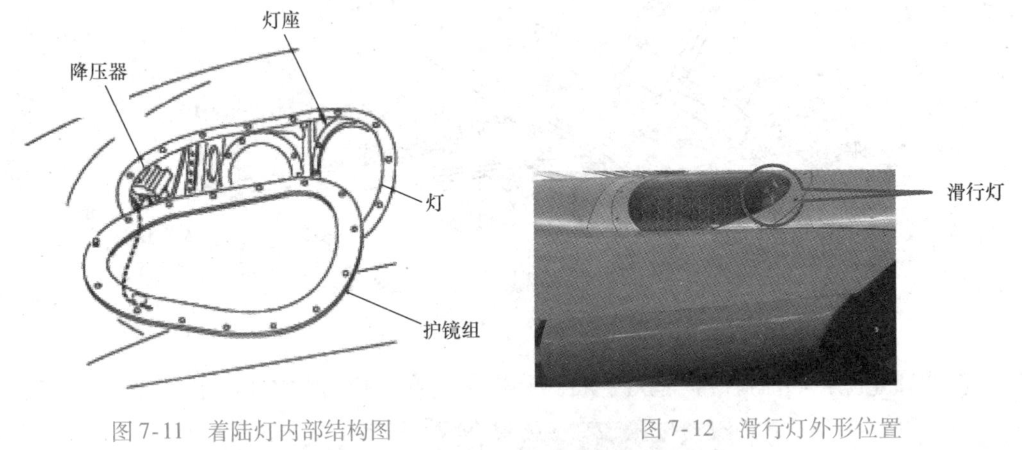

图7-11　着陆灯内部结构图　　图7-12　滑行灯外形位置

图7-13　航行左右灯外形位置

（4）防撞灯　防撞灯一般是强化导航灯，它可以采用闪光灯、旋转信标灯或两者的组合。防撞灯还可用作告警灯，表示发动机正在运转或准备起动。它们一般在地面人员可以安全地接近飞机时才会关闭。闪光灯一般位于翼尖、尾翼、机翼下表面和机身。

防撞灯由一个单独的开关控制，带有单独的保护装置，防撞灯和导航灯一起使用可以增强附近飞行员的现场感知能力，尤其是夜间飞行或能见度比较低的情况下。

旋转灯柱式防撞灯通常是由灯泡和电动机组成的，电动机用来驱动反射器，传动系统可改变旋转速度，所有的部件都安装在一个由红色玻璃封盖的壳体里。防撞灯的电源通常采用28V直流电，但是有相当数量的供电设备采用交流电源。电动机需要115V交流电，而灯需要通过变压整流器将115V交流电转换成28V直流电。通过调节电动机的转速和传动系统的

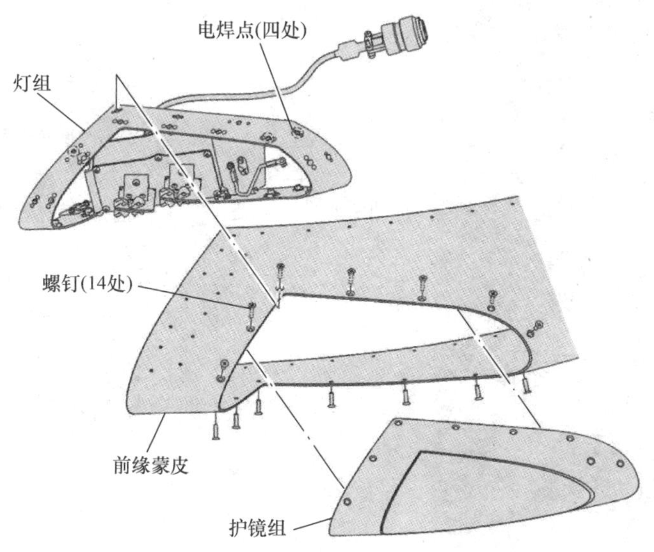

图 7-14 航行左右灯内部结构

传动比可使反射器和灯泡输出一个恒定转速的光柱，通常转速为 40 ~45r/min。旋转灯柱式防撞灯如图 7-16 所示。

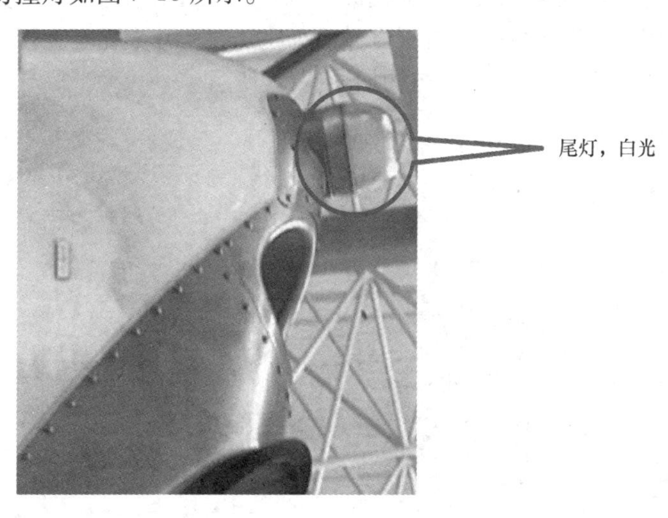

图 7-15 航行尾灯外形位置

图 7-16 旋转灯柱式防撞灯

闪光灯位于翼尖和垂直尾翼，以强化导航灯的效果。闪光灯通过白色或红色滤光片产生高亮度白色闪光效果，发光时间为 1ms，频率约为 70 次/min。

（5）频闪灯 频闪灯又称为高亮度白色防撞灯，波音飞机安装在左右翼梢后尖各一只，尾椎一只，共 3 只，波音飞机的频闪灯一次闪一下；空客飞机安装在左右机翼前后翼尖及尾椎，共 5 只，空客飞机的频闪灯一次闪两下，此特点可用于夜晚区分飞机品牌。频闪灯的用途同防撞灯，防止飞机在空中相撞。频闪灯根据机型适配的控制器不同，以一定的频率闪烁，亮度很高。需要注意的是，频闪灯在得到进跑道许可后才可以打开，落地脱离跑道前要关闭。频闪灯外形位置如图 7-17 所示，内部结构如图 7-18 所示。

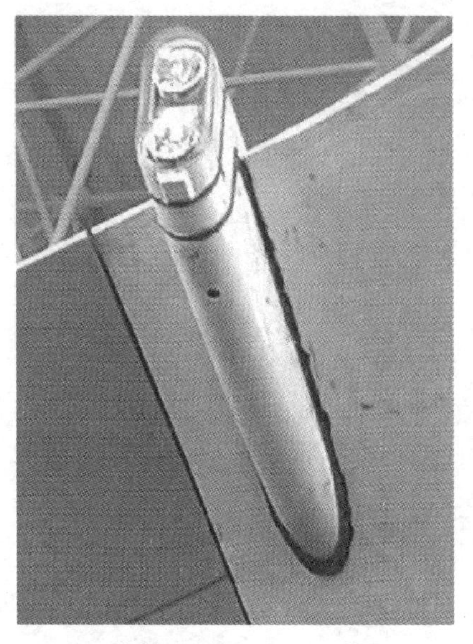
图 7-17 频闪灯外形位置

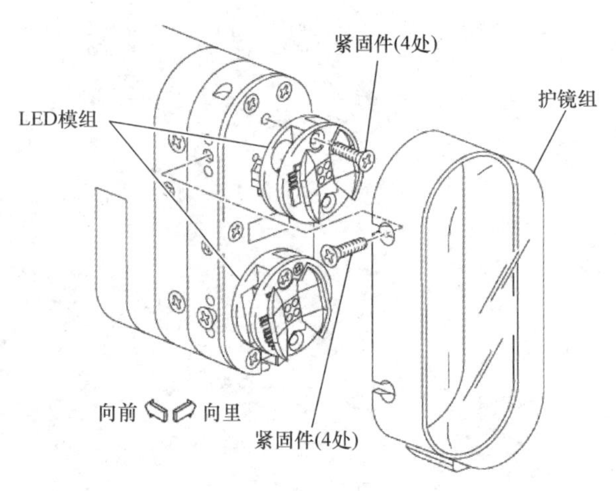

图 7-18 频闪灯内部结构

（6）机翼灯 机翼灯是位于机翼每侧的两个单光束灯，照明机翼前缘及发动机进气口，用于检查结冰情况，供机组人员目视检查机翼前缘和发动机进气口等部位的结冰情况。机翼灯在飞机有结冰时应打开，实际应用中一般为常开。机翼灯光源采用功率为几十瓦至上百瓦的航空白炽灯。机翼灯外形位置如图 7-19 所示，内部结构如图 7-20 所示。

图 7-19 机翼灯外形位置

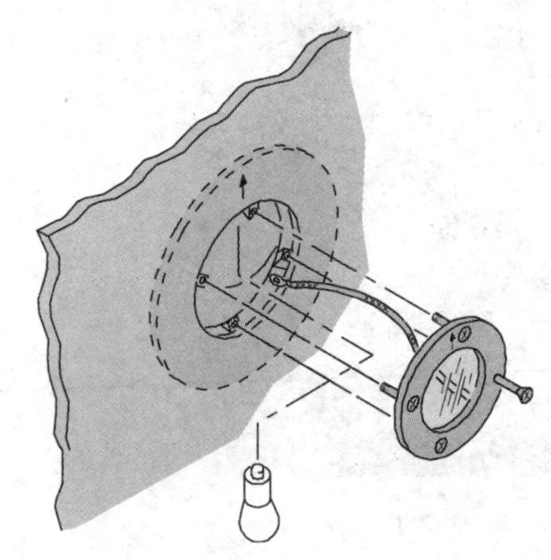
图 7-20 机翼灯内部结构

7.2 照明系统的检查、维护和故障分析

7.2.1 照明系统的检查

1. 通电检查着陆灯

1）接通通信员自动开关板上的着陆灯操纵自动保护开关。

2）将着陆灯收放操纵开关置于“放下”位置，着陆灯应缓慢放出，完全放下的时间不应超过12s。着陆灯放出应当动作平稳，电动机构运转声音均匀、正常。

3）将着陆灯“强光－弱光”转换开关置于“强光”位置，灯泡中的着陆灯丝燃亮（强光）通电时间不超过5s。将转换开关置于“中立”位置，着陆灯丝应熄灭。将转换开关置于“弱光”位置，灯泡中的滑行灯丝燃亮（弱光）。将“强光－弱光”转换开关置于“中立”位置。

4）将着陆灯收放操纵开关置于“收上”位置，着陆灯电动机构工作，使着陆灯收起，然后开关置于“中立”位置。

5）断开通信员自动开关板上的着陆灯操纵自动保护开关。

2. 通电检查频闪灯

1）接通通信员自动开关板上的闪光灯自动保护开关。

2）接通闪光信标灯开关，垂尾上部及机身下部的闪光灯应发光并匀速旋转而产生闪光，断开闪光信标灯开关。

3）断开闪光灯自动保护开关。

3. 通电检查航行灯

1）接通通信员自动开关板上的航行灯自动保护开关。

2）接通航行灯开关。

3）将航行灯发光强度转换开关依次置于10%、30%、100%的位置，则左右翼尖航行灯、尾部航行灯，应依次为微亮、较亮、最亮。

4）断开航行灯开关，将航行灯发光强度转换开关置于“中立”位置，则左右翼尖航行灯、尾部航行灯应熄灭。

5）断开航行灯自动保护开关。

4. 前起落架滑行灯照明

前起落架滑行灯的亮和灭分别由中央仪表板上的前起落架照明开关和前起落架舱的前起落架滑行灯开关控制。

通电检查后，所有的变阻器手柄应转到“左极限”位置。

5. 通电检查主起落架舱照明

1）接通加油照明自动开关，加油口处顶灯、加油配电盘照明灯、副油箱加油配电盘照明灯应亮。

2）接通起落架舱照明开关，对应的顶灯应亮。

7.2.2　照明系统的维护与注意事项

1. 着陆滑行灯的调整方法

拆装着陆滑行灯和灯泡时，应在拆前做好位置及方向标记，以防止装错。更换着陆灯后，要在夜间进行通电检查：放下三个着陆灯，同时接通灯丝开关，三个灯照射交点应在机头前60m处接地，如灯光照射距离和方向不符合要求，应进行调整。

1）放下角度的调整。着陆滑行灯应松开固定螺钉，拧动调节螺钉，顺时针方向使放下角度减小，逆时针方向使放下角度增大。

2）照射方向的调整。如三个着陆灯的交点不在机前60m，应对照射的方向进行调整，松动着陆灯的固定螺钉，左右转动以改变其固定位置，调整好后应做好标记。

2. 飞行300h灯光照明设备应做的检查工作

1）拆下航行灯、闪光灯，检查灯罩，应无裂纹或破损，灯泡应无严重发黑，灯丝应无明显松弛，灯座及接线应完好，清洁闪光灯电动机换向器。

2）检查所有信号灯的情况，灯丝不应明显松弛，灯泡不应严重发黑。

3. 注意事项

1）着陆滑行灯的滑行灯丝可长期点燃，着陆灯丝点燃5min，熄灭5min，不允许同时点燃两种灯丝。

2）地面检查航行灯的工作情况时，为了避免灯的灯罩产生裂纹，应注意不要使航行灯过热，一般地面检查航行灯100%亮度时，不应超过1.5min。

3）每3~4个飞行日，应当通电检查灯光照明设备。

7.2.3 照明系统常见故障故障与排除方法

1. 着陆灯放不下或收不上

（1）原因分析

1）保险开关或操纵开关接触不良。

2）电动机内微动开关接触不良或弹片断裂。

3）减速器卡住或减速器零件磨损。

4）电动机电刷高度低或弹簧断裂。

5）电动机内微动开关触点积炭。

（2）排除方法

1）测量保险开关或操纵开关是否良好，否则应更换。

2）更换着陆灯。

2. 着陆灯泡不亮

（1）原因分析

1）操纵开关接触不良。

2）熔丝烧坏。

3）接触器不工作或触点接触不良。

4）灯泡烧坏。

（2）排除方法

1）更换操纵开关。

2）更换着陆灯相应熔丝。

3）更换相应接触器。

4）更换着陆灯的灯泡。

3. 闪光灯亮，电动机转速慢或者不转

（1）故障原因

1）电动机构电刷高度低，接触不良使电动机转速慢或者不转。

2）电动机构故障或线路接触不良。

（2）排除方法

1）更换闪光灯电动机构。

2）检查接线是否良好并排除故障。

4. 闪光灯不亮，电动机也不转

（1）原因分析

1）熔丝烧坏。

2）自动保护开关或操纵开关接触不良。

3）继电器烧坏或线路接触不良。

（2）排除方法

1）检查并更换相应熔丝。

2）检查并更换自动保护开关或操纵开关。

3）测量继电器线圈，检查继电器接线。

5. 航行灯功率选择开关置于100%位置时，将左右翼尖航行灯全部烧坏

（1）原因分析　航行灯灯泡的100%功率仅限于航行编队飞行中使用，若地面（包括滑行）使用100%功率，灯泡会因温度过高全部烧掉。

（2）排除方法　更换灯泡。

（3）注意事项　地面禁止使用100%功率航行灯。

7.3　告警信号系统

告警信号系统是用来对危及飞行安全的危险故障状态提供目视和音响的告警，以及时引起空勤人员的注意并采取必要的纠正措施。

告警信号通常分为系统告警和主告警。系统告警是指与飞机各个系统对应的告警。它可以是一个单独的信号灯、信号牌，也可以是按照飞机的系统排列的由告警灯、提醒灯组成的信号装置，每一个信号器均具有说明有关系统失效的文字。

告警信号的采集与处理以及告警都由带微处理器的计算机系统实现，通过软件编程，可以实现友好的人机交互界面，可以有存储、打印系统自动检测等智能化功能。

为了提高信号的易识别性，常用不同的颜色来表示各种飞机系统的状况。红色信号灯表示某种告警性失效，需要立即采取纠正措施；琥珀色信号表示某种提醒失效，需要引起注意，不必立即采取纠正措施。

主告警和系统告警是协同工作的，由安装在驾驶舱前遮光板上的两套主告警灯和主提醒灯组成。一套在正驾驶员前方，一套在副驾驶员前方。当系统告警发出任何告警信号时，主告警灯或主提醒灯就燃亮。系统告警中一些告警性失效信号可同时燃亮主告警灯，另一些提醒性失效信号则使主提醒灯燃亮。主告警灯一般为红色，主提醒灯一般为琥珀色。

主告警灯和主提醒灯可通过按压灯罩而使其熄灭。但相应的系统告警信号灯仍保持燃亮直至系统故障排除为止。

飞机上通常采用的告警信号装置，按其工作方式不同，可分为灯光式、音响式和文字信息式。其中，音响告警信号一般都是伴随着灯光或文字信息告警一起出现的。

7.3.1 飞机告警信号系统的组成

告警信号系统主要由指示灯、信号灯盒、检灯装置、调光装置和主告警灯装置组成。指示灯是飞机上用于显示各系统和机构工作状态的灯光信号装置，有时也作为系统告警的灯光信号。

指示灯前端的滤光片可以有各种颜色，一般红色作为紧急信号指示用；黄色（或琥珀色）作为提醒指示用；白色、绿色、蓝色等则作为一般通用指示用。

信号灯盒又称“信号盒”“信号盘”。它是由两个或两个以上指示灯组合而成的集合装置，用于座舱内以各种颜色的灯光信号指示各系统或某一机构的工作状态。信号灯盒一般由信标显示、调光装置和检灯装置3个基本部分组成。有关系统或机构的电信号使相应的指示灯燃亮，显示规定标志，电信号消失后，指示灯即熄灭。

检灯装置是检查指示灯、信号灯盒中发光器件及其电路工作可靠性的装置。通过由开关、继电器和晶体管器件组成的电路，对座舱内设置的指示灯和信号灯盒中的发光器件及其电路进行模拟检测。操作开关接通检测电路，被检测的所有发光器件应发亮。

通常在每个信号灯盒中都单独设有检灯装置，可随时对所有信号灯进行快速检查。对于分散的指示灯，可按系统设置检灯装置对其进行集中检测，也可以采用按压检查显示式指示灯单个进行检测。

调光装置是用来调节灯具的光照特性（光通量、发光强度、亮度）的装置。电气调光装置直接调节发光体的电流或电压，有连续式和分段式两种。其特点是调节方便，工作可靠，工作寿命长，一般用于各种信号灯盒、荧光灯和座舱灯等。

主告警灯是提示发生危及飞机安全的危险的告警灯光显示装置。从各系统告警信号中，引出几个最紧急的信号，输给总告警灯，并用闪烁的高亮度红光（表示告警）或琥珀色（表示提醒）信号告警，以及时引起空勤人员的注意。信号控制盒可以收到一个或几个紧急电信号。

7.3.2 飞机紧急状态信号

如果飞机处于紧急状态，必须向飞行人员发出告警信号而且还需要马上采取措施。紧急状态信号通常有燃油剩油量低、润滑油剩油量低、直流应急供电、交流和直流发电机故障、舱门打开、座舱失密、燃油压力低、过滤器堵塞、发动机危险振动、飞机危险高度以及空速管加温故障等。紧急状态信号见表7-1，紧急状态信号均属于系统告警范围。

表7-1 飞机紧急状态信号（以运-7为例）

序号	名称	内容
1	燃油油量告警	当某一侧机翼油箱中的燃油余量为375L以下时，燃油油量告警信号灯亮。向飞行人员发出燃油油量告警信号，提醒飞行人员必须在30min内寻找机场着陆
2	润滑油油量告警	当某一发动机的润滑油余量为20L以下时，润滑油油量告警信号灯亮，向飞行人员发出润滑油油量告警信号
3	直流发电机故障信号	当左（或右）直流发电机故障时，相应信号灯燃亮，发出左（或右）直流发电机故障信号

（续）

序号	名称	内容
4	应急供电信号	当两台直流发电机故障，由机上蓄电池供电时，应急供电信号灯燃亮，告警飞行人员飞机直流电源处在应急状态
5	交流发电机故障信号	当左（或右）交流发电机故障时，相应信号灯燃亮，发出左（右）交流发电机故障信号
6	发动机故障信号	当发动机的润滑油压力减小到 $10kg/cm^2$ 以下时，发动机故障信号灯燃亮。与此同时，自动顺桨系统立即开始工作，使该发动机顺桨停车
7	舱门信号	用来向飞行人员发出飞机应急舱门、登机门和货舱门未关好以及应急窗口销子未插好的灯光信号，当任一个舱门未关好或应急窗口的销子未插上时，位于中央仪表板上的信号灯牌中的舱门信号灯燃亮，提醒和告警飞行人员应立即关好有关舱门
8	燃油压力低	当发动机低压燃油泵出口处的燃油压力低于 $1.8kg/cm^2$ 时，信号灯亮，发出燃油压力过低的告警信号
9	发动机过滤器堵塞信号	当发动机精过滤器出入口的燃油压差达到 $0.4kg/cm^2$ 时，过滤器堵塞信号器工作，燃亮信号灯，发出过滤器堵塞信号
10	危险高度告警	当飞机的飞行高度下降到 45 ~ 50m 时，左、右仪表板信号牌上的两个危险高度信号灯亮，提醒飞行人员注意飞机的高度
11	发动机振动信号	当发动机的振动超过 5.5 级时，发动机振动放大器发出信号，燃亮信号灯，向飞行人员发出危险振动信号
12	空速管加温故障	当左（或右）座飞行员的空速管加温电路发生故障时，燃亮相应的信号灯，表示空速管加温电路故障

励志篇

让中国人振奋的大飞机——C919

C919 大型客机属中短途商用机，实际总长 38m，翼展 35.8m，高度 12m，其基本型布局为 168 座。标准航程为 4075km，最大航程为 5555km，经济寿命达 9 万飞行小时。

在使用材料上，C919 采用大量的先进复合材料、铝锂合金等，其中复合材料使用量达到 20%，再通过飞机内部结构的细节设计，降低了飞机总质量。同时，由于大量采用复合材料，较国外同类型飞机 80dB 的机舱噪声，C919 机舱内噪声可降到 60dB 以下。

在减排方面，C919 是一款绿色排放、适应环保要求的先进飞机，通过环保的设计理念，碳排放量较同类飞机降低 50%。

C919 采用四面式风窗，它的风窗玻璃面积大，视野开阔，由于开口相对少，简化了机身加工工艺，减少了飞机头部气动阻力。但是机头需要重新吹风，优化风窗玻璃位置和安装角，同时也因风窗玻璃面积相对较大，制造工艺复杂，成本较高。同时该设计对机头受力和风窗间承力支柱强度提出了更高要求，属于国际上比较先进的设计。

C919 采用了 35MPa 压力的液压系统，与一般民用飞机的液压系统相比，可提供更大的动力。压力的增加意味着可使用较小的管道和液压部件传输动力，减轻了飞机整体质量。

C919 翼展有 35.8m，机翼除了装有起落架之外，还能储存燃油，加起来共能容纳 186386L 燃油。C919 采用了双侧杆正杆飞行控制系统，其特色在于采用两种不同构型的 4 个独立主飞行控制系统。其中包括两个常规液压动作系统和两个电 - 液动作系统。C919 采用电 - 液动作系统使其在动力资源上具备更大的灵活性，增加了冗余性，提高了安全性能。

复习思考题

1. 照明所需要的电源电压一般是多少？是直流电还是交流电？
2. 请简要说明应急照明的定义及作用。
3. 请简要说明着陆灯地面测试时的注意事项，并说明原因。
4. 三个航行灯的安装位置及颜色分别是什么？
5. 请简要说明机翼灯的位置及作用。
6. 飞行 300h 后，灯光照明设备应做哪些检查工作？
7. 请分析闪光灯亮，但电动机转速慢或者不转的故障原因及排除方法。
8. 着陆灯不亮的原因一般有哪些？

第8章　飞机操纵系统电气设备

8.1　飞机操纵系统概况

飞机操纵系统是供飞行员对飞机起飞、爬升、巡航、着陆和滑行实施操作的一整套机电或液压设备。如图 8-1 所示，由操纵设备操纵飞机绕其纵轴、横轴和立轴旋转，就可以改变或保持飞机的飞行状态。操纵系统的这种作用，是由飞行员人工操纵或由飞行自动控制系统操纵飞机各舵面或调整片来实现的。

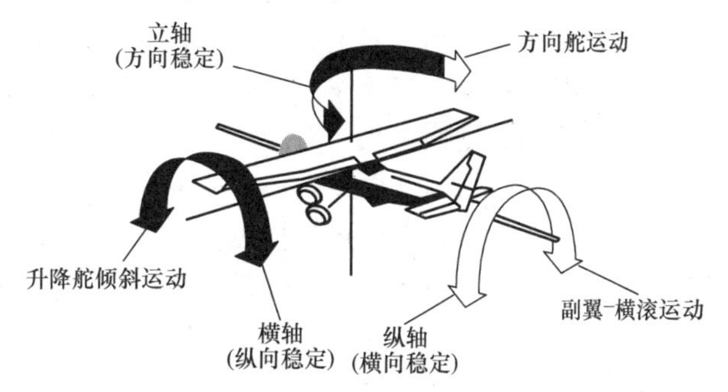

图 8-1　飞机操纵轴的转动

图 8-2 所示为典型飞行操纵面，其主要包括前缘襟翼、后缘襟翼、前缘缝翼、扰流板、副翼、方向舵、升降舵、水平安定面等。

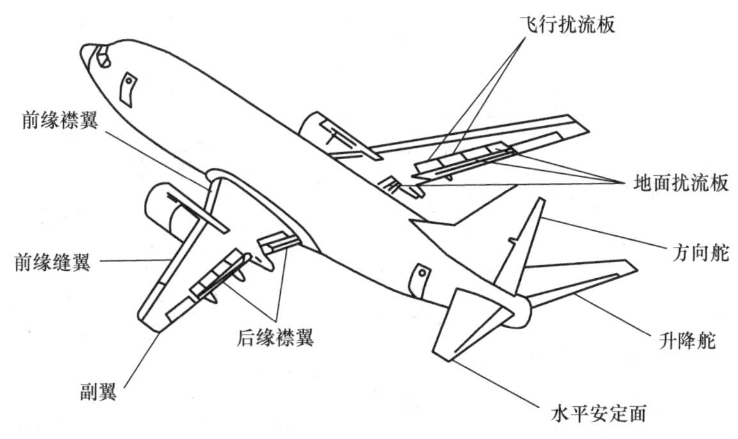

图 8-2　飞行操纵面

8.1.1　主操纵系统

飞机操纵系统分为主操纵系统和辅助操纵系统，直接实现对飞机操纵功能的为主操纵系统。根据舵面操纵动作的形式，一般有机械传动方式、液压传动方式和电力传动方式。

飞机的俯仰、滚转和偏航称为飞机主操纵控制，飞行操纵系统各操纵面的位置如图 8-2 所示。俯仰操纵由位于水平安定面后缘且带有平衡调整片的两个升降舵来完成。飞行员靠驾驶杆的前后移动操纵升降舵，使飞机做俯仰运动。当自动驾驶仪接通后，飞行控制计算机通过自动驾驶作动筒自动操纵升降舵，同时自动驾驶作动筒的输出信号通过升降舵传动系统回传至驾驶杆，使驾驶杆移动。在飞机正常的飞行阶段，飞机的俯仰角决定飞机的飞行速度和飞行状态。当飞机加速时，飞机需要减小俯仰角，即低头，减小飞行阻力，提高速度；反之，飞机需要增加俯仰角，即抬头，增加飞行阻力，降低速度。驾驶员向前推或向后拉驾驶杆，可以操纵升降舵向下或向上偏转，从而使飞机头部下俯或上仰。

滚转操纵由位于机翼后缘靠近翼尖区域的副翼控制。现代民用飞机利用驾驶杆上的驾驶盘进行操纵。当驾驶员向左或向右压驾驶盘时，则操纵了左右两机翼上的副翼，左上右下偏转或是右上左下偏转，使飞机绕其纵轴向左或向右滚转。飞机的滚转运动主要应用在飞机转弯的时候。当飞机需要改变其航向时，飞行员首先进行压杆操作，两侧副翼向相反的方向偏转，两侧机翼产生升力差，使飞机产生滚转力矩，使飞机实现滚转。

偏航操作由位于垂直安定面后缘的方向舵控制。飞行员脚踏方向舵脚蹬，操纵飞机使其绕垂直轴做偏航运动，脚蹬连接着方向舵，蹬出左脚，使方向舵向左偏转，将使机头绕立轴向左偏转。反之，则使机头向右偏转。方向舵的主要作用是完成飞机的协调转弯。当操纵飞机转弯时，不能只操纵方向舵，还需要依靠副翼和升降舵协调操纵。

除此之外，主操纵系统还包括飞机增升装置和扰流板控制，其主要作用是提高机翼升力或者协助主飞行控制对飞机的实际运行轨迹进行操纵。

某些飞机的增升装置包括前缘装置（前缘襟翼、缝翼）和后缘襟翼。在工作时，前缘装置和后缘襟翼相互配合，由襟翼手柄控制，根据飞机状态进行收起或伸出操作。飞机在起飞或者降落过程中，需要打开后缘襟翼，使后缘襟翼向后向下伸展，增加了机翼的面积和弯度，从而在速度一定时大大增加了升力，但是也导致了飞机的实际迎角增大，飞机易发生失速，前缘装置往往作为后缘襟翼的随动装置，协调后缘襟翼的工作状态，提高飞机的安全性。

扰流板一方面可以帮助副翼完成滚转操纵，另一方面具有减小升力和增大阻力的作用。如图 8-3 所示，当机翼上所有的扰流板一起伸出时，相当于减速板打开，有助于飞机着陆或中断飞机起飞。民航飞机在每侧机翼上表面装有多块扰流板，其中包括地面扰流板和飞行扰流板，扰流板在工作时均向上升起，如图 8-3 所示。地面扰流板只能在地面上起减速作用，飞行扰流板既可以在地面使用，也可以在空中使用，其作用既可以减速，也可以协助副翼完成滚转操纵，提高飞机横侧操纵性能。

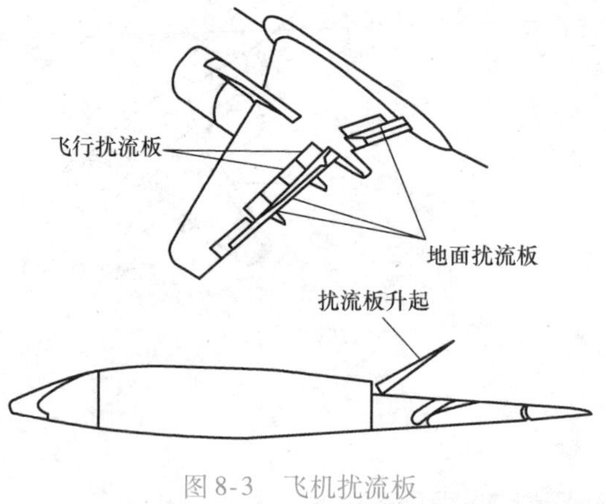

图 8-3　飞机扰流板

8.1.2 简单机械操纵系统

飞机操纵系统经历了由简单到复杂、由初级到完善的发展过程。现代大型客机，已经由早期的人工操纵系统演进到比较完善的自动飞行控制系统。

图 8-4 所示为简单机械操纵系统，由飞行员通过机械传动装置直接驱动各舵面（升降舵、副翼、方向舵）的偏转。

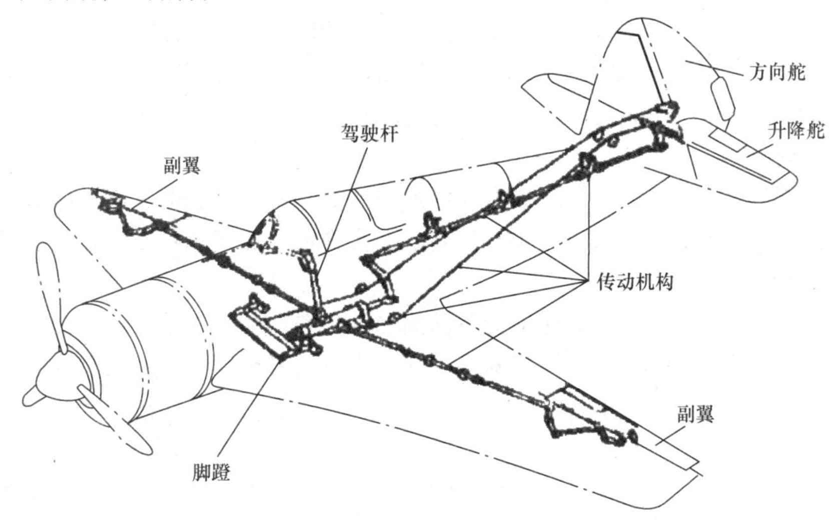

图 8-4 简单机械操纵系统

简单机械操纵系统由两部分组成。

1）飞行员舱内的中央操纵机构。

2）中央操纵机构到舵面之间的机械传动装置。

中央操纵机构由驾驶杆、驾驶盘和脚蹬组成。飞行员向前推或向后拉驾驶杆，可以操纵升降舵向下或向上偏转，从而使飞机头部下俯或上仰。当向左或右压驾驶杆时，则操纵了左、右两机翼上的副翼，左上右下偏转或是右上左下偏转，使飞机绕纵轴向左或向右滚转。

脚蹬连接着方向舵，蹬出左脚，使方向舵向左偏转，将使机头绕立轴向左偏转。反之，则使机头向右偏转。简单机械式的操纵系统广泛应用低速中、小型飞机上。带动舵面的机械传动装置有软式和硬式两种形式。

图 8-5 所示为采用软式传动装置的飞机升降舵示意图，由钢索和滑轮组成，其特点是重量轻，容易绕过飞机内部装配障碍，但是弹性变形和摩擦力较大。硬式传动装置由传动拉杆和摇臂组成，特点是刚度大、操纵灵活，软式和硬式可以混合使用。

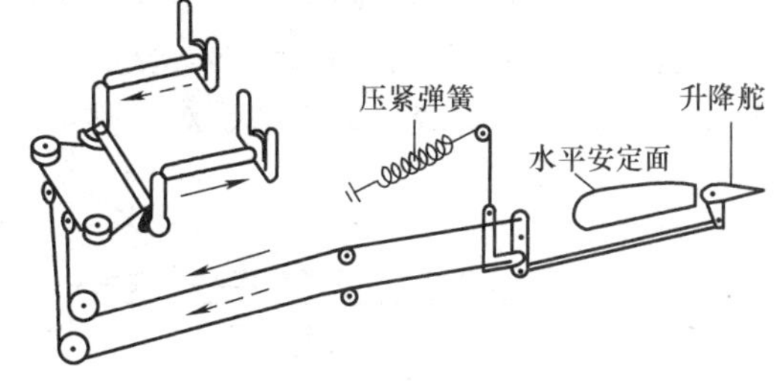

图 8-5 简单飞机升降舵

8.1.3 辅助操纵系统

在机械传动和液压传动方式中，还常常用到电气设备去控制一些机械附件工作，或控制液压活门的启闭，或对主操纵系统的舵面，如副翼、升降舵、方向舵再配置电动调整片，将这些协同液压或机械主操纵系统工作的电气设备称为辅助操纵系统。

可见，对于操纵系统的电气设备，有的是直接操作的主系统，有的是辅助系统，辅助系统主要是为操作方便和减轻飞行员的劳动强度而设置的。

飞机操纵系统功能的实现，应保证与飞行员手、脚的操纵动作和人体运动的本能反应相一致。即驾驶杆向前推，飞机下俯，驾驶杆往后拉，飞机抬头；驾驶盘左转，飞机左转弯，驾驶盘右转，飞机右转弯；脚蹬向左，飞机向左，脚蹬向右，飞机向右。开关的操作也要与这些要求相适应。此外，实施操作时，还应反馈给飞行员力和位移的变化感觉，调整片的设置就顺应了这种有力和位移的变化感觉，同时还减轻了飞行员的疲劳感。

1. 调整片概述

飞机上任何物体的移动、质量的减少或增加都会引起飞机重心的移动。例如，飞机飞行中要消耗燃油、飞行员要加减油门、收放襟翼、空投物资、改变飞行姿态等，引起机翼、水平尾翼、机身及推力等发生变化。

假设飞机飞行一段时间后，消耗机身后部油箱的燃料，使飞机重心位置前移，造成附加的下俯力矩，迫使飞机下俯，为了维持俯仰平衡，飞行员必须向后带杆使升降舵上偏，增大水平安定面的上仰力矩，使作用于飞机的各俯仰力矩之和仍然为零，这样才能保持飞机处于俯仰平衡状态。

对于飞机而言，稳定性问题分为静稳定性和动稳定性两种，其中静稳定性是针对某一飞行状态点而言的，动稳定性是针对飞机运动的动态变化过程而言的。静稳定是动稳定的基础，只有满足静稳定时，才能谈动稳定的问题。悬停稳定性也属于静稳定性问题。飞机的静稳定性通常是在其姿态、飞行高度和速度一定的条件下来讨论的，也就是上面说的状态点。如图 8-6a 所示，飞机在发动机拉力 F、升力 L、重力 G 的作用下达到基本平衡，对于常规布局的静稳定飞机，由于重心在升力作用点的前边，此时还需要水平尾翼产生负升力 L_t 才能达到力矩平衡。通常尾力臂比较长，所以 L_t 比较小。

分析飞机的静稳定性，通常是在力和力矩平衡的基础上用小扰动的办法来进行的。即在平衡状态下，假设有一个外部的扰动力矩，如低头力矩附加在飞机上，那么飞机由此也会产生附加的力和力矩，如果附加的力矩趋向于使飞机回到原来的姿态，飞机就称为在该状态点上是静稳定的，反之是静不稳定的。显然，图 8-6b 所示的情况是静稳定的。需要注意的是，在空中飞行时，所提及的力矩都是对飞机重心而言的。

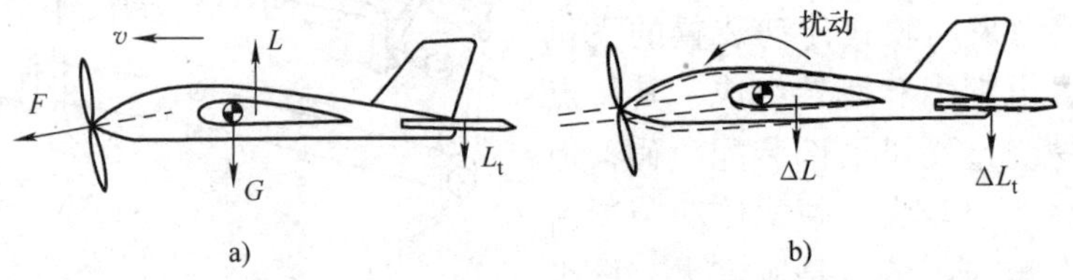

图 8-6 升降舵保持飞机俯仰平衡

2. 调整片的作用

为了减轻驾驶员的负担，一般不采用飞行员带杆操作的方法保持飞行中俯仰的平衡，而是采用改变装在飞机升降舵、方向舵和副翼上的调整片这一方法，图 8-7 所示为飞机尾部的调整片示意图，在方向舵和升降舵上分别安装了一块可以活动的调整片，可以通过给定的参数进行一定角度和方向的偏转，即利用升降舵调整片来使升降舵偏转，以保持飞机的俯仰平衡；利用方向舵调整片可使方向舵偏转，以保持飞机方向平衡；利用副翼调整片可以使副翼偏转，以保持飞机横侧平衡。各调整片保持飞机平衡作用原理相同。

以飞机升降舵为例说明调节原理，如图 8-8 所示，当飞机出现下俯力矩时，飞行员操纵开关使调整片顺时针方向偏转角 α。调整片产生向上的升力 F_1，它对升降舵转轴构成的力矩为 F_1d_1。其中 d_1是调整片重心到升降舵与平尾交接点的距离，为了维持力矩的平衡，升降舵必将产生一个与之大小相等、方向相反的力矩 F_2d_2，即有 $F_2d_2 = F_1d_1$，d_2是升降舵重心到升降舵与平尾交接点的距离。

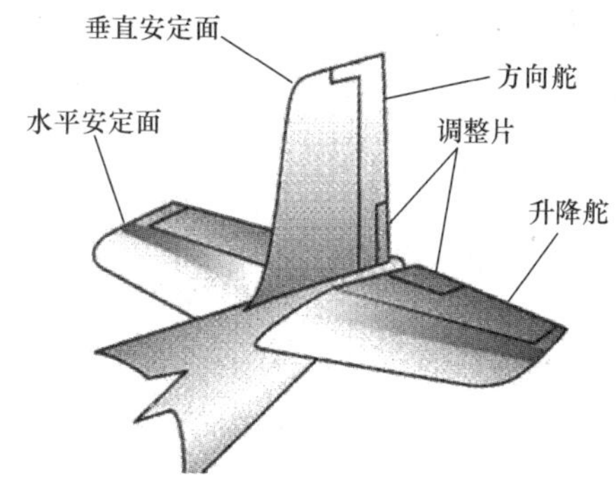

图 8-7　飞机舵面及其调整片

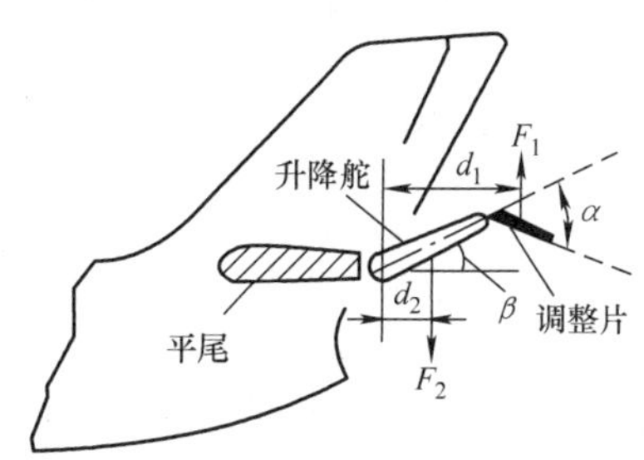

图 8-8　飞机下俯时用调整片恢复平飞

升降舵逆时针方向转动后，由于舵面上下的压力差构成了空气动力，对升降舵的转轴构成了一个向下力矩，使飞机抬头。

当这两个力矩平衡时，升降舵就自动保持在某上偏转角 β 不变。这就和飞行员向后带杆一样，能保持飞机的俯仰平衡状态。使用这种方法保持平衡，飞行员不用长时间带杆，减轻劳动量。

图 8-9 所示为升降舵和调整片协调工作时的位置，当机头低头时，升降舵向下转动，调整片则上翘，当机头上翘调整时，升降舵上翘，调整片向下。

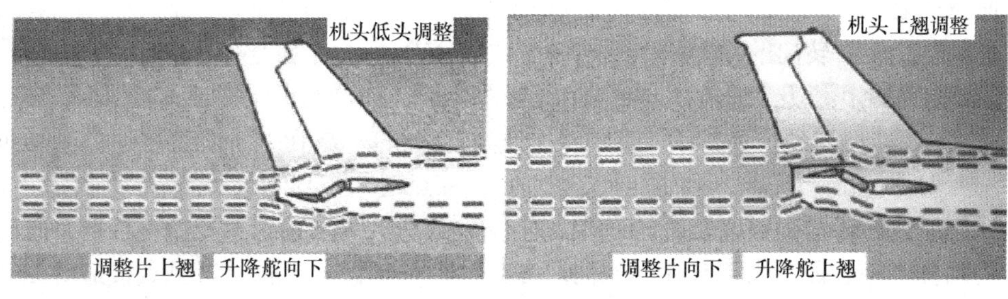

图 8-9　升降舵与调整片的协调工作

总之，在飞行中，俯仰平衡受到破坏，如机头上仰，飞行员可向上偏转调整片（等效于向前推杆），使升降舵下偏一定角度；如果机头下俯，则应向下偏转调整片（等效于向后带杆），使升降舵上偏一定角度，借水平尾翼力矩作用以保持飞机的俯仰平衡。

方向舵和副翼的操纵原理与升降舵类似，此处不再重复。

3. 调整片操纵电路举例

飞机机型不同，调整片的控制方式也不同，中、小型飞机大多采用电动操纵机构进行操纵，主要电路组成部分有调整片操纵开关、电动操纵机构和调整片中立位置信号灯。大型飞机上则由自动飞行控制系统通过液压传动机构来操纵工作。

图 8-10 所示为一种电动操纵机构的组成和传动关系，主要由双向串励电动机、摩擦离合器、齿轮减速器、传动杆及中立位置信号接触装置组成。

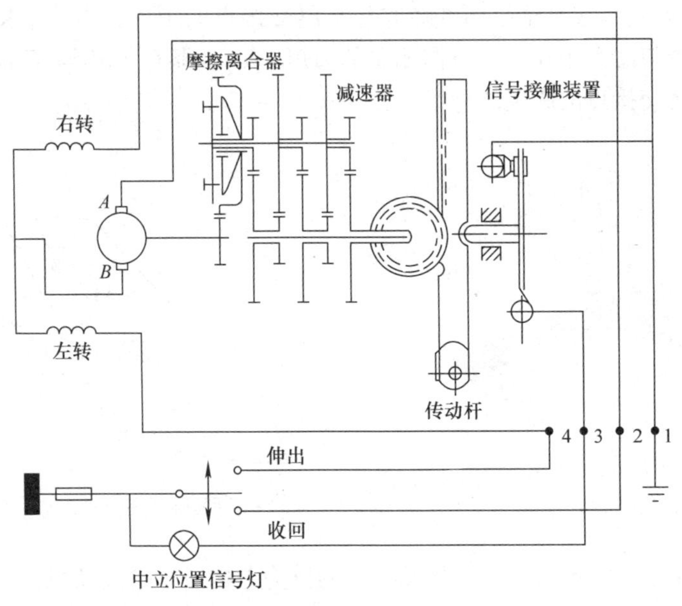

图 8-10　调整片电动操纵机构

调整片操纵开关是一个手柄有弹性的开关，平时手柄处于中立，使用时将手柄向两侧压动，用以接通电动操纵机构，使传动杆伸出或是收回，松开手柄又弹回中立位置。

在驾驶舱内安装调整片操纵开关时要符合操纵习惯。例如，安装升降舵调整片操纵开关时，应使操纵手柄和驾驶杆的操纵相一致，即平时中立，向前压手柄应使飞机下俯，向后压手柄应使飞机上仰。

实现调整片改变转向的原理是改变电动机的励磁磁场的方向，如图 8-10 中的左转励磁和右转励磁，因此操纵开关手柄压向“伸出”触点时，电流经熔丝，经“伸出”触点，到 4 号插钉经过左转励磁到电动机的 *B* 端，再经过电动机的 *A* 端到 1 号插钉接地，电动机工作后使传动杆向外伸出；当开关手柄压向“收回”触点时，电流经熔丝，经“收回”触点，到 2 号插钉经过右转励磁到电动机的 *B* 端，再经过电动机的 *A* 端到 1 号插钉接地，电动机工作后使传动杆向外收回。当调整片与舵面取齐时，正好是信号接触装置触点接通时刻，中立位置信号灯经 3 – 1 插钉与电源接通，中立灯亮表示调整片中立。

8.2　飞机襟翼收放电路

图 8-11 所示为机翼上的襟翼位置图，襟翼位于机翼后缘，襟翼放下可提高升力，同时也增大阻力，通常用于着陆。有的飞机为了缩短起飞滑跑距离，起飞时也放襟翼，但起飞时

放下角度很小。如图 8-12 所示，襟翼有简单襟翼、分裂襟翼和开缝襟翼等。

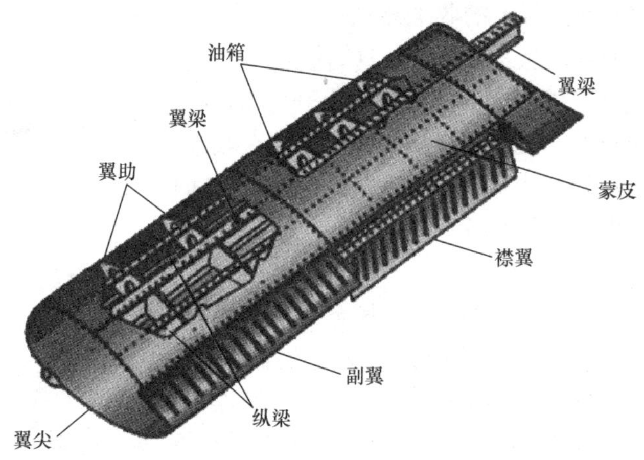

图 8-11 机翼上的襟翼位置

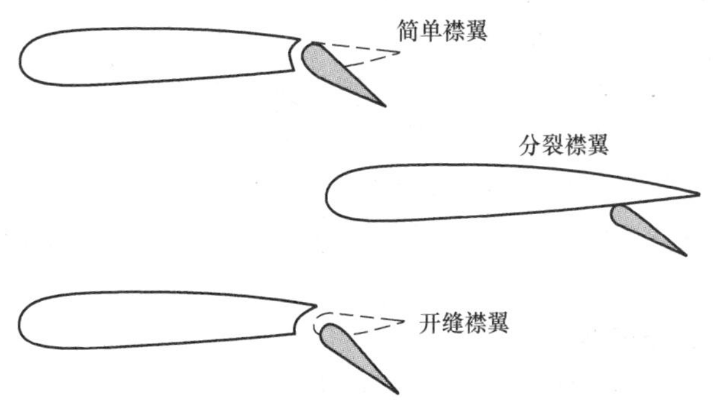

图 8-12 襟翼的种类

在机翼迎角保持不变的条件下，放下简单襟翼，相当于改变了机翼切面的形状，使其中弧曲度增大。这样，空气流过机翼上表面时流速加快，压力降低；而其下表面流速减慢，压力提高，使机翼上下压力差增大，提高了升力。另外，机翼后缘的涡流区扩大，使机翼前后缘压力差也增大，使阻力同时增大。襟翼放下的角度越大，升力和阻力也增大得越多。如襟翼放下角度较大，这时阻力增大的量比升力增大的量一般要高一些，升阻比减小。在小迎角即放下小角度襟翼时，升阻比略有增大。

襟翼所在位置对飞行是十分重要的，在自动驾驶仪中，将反映襟翼位置传感器的输出信号给自动驾驶仪，波音 737 上有两个襟翼位置传感器，装在外侧襟翼扭力管上。左边的组件装在第一襟翼和第二襟翼传动组件之间，右边的组件装在第七襟翼和第八襟翼传动组件之间。

如果操纵襟翼所需要的功率较大，则要用到液压操纵系统，功率较小的襟翼可用电力操纵系统。图 8-13 所示为襟翼收放电路，可用于对襟翼收放控制，通过电磁开关控制液压油路，操纵液压作动筒对襟翼进行收放。

1. 襟翼收上电路

接通位于配电板上的保险开关 K_1，将位于中央操纵台上的襟翼操纵开关 K_2，置于“收上”位置。此时，机上28V直流电压由应急汇流条经保险开关K_1至襟翼操纵开关K_2的1－2触点，加至装在中翼右侧后梁上的收上终点位置开关K_4的触点，最后加至襟翼收放电磁阀的收上线圈②－①，使其产生工作电流。这时收放电磁阀动作，打开收上襟翼的液压油路，把襟翼收上。当襟翼收至0°时，收上位置终点开关K_4动作，两触点断开，从而切断收上液压油路，使襟翼保持在收上状态。这时，襟翼放下位置终点开关K_3的两触点处于接通位置，为放下襟翼操作做好电路准备。

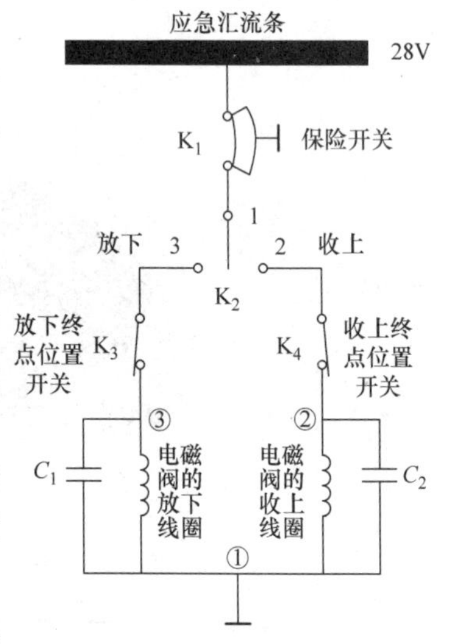

图8-13　襟翼收放工作电路

2. 襟翼放下电路

图8-13所示的电路处于襟翼收上的状态，若将襟翼操纵开关K_2置于“放下”位置，此时，由应急汇流条来的28V直流电将经襟翼操纵开关的1－3触点，放下终点位置开关K_3的触点加至襟翼收放电磁阀的③－①放下电磁线圈，使得电磁阀的放下线圈③－①生成工作电流。这时收放电磁阀动作，接通放下襟翼的液压油路，把襟翼放下。当襟翼放到38°时，放下终点位置开关K_3断开，切断放下液压油路。

在收放电磁阀的两组电磁线圈②端和③端均并联有电容，分别是C_1和C_2，用来减小由于电磁线圈断开电路时产生的自感电动势在终点开关触点上产生的火花。

在大型飞机上，还设有襟翼载荷限制器，它是一种机电装置，当飞机飞行速度很高时用以防止襟翼过度伸出。

3. 紧急放下襟翼工作电路

图8-14所示为紧急放下襟翼工作电路，其功能是增加主液压系统管路中的压力，在紧急放下襟翼和紧急制动时使用，紧急放下襟翼工作电路有3种工作状态。

（1）紧急放下襟翼的控制　接通紧急放下襟翼保险开关K_3，接通紧急放下襟翼操纵开关K_6。28V直流电由汇流条，经由保险开关K_3和操纵开关K_6的2－1触点，加在紧急液压泵接触器J_2的1－2线圈上，紧急液压泵接触器J_2的工作电流生成，使紧急液压泵接触器J_2吸合，接触器J_2的连接片将其上的固定触点1－2接通，紧急液压泵电动机F_1工作，同时因触点3与接触器J_2的连接片固定在一起，随连接片移动而移动，并且与连接片导通，故触点3和固定触点1－2也接通，从而使得紧急液压泵工作指示灯HL点亮。

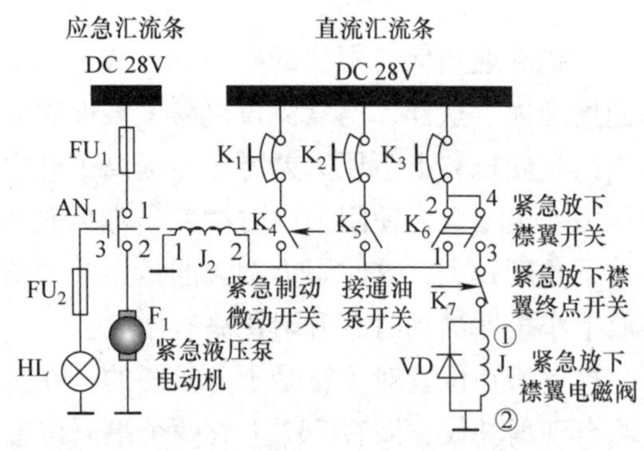

图8-14　紧急放下襟翼工作电路

紧急放下襟翼开关K_6的4－3触点与K_6的2－1触点同时接通，使得28V直流电压经紧急放下襟翼终点开关K_7的触点加至紧急放下襟翼电磁阀J_1的电磁线圈①－②，使得J_1的电磁线圈①－②生成工作电流，触发襟翼电磁阀动作，接通紧急放下襟翼的液压油路，使襟翼放下。如遇紧急制动或接通液压泵情况发生，则紧急制动微动开关或液压泵开关动作，接通相关的控制电路，从而触发开关K_7动作，使其触点断开，紧急放下襟翼电磁阀J_1的电磁线圈①-②所在电路被断开。J_1的电磁线圈①-②所在电路被断开时，它会产生较大的自感电动势，使终点开关K_7产生火花。为防止这种现象的发生，在J_1的电磁线圈①-②两端并联有续流二极管VD，用以疏导J_1的电磁线圈①-②中的残余电流，从而降低线圈①-②内的电流变化率，继而降低线圈①-②两端自感电动势，减小或消除K_7的火花。

（2）正常制动液压源　接通制动系统保险开关K_2，接通液压泵操纵开关K_5，使接触器J_2工作，紧急液压泵电动机F_1工作。同时，紧急液压泵工作指示灯HL点亮，指示正常制动系统供压正常。

（3）紧急制动液压源的接通　在接通了紧急制动保险开关K_1的条件下，压动紧急制动手柄，则手柄上的紧急制动微动开关K_4接通，接触器J_2的1-2线圈生成工作电流，触发接触器J_2的连接片动作，将紧急液压泵电动机F_1工作电路及其指示灯HL工作电路接通，指示灯HL点亮，指示紧急制动系统供压正常，紧急制动可行。

8.3　起落架收放和制动防滑系统

起落架是飞机在地面停放、滑行、起降滑跑时用于支承飞机重量，吸收撞击能量的飞机部件。早期的飞机起落架是由固定的支架和机轮组成的，在飞行中产生很大的阻力。现代飞机除少数小型飞机外，其起落架在飞机起飞之后都收入机身或机翼内。

起落架由主体结构和辅助结构组成，包括带充气轮胎的机轮、制动装置、减振装置、起放机构、减摆器、转弯机构、告警信号装置等。起落架重量约占飞机重量的2.5%~4%。

起落架按照所在飞机离重心的位置和布局分为前三点式起落架和后三点式起落架，图8-15所示为后三点式起落架飞机，后三点式起落架比前三点式轻，但地面转弯不灵活，制动过猛时有倾翻的危险，滑行时稳定性差，已经被淘汰。

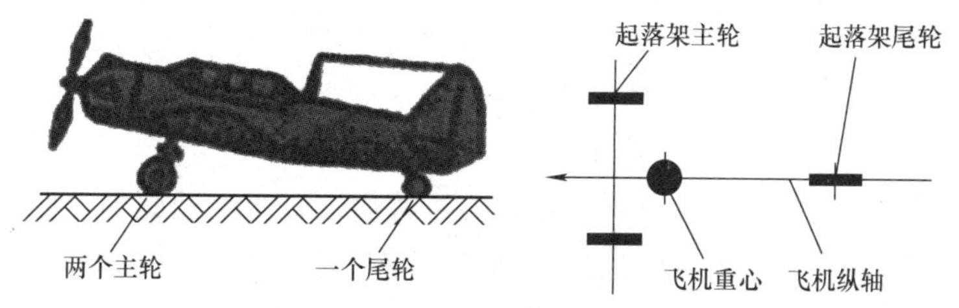

图8-15　后三点式起落架

目前飞机上使用最多的是前三点式起落架，前轮在机头下面，远离飞机重心，两个主轮左右对称地装配在飞机重心稍后之处。这种布局在较高速度着陆时，使用较猛的制动，飞机不会倾翻。在飞机着陆和滑行中，飞行员视野宽阔，还可阻止飞机在滑行中打转。

图8-16　前三点式起落架飞机

现代大型飞机由于重量大的缘故，采用了新的起落架布置方式，图8-16所示为A380型飞机的起落架安装位置，共有5个起落架，机头下面1个，机身重心稍后处2个，机翼处2个，确保飞机的支承和着陆稳定。

飞机着陆时，在机轮接地瞬间或在不平的跑道上滑跑时，与地面发生剧烈的撞击，除充气轮胎可起一些缓冲作用外，其主要撞击能量要靠减振器吸收。减振器是自身封闭的液压装置，在地面支承飞机，吸收和减缓着陆时产生的巨大冲击载荷，以保护飞机结构安全。当减振器受撞击而压缩时，其中空气的作用相当于弹簧，储存能量，而油液则以极高的速度穿过小孔，吸收大量的撞击能量，把它们转化为热能，使飞机落地撞击后能很快稳定下来，不会颠簸不止，起落架的收放动力源用液压或气动，其操纵用电气控制装置来实现。

8.3.1 起落架收放操纵电路

图8-17所示为利用电器元件操纵液压电磁阀，开关液压油路，驱动液压作动筒对起落架进行收放控制的起落架收放操纵电路。

起落架收放操纵电路主要组成器件有自动保险开关K_1、收放起落架操纵开关K_2、地面联锁终点开关K_4、储压器充压电磁阀线圈L_1，收放操纵电磁阀L_2、L_3，应急收上起落架开关K_3，以及电磁阀线圈并联的消除自感电动势的反并续流二极管VD_1、VD_2和VD_3等。

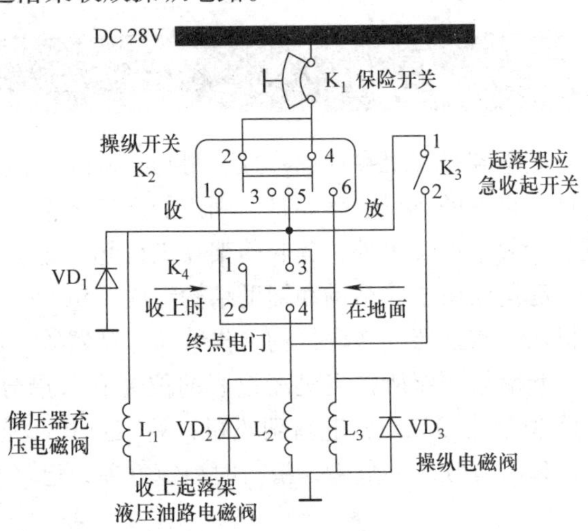

图8-17 起落架收放操纵电路

1. 正常情况在空中收起起落架

接通保险开关K_1，将起落架操纵开关K_2置于收上位置，这时直流28V经保险开关K_1和操纵开关K_2、K_3的触点1－2和4－5接通，收上触点至地面联锁终点开关K_4触点3，此终点开关因飞机离地减振柱放松伸开，不再压动此开关，K_4的触点3－4接通，直流电经此加至收放电磁阀的收上线圈L_2，于是打开收上起落架液压油路电磁阀，将起落架收上。经操纵开关K_2收上触点1－2的来电还加至储压器充压电磁阀线圈L_1，使其停止储压，全部压力用于加速收上起落架。

2. 应急收上起落架

飞机起飞后，应将起落架收上。若此时联锁终点开关K_4失效，K_4的触点3－4接触不良时，可接通应急收上起落架开关K_3，使起落架收上，减少阻力，以免造成不必要的返航。

3. 着陆前放下起落架

将起落架收放操纵开关K_2放在“放”位置，直流电经K_2开关触点4－6加至操纵电磁阀放出电磁线圈L_3，打开放起落架液压油路，将起落架放下。

当飞机着陆轮子接地后减振柱被压缩，地面联锁终点开关K_4受压，使触点3－4断开，切断了正常的起落架收起电路，防止在地面时误将起落架收起。但要特别注意，在地面如接通紧急收上起落架开关，仍可收起起落架，所以在地面禁止接通紧急收起起落架开关。

8.3.2　起落架收放手柄锁控制电路

在有些飞机上，对起落架的收放不是用电磁阀控制液压油路的，而是由机械式的收放手柄直接去控制收放起落架的液压开关。但为了防止飞机在地面时误将起落架收起，在起落架收放手柄上设置了电磁锁，在起落架放下且飞机已落地后，收放手柄被锁定在“放下”位置，较好地防止了在地面误将起落架收起的事故。

图 8-18 所示为一种飞机起落架手柄锁的控制电路。电路中被控制的是手柄电磁锁线圈 M。当飞机准备着陆放下起落架时，起落架收放手柄带动有缺口的锁凸轮置于“放下”位置。电磁锁线圈 M 没有接通时，其铁心端头的锁卡在弹簧力作用下正好落入凸轮的缺口，使起落架手柄固定在“放下”位置而不能移动。

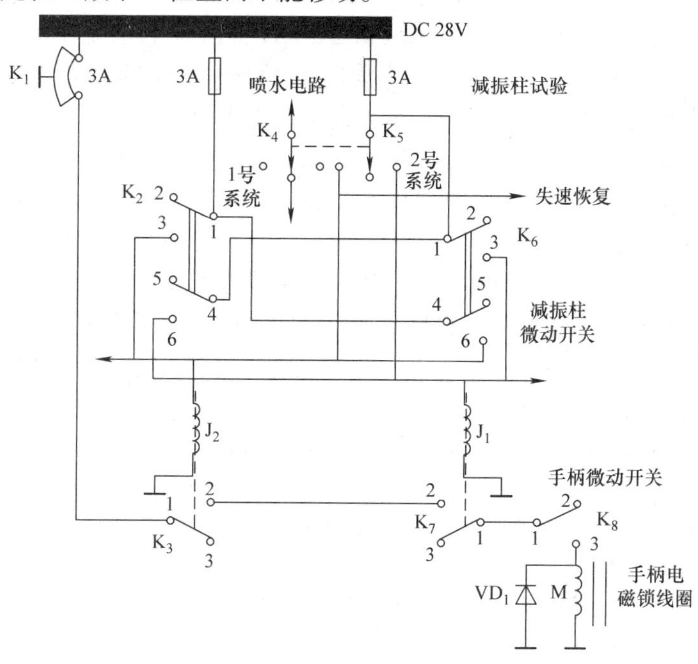

图 8-18　起落架手柄锁控制电路

飞机在空中时，电磁锁线圈 M 是通有直流电的，在电磁吸力作用下，铁心锁卡脱离开凸轮缺口，使手柄可以从“放下”位置自如地移至收上位置。由图 8-18 可见，飞机离地在空中时，两减振柱伸出，两个减振柱微动开关 K_2、K_6 被接通，使两个减振柱继电器 J_1 和 J_2 工作而吸合其触点，起落架手柄稍向上一动就使手柄微动开关 K_8 接通，这时从直流汇流条来电加至电磁铁线圈 M 上，使电磁铁工作锁卡从凸轮缺口中吸出，起落架手柄处于开锁状态。而当飞机落地之后，减振柱继电器断电，其触点断开了电磁铁线圈的电源，带锁卡的铁心在弹簧力作用下卡入凸轮缺口中，锁住手柄固定在“放下”位置。在地面时，为了检查飞机的需要，在起落架收放手柄的旁边还设有一个人工操控手柄，用它可使电磁锁卡离开凸轮缺口，这时可操纵起落架收上。

在图 8-18 中给出的减振柱继电器 J_1、J_2，是由减振柱微动开关控制的，在左、右主轮支架上各装一个微动开关，飞机离地时减振柱伸出，微动开关被压通。只要有一个微动开关被压通，就可接通两组减振柱继电器。这些继电器功用是根据需要控制某些设备只在空中工作，或是只在地面工作。当飞机接地之后，减振柱被压缩，放开了微动开关，使这两组14个减振柱继电器断电。电路中还设有减振柱试验开关，用于在地面时对这些继电器的工作情况进行检查。

8.3.3 制动防滑系统

在飞机的起飞和着陆过程中，要频繁地使用制动装置。因此飞机制动系统的好坏将直接影响飞机及机载人员的安全。从近几年航空运输事故的统计数据来看，大多数事故都发生在飞机起飞和着陆时，其中由于制动防滑系统未能正常工作的机械原因而导致的事故占有很大比例。我国在引进吸收的基础上，也相继研制出了多种飞机制动防滑系统，并已装机使用。制动防滑系统对提高飞机地面操纵性能，保证人员安全方面有很大的作用。但由于飞机起飞后每次着陆时的重量不同、速度不同，跑道状态不同，制动材料的摩擦系数也不同，尤其是滑跑过程中地面结合系数是多变的，在条件恶劣时，制动系统的制动能力大大下降，机轮会出现打滑甚至卡滞现象，使系统不能及时松开制动，进而导致拖胎，甚至爆胎现象。

一些飞机上已经使用了数字防滑制动系统，而数字防滑制动系统的基础和核心是控制盒的数字化。现代数字式制动防滑系统将自动制动、防滑控制、着陆接地保护、刹死机轮保护、滑水保护和系统监测结合在一起，大大提高了飞机在各种跑道状态下的制动效率和安全性，数字式制动防滑系统的优点有体积小、重量轻、成本低和可靠性高；改变软件就可适用于多种机构，最佳控制和非线性控制容易实现；对实时信息反应速度快，控制精度高；自检测方便，可以隔离故障，记录故障；能将传感器连接到数字式实时控制器中，通过接口控制执行机构，可按选定的负加速度自动调节制动力矩，使轮胎和跑道之间结合系数达到最大，从而最大限度地缩短滑跑距离，并防止轮胎局部磨损和爆破。

数字式制动防滑系统是建立在模拟式系统基础上的。用可编程序的微处理机来取代模拟电子控制组件。数字式制动防滑系统方框图如图8-19所示。

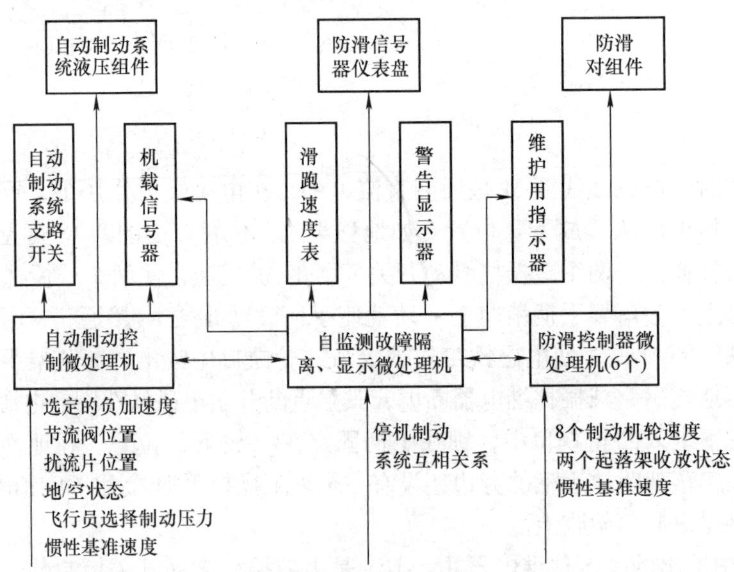

图8-19 数字式制动防滑系统框图

防滑控制器根据输入的8个制动主轮的速度信号，两个起落架收放信号和惯性基准速度信号，进行实时的数字计算和逻辑判断，去控制电磁液压伺服阀，以实现正常制动防滑控制，并提供机轮刹死保护和滑水保护。在模拟系统中与制动机轮速度比较的飞机速度，不是飞机的实际速度。飞机在积水或融雪的跑道上着陆滑行时，其机轮往往会刹死，这种滑行称为滑水，数字式系统可以从惯性导航系统的惯性基准系统获得飞机实际速度信号，因而能防止滑水，大大提高了制动效率，而且能在滑行过程中使飞机保持方向稳定性，故系统在各种天气条件下均能安全可靠地工作。

自动制动控制器根据输入的信息、负加速度选择仪的选定值、节流阀位置、扰流片位置、地/空状态、飞行员选定的制动压力和惯性基准速度，经数据处理后去控制液压制动系统，确定施加制动和放松制动的条件，决定正常制动系统的转换及提供接地监控。

自监测器对每个分系统的工作状态连续取样，隔离故障，把故障记录存储于维护指示器内，并将主要故障显示于座舱的显示器上。

波音757和767飞机的制动防滑系统就属于上述系统，它具有自动制动、数字防滑控制、滑水防护、液压动力源自动转换、故障监视和自动检测功能。主起落架是串联或双小车式回轮结构。每个机轮上都有一个液压作动盘式制动装置。前起落架为双轮结构，没有制动装置。制动压力源由正常液压制动系统、备用液压制动系统和蓄电池提供。整个制动防滑系统是由6个微处理机构成的计算机分系统。4个相同的分系统分别为4对机轮提供防滑控制，一个分系统负责自动制动控制，另一个分系统用于自监测和故障监视。自动制动可用于着陆和中止起飞阶段，只要在着陆前任一时刻选定制动减速度的一种等级，其余工作均由自动制动系统完成。主起落架一触地，该系统立即自动平稳地进行制动，以产生选定等级的飞机负加速度。如果轮胎与地面之间的摩擦力不足以产生选定等级的负加速度，防滑系统担负制动控制。

励志篇

新中国航空工业的创建人——徐昌裕

徐昌裕，新中国航空工业和航空科研的创建人及领导人之一，抗日战争时期，在延安地区从事石油开发工作。抗日战争胜利后，参与创建我党第一所航校，修理破旧飞机，为培养人民空军首批飞行员做出了贡献。中华人民共和国成立后，徐昌裕主持领导飞机修理、制造、自行研制和科研工作，为推动我国航空工业和航空科研的发展，促进航空科技国际合作与交流以及培养航空科技人才做出了重要贡献。

徐昌裕是一位务实的飞机生产技术领导人。他不讲空话，对工作一贯严谨、认真、细致。经常深入基层了解第一手情况，督促检查，即时发现和解决问题。他善于在推进全面工作的同时，紧紧抓住不同阶段的工作重点和关键，采取有效措施，不断解决新问题，确保任务的顺利完成。

在航空工业建立初期，物质技术基础薄弱，飞机修理任务紧急而又繁重，困难很多，新调进的大批干部和工人都不懂飞机修理技术。徐昌裕面对现实，积极推动各飞机工厂采取多种形式，认真组织职工边干边学，并掀起学技术、学管理、学文化的热潮。徐昌裕以身作则，带头学习俄语和钻研苏联飞机，特别是喷气式飞机的结构特点、制造工艺和管理方法。从而使工厂迅速掌握和提高了修理技术和管理水平。

当修理速度和水平普遍提高以后，由于苏联按原来比例供应的零备件不能适应实际需要，致使工厂因缺件而经常出现停工现象。徐昌裕便提出并指导工厂从小到大、由简到繁地开展零备件自制，并有意识地安排拟仿制机种的一些零部件进行试制，还实行了奖金制度，从而调动了各厂的生产积极性，既解决了零部件供不应求问题，又使修与造有机地结合了起来，为航空工业“走向制造”做了准备。

徐昌裕为我国航空事业奋斗了几十年，积极参与重大问题的决策。他参与组织领导飞机行业广大职工完成飞机修理和研制任务，成批生产了教练机、歼击机、强击机、轰炸机、运输机和直升机，逐步实现了我国空军、海军主力航空装备的国产化；他狠抓航空科研，使许多重要课题取得新的成果，自行研制出多种新机型；培养和锻炼出一支素质过硬的科研、设计、生产和管理队伍，为我国航空工业、航空科研，为国防和经济建设做出了重要贡献。著名飞机设计师徐舜寿曾深情地说过：“像他这样既懂技术又能掌握原则的领导人真是难得呀!”

复习思考题

1. 飞机的俯仰操作、滚转操作和偏航操作分别受什么控制?
2. 简述扰流板的作用。
3. 飞机在着陆时，后缘襟翼向后完全展开对飞机的升力和阻力有什么影响?
4. 水平安定面的作用是什么?
5. 调整片装在飞机哪些地方? 有什么作用?

第9章　燃油系统的电气控制

9.1　概述

燃油系统对飞机的安全和经济性来说非常重要，燃油系统的规模取决于飞机的类型，燃油通过何种方式输送给发动机。燃油系统包括油量指示、燃油的配送、加油、放油和燃油收放，燃料装在密封的箱式结构内。

如图9-1所示，油箱分为主油箱、备用油箱和中间油箱。民用飞机上的油箱为经橡胶化处理的弹簧囊，位于飞机的结构内，小型飞机则是挂在机翼或机身上的金属油箱。

除了左右机翼油箱和中央油箱，飞机也有可能有后部油箱或配平油箱，主要功能为发动机和APU供油、输油、加油和放油、应急放油。

飞机的性能越高，燃油系统越复杂。高性能飞机需要配置输油泵和增压泵，更为复杂的油箱布局又引发了对多阀系统的需要，以便驾驶员可以根据需要在燃油油箱之间转移燃油。

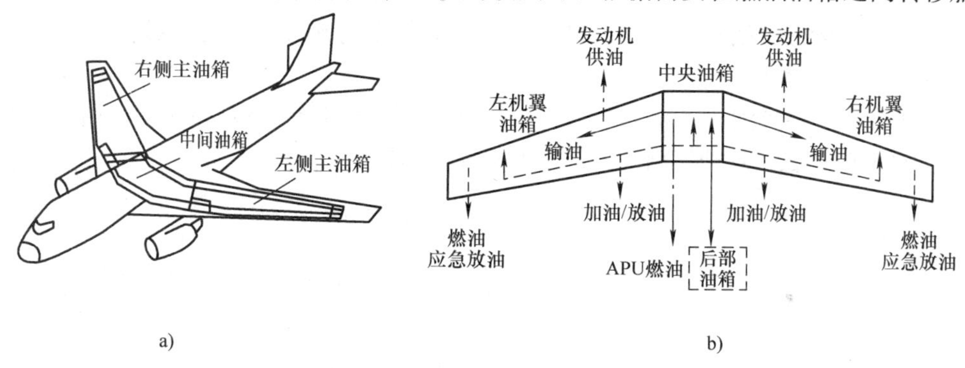

图9-1　典型民用飞机燃油箱布局

a）飞机油箱　b）油箱布局

涡轮喷气动力飞机油耗高，要求有较高的燃油输送压力，以增加飞机的航程，高油耗的另一结果是需采用机翼下油箱或机身下的机腹油箱，且必须采用增压系统，将外部燃油输送至飞机内部油箱，同时需要压力控制阀来控制油箱的油压，确保油箱不因高压造成损坏。为监测油压、油温、油量等，还需要大量的传感器。客机的燃油系统精度为1%～2%，具有补偿温度与密度变化的功能。

近年来，飞机燃油系统应用数字数据总线技术使燃油系统向数字化发展，燃油管理和测量系统由大量阀、电动泵、传感器和开关等元件组成，并且采用微处理器控制。

9.2 燃油系统的组成

燃油系统通常由输油泵、燃油增压泵、输油阀和止回阀等组成，其工作形式有燃油增压、发动机供油、燃油输送、加油、放油及燃油存储等。

9.2.1 输油泵和燃油增压泵

1. 输油泵

输油泵的作用是将燃油输送至消耗油箱、消耗油箱执行发动机供油前集合或聚集燃油，输油泵必须确保每台发电机的保障性供油。当飞行姿态改变时，例如俯仰或横向平衡时需要输油泵在飞机各油箱间转移燃油、随着耗油的改变调节飞机的重心。例如 A340 型飞机的水平安定面中可容纳 7t 的燃油，在巡航阶段，这些燃油必须不断地前后转移，确保飞机重心在容许范围。

2. 燃油增压泵

燃油增压泵也称为发动机供油泵，用于将燃油从飞机燃油系统输送至发动机，可以防止燃油在管路中起泡，还可以防止高空和高燃油温度下的“汽蚀”，燃油起泡和汽化都会导致燃油油量不足，使发动机熄火而失去动力。民用飞机通常配有一个发动机驱动的增压泵 EDP，图 9-2 所示为简单的增压泵系统，它带有增压泵电动机及控制开关，在起动期间为系统做准备。当 EDP 失效时，增压泵还能提供油压。

图 9-3 所示为一个带有两级油门控制的增压泵系统。当增压泵选择开关处于“低”时，控制电阻器接入电路。电动机低速运行，发动机开始工作时，选择开关处于“高”位．油门微动开关的常闭开关 NC 触点接入，当油门设定低于打开状态的 1/3 时，电阻器仍然串入电动机电路，继续低速运行。当油门进一步打开时，微动开关常开触点接通，把电阻器短接，电动机全速运行。

图 9-4 所示为燃料配送系统供电原理图，增压泵靠三相交流电动机驱动，增压泵的继电器由 28V 直流电供电，各种控制开关位于燃料控制面板上。

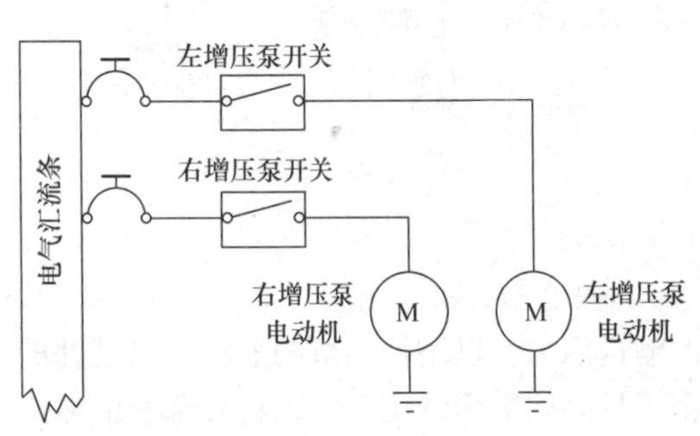

图 9-2 简单增压泵系统

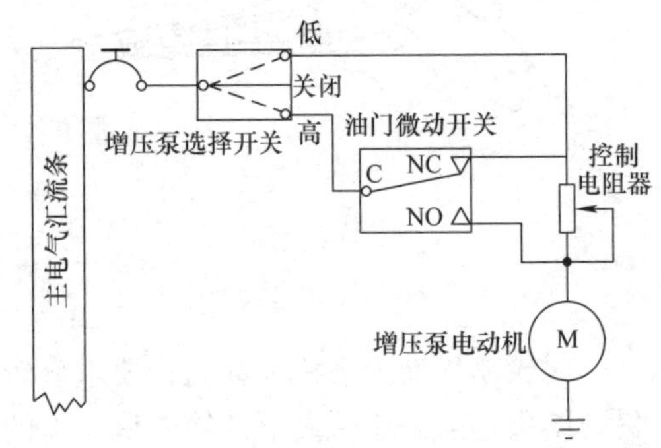

图 9-3 两级增压泵系统

9.2.2 输油阀

飞机燃油系统需使用各种阀门，有关断阀、加油/放油阀、交输油阀和应急放油阀等。

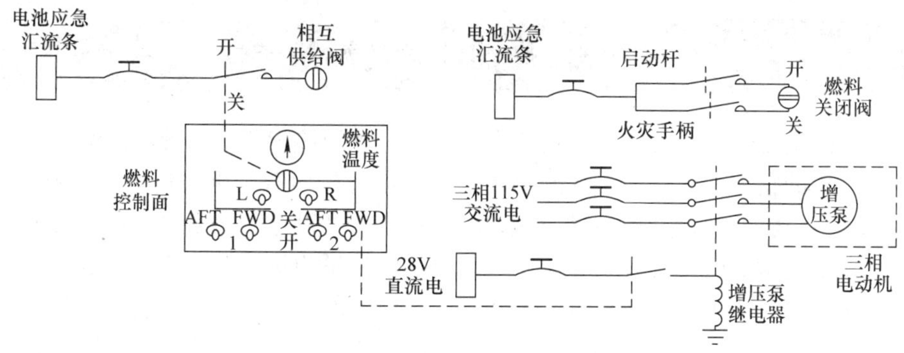

图 9-4 燃料配送系统供电图

关断阀用于切断燃油供给，或切断从一个油箱至另外一个油箱的输油；加油/放油阀用于飞机燃油补充过程中，将燃油从加油平台输入燃油箱，在加放油过程中，可将燃油负载调整到符合飞机状态要求的水平，常用于飞机的维护，当需要将燃油从飞机的一端输往另一端时，应采用交输油阀；应急放油阀用于应急情况下，将飞机多余的燃油排出，降低燃油容量。例如刚起飞时，需要应急迫降，这时它们的工作尤为关键。而在正常飞行时，该阀门不工作。这些阀门由电动机驱动。

图 9-5 所示为燃油配送的三油箱系统。每个油泵的输出燃油经过一个止回阀供给配送系统。在正常工作条件下，每个油泵通过一个电动低压旋塞供给各自的发动机，如果飞机配有中间油箱，则油泵可以通过燃料传递系统给任何一台发动机供油。有些飞机油箱的油泵位于机翼根部，而有些飞机的油泵则位于油箱内部，必须使燃油不低于某个液面高度，所有油泵、旋塞、阀门以及告警指示使用的控制开关都位于顶部面板或机械工程师的工作站。如果火灾手柄起动，低压旋塞会自动关闭。值得注意的是，在低油量条件下使油泵持续运行会有爆炸危险，因为油泵可能会出现过热，如果油泵长时间干转（一般超过 10min），则没有足够的燃油用于起动注油，这会引起油泵在重新加注燃油后无法工作。

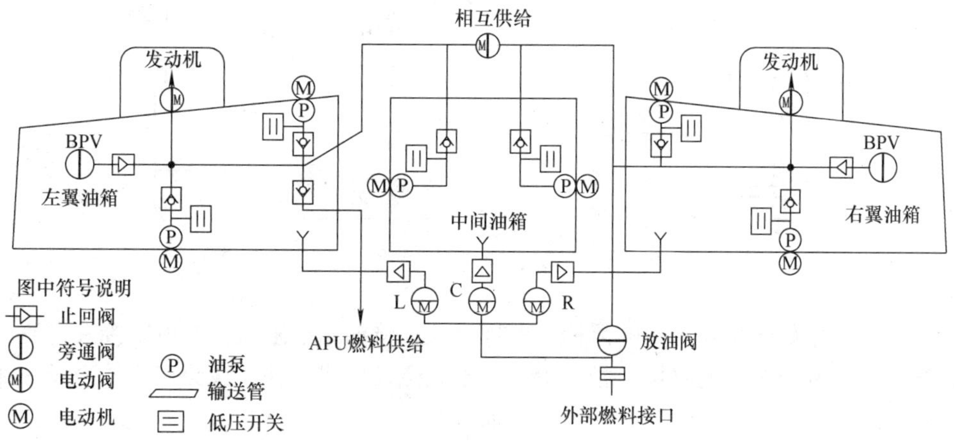

图 9-5 燃油配送的三油箱系统

9.3 燃油油量的测量

燃油油量测量是燃油系统的一个重要组成部分。燃油油量测量系统的测量精度、可靠性和维护性对飞机的整体性能有着重要的影响。对民用飞机而言，则可以大大改善其经济性。据有关文献报道，燃油油量测量精度每提高 0.5%，就可以至少增加 2 ~3 名乘客。各种新的燃油油量测量技术的研究、开发和应用推动着燃油油量测量技术不断地发展与完善。

燃油油量测量方法很多，如机械、振动、超声波、电磁、电、光辐射等，其中很多方式由于实现难度和制造成本等因素的影响而未能广泛应用，飞机上广泛使用的还是电容式油量测量技术。随着飞机设计与研究水平的不断提高和计算机与微电子技术的不断发展，电容式油量测量技术得到了很大的发展，使燃油油量测量系统的发展经历了从模拟式到数字式的跨越。近年来发展起来的超声波油量测量技术已日趋成熟，代表了燃油油量测量技术发展的一种方向，常见的油量测量技术有电容式油量测量技术、电感式油量测量技术、浮子式油量测量技术和超声波式油量测量技术等。

9.3.1 油量的指示

油量的指示方式通常有观测计、浮标和油量浮杆等。

1. 观测计

如图 9-6 所示的观测计是采用玻璃或塑料管观测，位于油箱的外部，飞行员可以看到，玻璃管里的油面高度与油箱内的油面高度相同，玻璃管上的刻度指示油箱的油量。因没有活动部件，适用于小型飞机上的燃油或润滑油的油量观测。

2. 浮标

如图 9-7 所示，浮标使用一个穿过油箱盖孔隙的伸出杆，浮子连在杆的底部，浮子随油面升降。通过检查浮标杆伸出油箱盖的多少确定剩余油量，从浮标杆上直接读数。这种方法的缺点是机动飞行期间，浮标不稳定。

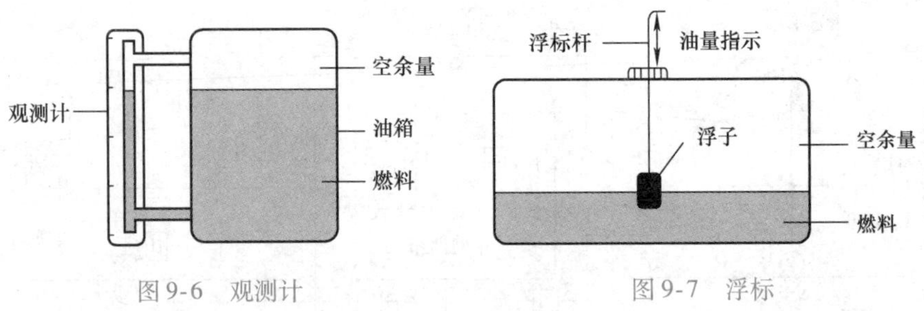

图 9-6 观测计　　图 9-7 浮标

小型飞机使用如图 9-8 所示的浮标，也称浮阀，将油箱电阻器可变电阻接入直流比率电路中，线圈产生两个相反的磁场。指针由一个永久磁铁构成，并与线圈产生的磁场一致，指针根据两个线圈的电流比而偏转，从而指示油量。

3. 油量浮杆

图 9-9 所示为一种机翼翼下油量计，由油箱内的浮杆、浮子和磁铁等组成，浮杆不用时，置于一个固定位置，通过一个 1/4 圈的凸轮机构被释放出来。释放后，它滑出油箱，等

到两个磁铁对齐时，就保持在这个位置上。把浮杆拉出、推进油箱，直到感受到磁铁吸力，参照机翼表面上的一个基准点读取油量读数，锁定在设定位置。

当电子油量系统失效时，就可以使用浮杆，读取每个油箱所有浮杆的读数，计算油量。在典型的中型飞机上，每个机翼油箱有 6 个浮杆，每个中间油箱有 4 个浮杆，这种浮杆在飞机地面维护时常使用。

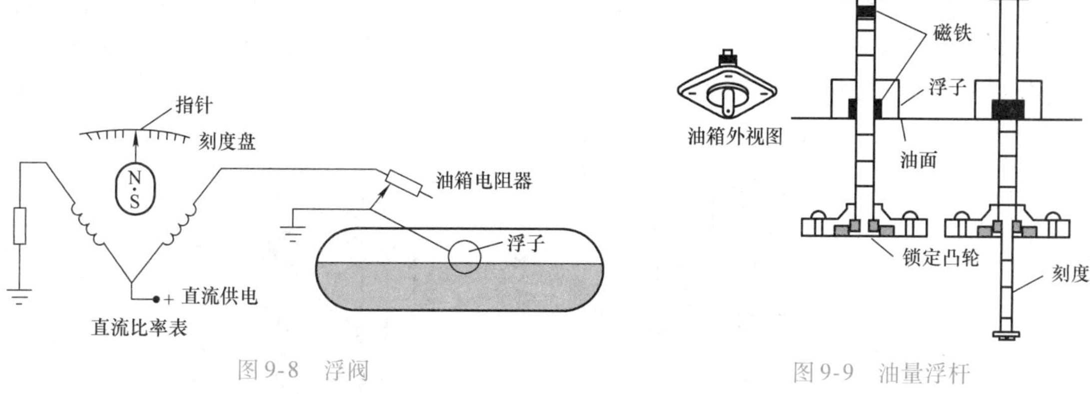

图 9-8 浮阀

图 9-9 油量浮杆

9.3.2 浮子式油量测量系统

图 9-10 所示为浮子式油量表原理电路图，浮子随油面移动感受油面高度的变化，从而把油量变化转换成位移，改变了电阻值，使检流计指针发生变化，指出相应的油量数值。

随着系统数字化程度的提高，仍可以用浮子式传感器进行油位测量，把浮子接到电位计或可变电阻 W_1 上，把反映油量信号的电压值，接到一个接成跟随器的运算放大器的输入端，如图 9-11 所示，如果采用图中标出的 10V 作为参考电压，输入电压与液面的关系为 1V 相当于满刻度油面高度的 10%。在电位计和运算放大器之间可以插入一个 RC 滤波器以平滑掉噪声（在液体表面的纹波、波动和泡沫等）的影响。

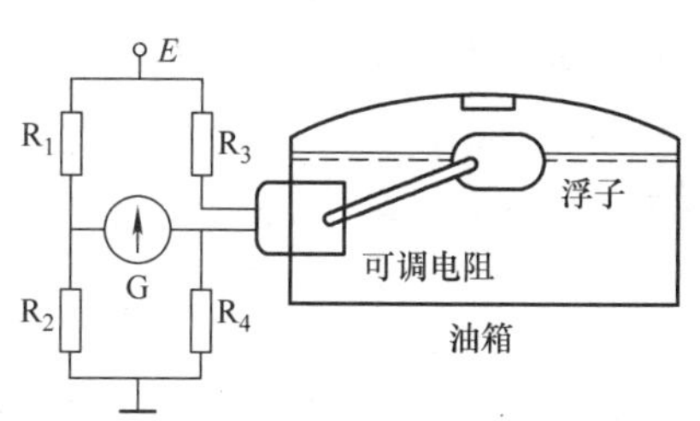

图 9-10 浮子式油量表原理电路

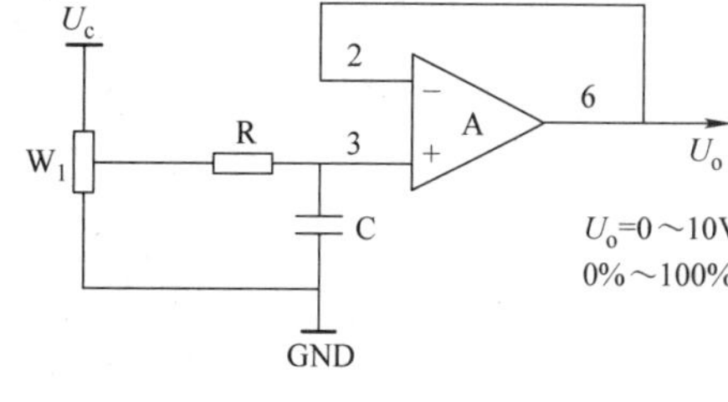

图 9-11 用浮子和电位计测量液面

燃油和润滑油油量表中一般都有剩油告警装置，它由仪表板上剩油告警灯和传感器微动开关组成。当油量减少到一定数值时，浮子下落触动微动开关，自动接通了告警灯，提醒飞行人员做好着陆准备。

剩油检测电路采用抗干扰强的迟滞比较器实现，如图 9-12 所示。正常时比较器输出为高电平，当油

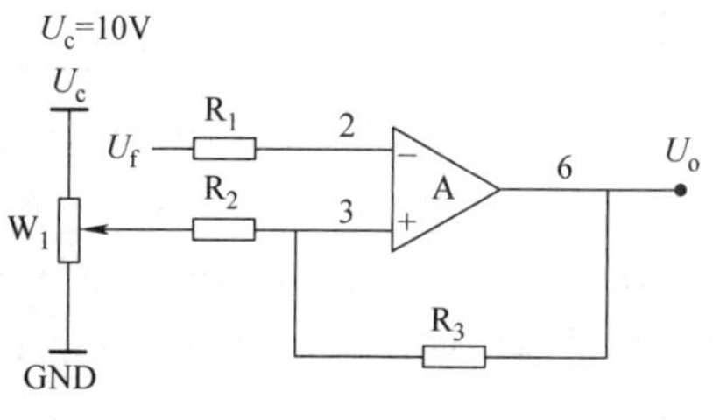

图 9-12 剩油检测电路

面下降到规定值以下时，比较器输出为低电平，这个电平信号可以送给微处理器处理或送给驾驶舱的中央告警系统。

9.3.3 电容式油量测量系统

电容式油量表是利用电容式传感器把油面高度的变化转换成电容量的变化。电容式传感器是由同心圆筒形极板组成的圆柱形电容器，如图 9-13 所示。电容器的电容值与油面高度之间具有单值函数关系。当油箱内燃油增加时，油面增高，电容值增大；当燃油减少时，油面降低，电容值相应减小。因此，圆柱形电容器的介质变化，反映了电容值的变化，从而反映了油量的变化。

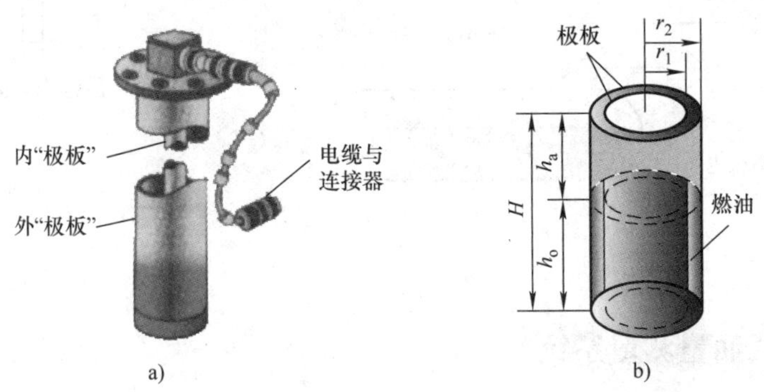

图 9-13 电容式油量传感器

a）实物图 b）电容等效图

对于具有两层极板的圆柱形电容器，其电容值 $C=\dfrac{2\pi H\varepsilon}{\ln(r_2/r_1)}$，其中，$H$ 为极板总高度；r_1、r_2为内、外极板半径；ε 为介电常数。

若将圆柱形电容器垂直插入油箱中，则必将有一部分浸没在燃油中，其浸没的深度取决于油面高度 h_0，浸在油中部分电容器的极板间隙中的燃油介电常数为 ε_0，电容器上部露在空气中，其高度为 h_a，且 $H=h_a+h_0$，介电常数为 ε_a。因而传感器的总电容值等于这两部分电容并联，其值为：

$$C=C_a+C_0=\frac{2\pi\varepsilon_a(H-h_0)}{\ln\dfrac{r_2}{r_1}}+\frac{2\pi\varepsilon_0 h_0}{\ln\dfrac{r_2}{r_1}}=\frac{2\pi\varepsilon_a H}{\ln\dfrac{r_2}{r_1}}+\frac{2\pi(\varepsilon_0-h_0)}{\ln\dfrac{r_2}{r_1}}=C_0+\Delta C \tag{9-1}$$

当油箱空时，$h_0=0$，传感器电容值最小。

$$C_{\min}=C_0=\frac{2\pi\varepsilon_a H}{\ln(r_2/r_1)} \tag{9-2}$$

当油箱装满时，$h_0=H$，传感器电容值最大。

$$C_{\max}=\frac{2\pi\varepsilon_0 H}{\ln(r_2/r_1)} \tag{9-3}$$

由式（9-3）可知，传感器的总电容由两部分组成，一部分是空箱时的电容 C_0，另一部分是加油后所增加的电容 ΔC。C_0只取决于传感器的本身尺寸，对已制成的传感器，C_0是一个常数，而 ΔC 的大小与油面高度 h_0和 ε_0有关。因此可得出下列结论。

1）燃油的油面高度仅反映燃油的容积，而燃油的介电常数决定于燃油的密度。因而电容式传感器的电容值，不仅决定于燃油的容积，还决定于燃油的密度，因此电容式油量表所指示的为燃油的质量（质量 = 容积 × 密度），相应的指示读数单位应为 kg，而不是 L。

2）因为燃油的介电常数 ε_0 总是大于 1 的，所以 ΔC 恒为正值。

3）r_2/r_1 越接近 1（即极板间隙越小）时，相同的高度变化量引起的电容值变化量越大，灵敏度越高，但间隙不宜过小，过小会引起毛细现象。一般间隙应选在 1.5～4mm，这在维修时应特别注意。

如图 9-14 所示为电容式燃油测量图，油箱油面变化会引起油箱电容器的电容变化。假设变压器两个次级绕组完全对称，当电桥平衡时，输出电压等于零。当油箱电容器的电容发生改变时，电桥不再平衡，其不平衡度影响输出电压 U_o 的值，根据这个原理判断油量的改变。

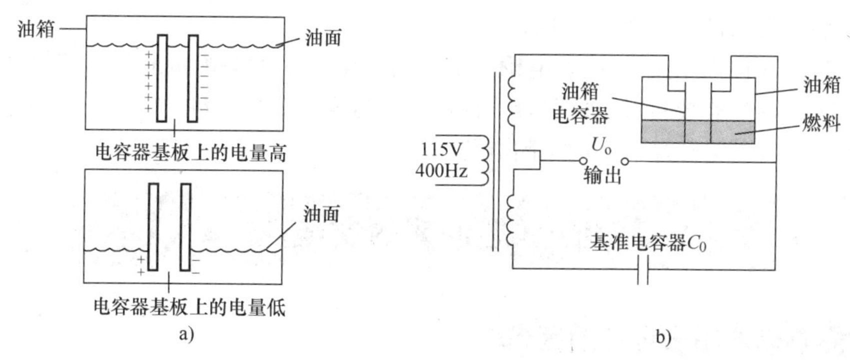

图 9-14 电容式燃油测量

a）电容式油量传感器示意图 b）电容式油量测量电桥

飞机燃油实际测量系统测量的应该是燃油的质量是而不是体积，因为对于相同体积的燃油，密度不同，它的质量和燃烧情况不同。

第二次世界大战以后，在飞机上大量采用电容式油位测量传感器检测油面变化，并用模拟电路进行测量和计算。电容式油位测量传感器与油箱形状有关，使燃油体积变化与电容值成线性对应关系。由于燃油密度和温度变化会引起燃油介电常数变化，可通过增加传感器数量和采用补偿传感器等方法来提高燃油测量精度。但是由于飞行中油箱姿态随时可能发生改变，而传感器安装位置和特性并不随之改变，且燃油测量系统不能直接测量燃油密度，所测得的油量精度较低，一般空中为 ±4%，地面为 ±3%。同时由于传感器是非线性的，制造工艺十分复杂，并且系统的校准与标定相当费时，显然不能满足新一代高性能飞机的发展需求。

从 20 世纪 70 年代开始，数字式燃油测量系统开始应用在波音 757 和波音 767 飞机上。数字式燃油测量系统采用了双余度的微型计算机线性电容式传感器和燃油密度传感器直接测量燃油密度，由数据总线与发动机指示系统和座舱告警系统（飞行管理任务计算机）等连接，同时还具有机内自检测、故障监测、故障显示等功能，将燃油系统的测量精度提高到了一个新的水平，在空中测量精度为 ±2%，地面为 ±1%。这就大大减少了系统硬件数量，提高了系统的可靠性和安全性，改善了系统的维护性，使燃油测量技术跃上了一个新台阶。

9.3.4 电感式油量测量技术

图 9-15 所示为电感式油量测量电路，如果把磁性铁心与反映油面高度的浮子接在一起，就可以测量电感量的变化达到燃油油量测量的目的。其测量原理是磁性铁心由浮在油平面上的浮子带动，浮子随油平面的高低上下浮动，铁心也就跟着伸入或退出电感线圈，这时电感线圈的电感值发生变化。

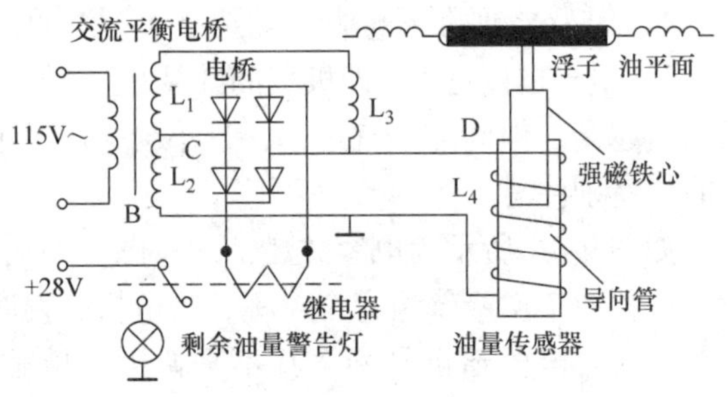

图 9-15 电感式油量测量电路

当磁性铁心进入导向管中时，等效电感 L_4 就发生改变，图中 L_1、L_2 为变压器的次级绕组，L_3 为标准电感，L_4 则为反映燃油油量的电感。当磁性铁心落入导向管中，电感 L_4 将增大，由 4 个电感组成的电桥将不平衡，将这个不平衡量通过整流桥整流后驱动继电器的线圈，继电器线圈得电后吸合，接通剩油告警灯。用这种方法可以设计关闭油泵电路、剩余油量告警电路和加油活门关闭电路。

9.4 燃油箱的安全性

9.4.1 影响燃油箱安全性的因素

燃油箱安全性极其重要，由于系统中涉及电气部件和安装，在燃油箱空间中需要提供贫氧的环境，在燃油系统维护时还要防止静电干扰。下面从几个方面分析燃油箱存在的不安全因素。

1）燃油箱内接线因素。由于正常工作、短路和燃油系统接线中可能产生感应电流/电压，会引起电能进入燃油箱，这可使易燃蒸汽点燃。在燃油箱内电气设计中，现在容许的电流限制值是 30 mA。

2）燃油泵接线因素。由于泵接线短路会引起电火花侵蚀和热斑。

3）燃油泵无油运转因素。由部件磨损或泵内部的外来物损伤形成机械火花。

4）搭铁不好因素。燃油箱内部会由于闪电产生放电、高强度辐射场（MIRF）、静电或故障电流，通过搭接形成低阻抗通路。

5）邻近系统的点火源。由于燃油箱外部的电弧穿透箱壁而点燃油箱中燃油，或由油箱壁执量引起燃油的自动点燃，邻近区域内的爆炸等。

9.4.2 燃油箱的惰性化

在民用飞机上，主燃油箱通常由左机翼油箱、右机翼油箱和中央油箱构成，如图 9-16 所示。中央油箱是较易发生事故的油箱。油箱由于受到邻近热源的影响而需要燃油惰性化，例如空调装置是重要的热源。而左、右机翼油箱通常认为是比较安全油箱，主要因为内部装的燃油温度低，且不受邻近飞机热部件的影响。某些飞机安装的其他油箱，如机身油箱和尾翼配平油箱不受影响，如果没有中央油箱，飞机没有安装惰性化系统的需要。

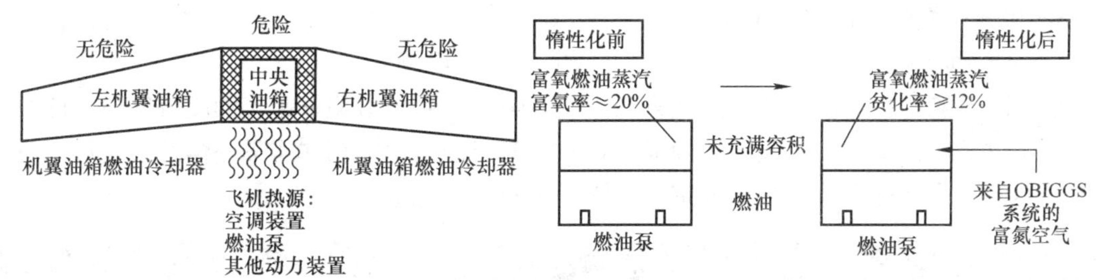

图 9-16 燃油箱的惰性化

在正常燃油箱中，空气隙或燃油箱空间中包含富油的蒸汽，其中具有 20% 左右气态氧。当存在热源或火花时，这种混合物在某些条件下可提供爆炸性混合气体。燃油箱惰性化系统，也称为降低系统的可燃性，接受来自机载惰性气体发生系统 OBIGGS 的富氮空气。这样将富油蒸汽中氧的百分比减小至不大于 12%。

典型的燃油惰性化系统如图 9-17 所示，供给系统的空气源是从发动机提取的引气。在通过一个关断阀 SOV 后，空气经过空气/空气热交换器，使温度降低至空气分离模块最佳工作的 80℃。在通过过滤器滤掉液体微滴和颗粒后，空气进入空气分离模块 ASM。ASM 分离出空气中的氮和氧成分。富氧 OEA 空气进入收集歧管中并放出机外。富氮空气 NEA 先经一组阀的控制，再输入油箱无油容积，以降低氧含量至安全水平。

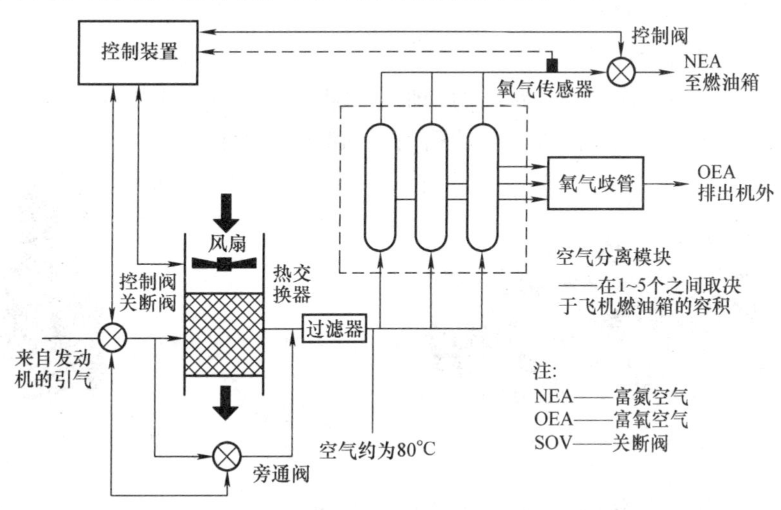

图 9-17 典型的燃油箱惰性化系统

多电飞机波音 787 不从发动机提取引气，而应用不同的方法给燃油箱惰性化系统提供空气。通过贯穿机身的长管从飞机内部提取空气。然后应用电驱动压气机将这些空气压缩，并以与常规引气方案相类似的形式经过空气分离模块 ASM 输入。

为了避免油箱爆炸，设计和维护要求改进油量指示系统和油泵的设计、改进油箱内导线的检查体系、对靠近高温源的燃料箱进行隔热处理。对油箱安全性更有贡献的长效方案是油箱的惰性化，常采用下列方案。

1）基于地面设备的惰性化。

2）基于机上设备的地面惰性化。

3）机上惰性气体产生系统。

4）从地面提供液氮。

地面时，舱门关闭前给油箱加注富氮空气，惰性化用于滑跑、起飞和爬升阶段，此时燃料蒸汽温度最高。基于机上设备的地面惰性化，其目的与地面相同，只是惰性设备属于飞机系统。尽管机上惰性气体产生系统带来极大的优越性，但造价高。

9.5 燃油指示

飞机燃油系统的指示一般包括燃油油量指示和燃油压力指示。

有的飞机还装了燃油流量表、活门位置指示和各种告警灯。燃油系统的所有指示控制一般位于驾驶舱燃油管理面板上。为了便于控制和管理，各种部件以模型图的形式显示。

1. 燃油油量指示

飞机的燃油油量传感器通常为电容式，电容式油量传感器贯穿油箱顶部到底部，随着燃油液面的改变，传感器的电容值也发生改变。油箱里传感器的电容值被一个微型计算机收集并在桥接电路里进行比较，最后在驾驶舱里显示。典型的电容式油量传感器如图 9-18 所示。

电容可以储存电能，它的存储能力取决于 3 个因素：

1）两平行金属板的正对面积。

2）两平行金属板的距离。

3）电介质的介电常数。

油量传感器是由两个保持一定距离的同轴金属板组成的（图 9-19），油量传感器的上端和下端是开口的，所以传感器内液面与油箱内燃油液面高度相同。

图 9-18　典型的电容式油量传感器

图 9-19　电容式油量传感器的组成

当传感器内液面高度不同时，两金属板间电介质的介电常数发生改变，使得传感器的电容值发生改变。桥接电路通过与参考电容比较计算出油箱的电容值。当桥接电路被施加电压时，传感器电容的容抗与参考电容比较，可能相等或不相等，它们之间的差别可转化为油箱油量值，如图 9-20 所示。

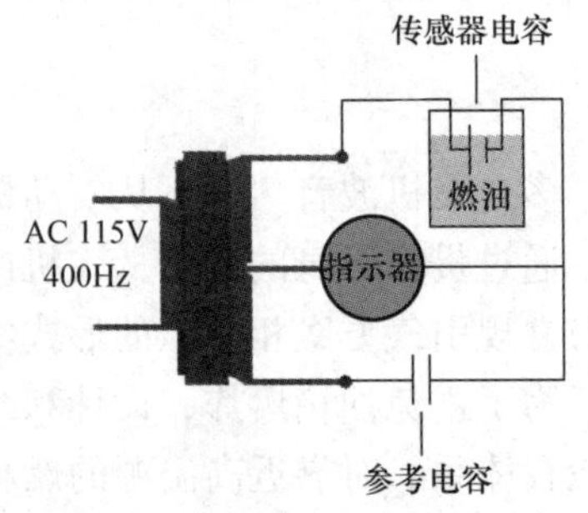

图 9-20　简易的油量传感器桥接示意图

对于有多个燃油箱的飞机，燃油指示系统会搜集所有油箱的传感器电容值，累加得出总量，总量在驾驶舱燃油管理面板显示，或是提供给飞行管理系统，用来计算飞机飞达目的地的最佳速度，预计燃油剩余量等信息。

在飞机运行过程中，当某个主供油箱内的燃油油面低于一定值时。燃油管理面板上的低油面告警灯就会被点亮，如图9-21所示，提醒飞行员供油油箱内燃油不足，飞行员应将其他油箱的燃油转输过来或尽快着陆。相应的也有高油面告警灯，用于加油时提醒飞行员，油箱要加满了。高油面/低油面传感器通常安装在油量传感器的上端和下端，它们一般采用热敏电阻式。

热敏电阻器是一种电阻值随温度变化而显著变化的半导体电阻器。低油面传感器一般使用负温度系数的热敏电阻，当热敏电阻浸入在燃油中时，热敏电阻通过燃油散热而温度较低，其电阻值大，所以电路中电流小，告警灯不亮。当液面下降低于热敏电阻下端时，热敏电阻露出油面，空气散热慢而温度升高，电阻值减小。电路中电流增大，告警灯点亮。高油面传感器同理。

2. 燃油压力指示

燃油压力指示可以给飞行员提供燃油系统早期故障告警。一些小型活塞式飞机直接采用布顿管式压力表显示，该表通过管路直接连接到燃油系统上。稍微复杂的飞机使用安装在燃油管路上的压力传感器采集压力信号，传递到驾驶舱压力表上，如图9-22所示。

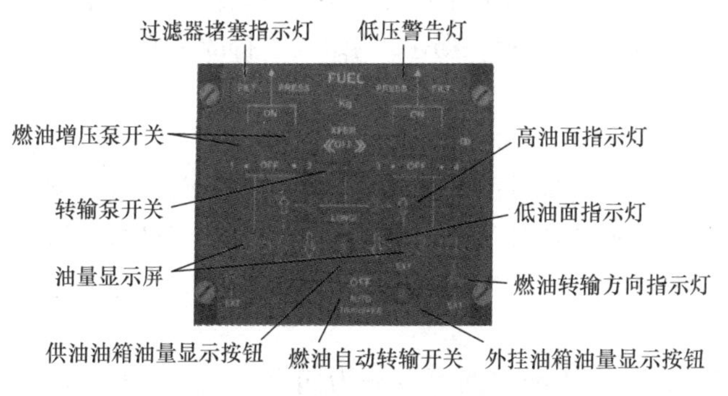

图9-21 某型飞机上的燃油管理面板

图9-22 传统燃油压力表

现代飞机通常将传感器采集到的压力信号转化成数字信号，再显示在驾驶舱的多功能显示屏上，如图9-23所示。

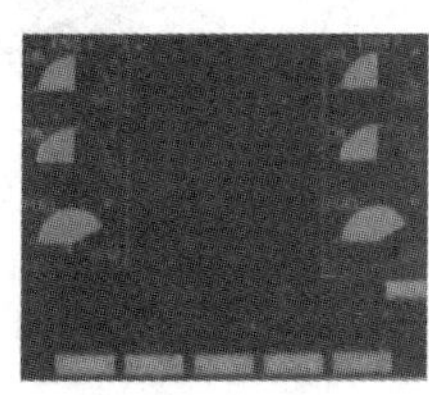

图9-23 现代飞机多功能显示屏上的燃油压力指示

3. 压力告警指示

燃油压力告警是一个很重要的告警信号，当燃油系统的压力超出正常范围时，该信号就被激活。

飞机上常用的压力告警有低压告警和压差告警（过滤器堵塞告警）。

（1）低压告警 飞机上常使用压力开关来感受低压告警，当燃油管路上的压力低于设定值时，开关内部耦合，驾驶舱内的低压告警灯被点亮。低压告警压力开关工作原理如图9-24所示。

(2) 压差告警　压差告警一般用于过滤器堵塞指示。当主燃油过滤器内外压差超过设定值时，驾驶舱内的过滤器堵塞告警灯被点亮，指示灯如图9-21所示。

4. 燃油管理指示灯

在驾驶舱燃油控制面板上有一些带箭头的绿色指示灯，用来指示燃油传输方向。当油箱间的转输燃油开关被打开时，灯通常会亮，但这并不表明转输泵正常工作，只是指示了燃油的传输方向，如图9-21所示。

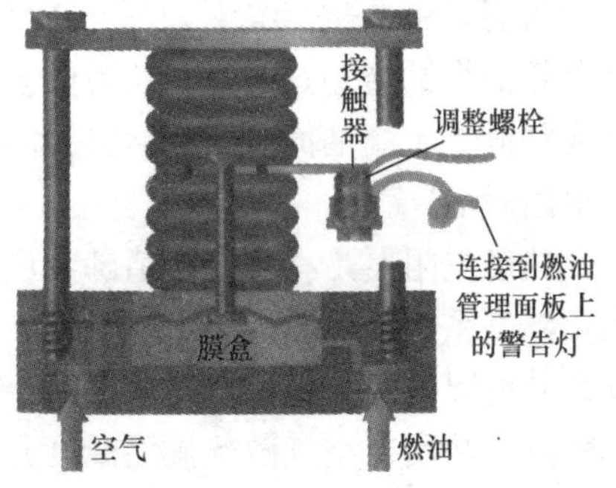

图9-24　低压告警压力开关工作原理

9.6　燃油控制电气设备的使用和维护

要想顺利地对燃油系统进行排故，首先要熟悉燃油系统的构造及如何运行。飞机生产厂家编写的维修手册和图表也会帮助维修人员排故，有的厂家还专门编写了排故手册。

9.6.1　燃油系统的渗漏

燃油系统的渗漏常出现在部件与部件、管路与部件间的连接处，偶尔也有部件或管路本身发生渗漏的情况。系统渗漏时一般会留下痕迹或燃油气味。航空汽油中添加了染料，所以它的渗漏更容易被发现，而航空煤油则稍微困难。

1. 渗漏等级

依据30min渗漏燃油沾湿表面区域的大小，燃油渗漏可以分为四个等级，即微渗、渗漏、严重渗漏和流淌渗漏，如图9-25所示。

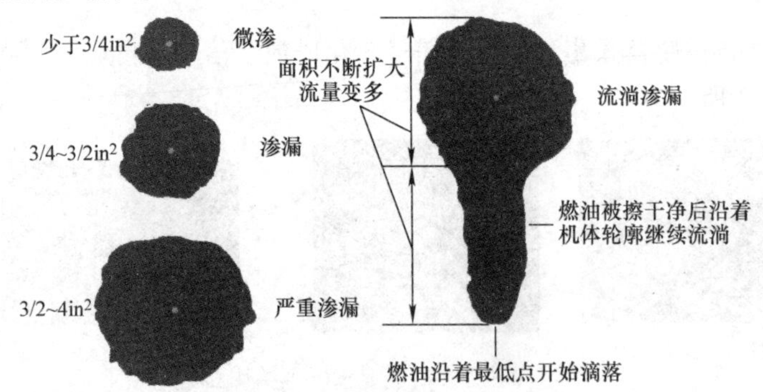

图9-25　燃油渗漏的四个等级及标准

2. 维修方法

对于结合处渗漏的情况，常采用更换密封圈、密封垫片的方法。对于部件本身渗漏的情况，则是直接更换部件。此外，在拆装或更换燃油系统上的部件时。更换时，必须用新密封圈和新密封垫片，不要使用旧的。安装密封圈和密封垫片前，要保证其件号正确且未过保质期。

9.6.2　油箱修理

飞机上通常使用的油箱是软油箱，软油箱如果发生渗漏是可以修理的。

常用肥皂液涂抹外部，然后内部充气的方法来查找渗漏点，找到渗漏点后，采用打补丁的方法修补。

9.6.3　维修时注意事项

对燃油系统进行维修时，维修人员必须高度警惕，防火防爆。燃油火灾发生有 3 个因素：燃油蒸汽、空气和火源。

1）火源是较容易控制的因素，所以工作区域必须禁止任何火源，维修人员必须着防空静电服，不能穿底部带金属的硬底鞋，不允许带手机，要使用安全手电，工具也应防静电。对燃油系统进行维修时，飞机必须拖到通风的场地。因为油箱内充满了燃油蒸汽，所以进入油箱前必需通风一段时间，进入人员要穿戴带防毒面具的衣服。

2）在维修点附近须有维修人员手持二氧化碳灭火器警戒。

3）化学干粉灭火器也可以用于燃油起火后的灭火，但灭火结束后需要清理干净干粉残渣。

励志篇

先进的空中指挥机——空警－2000

空警－2000 是我国自主研制的大型、全天候、多传感器空中预警与指挥控制飞机，主要用于空中巡逻警戒、监视、识别、跟踪空中和海上目标，指挥引导中方战机和地面防空武器系统作战等任务，也能配合陆海军协同作战。

空警－2000 的基本功能是空中预警。其装备的有源相控阵三坐标雷达，采用固定碟形天线。它以电子扫描的方式进行目标探测，较传统的旋转扫描雷达，可对目标实施不间断跟踪，跟踪速度快，准确率高。天线阵列上的独立发射和接收模块，可完成多目标搜索、监视、跟踪，并能实施地图测绘。该型的探测雷达为固定三片设计，呈三角构型安装，能够 360°全方位扫描覆盖，特别擅长于探测速度较高的空中或海上目标。作为空中机动指挥平台，空警－2000 能在较大的范围内全面掌握空中态势，进行战场监控，综合、处理、分析、研判各种信息，及时为各级指挥员和各种作战兵力提供态势判断，并负责将己方作战力量及时引导至有利的战术位置，以创造先敌发现、先敌攻击的条件。特别是在中、远距空战中，预警机的实时情况通报和准确指挥引导，对己方作战力量及时发现目标、连续跟踪目标、正确战术机动、集中优势火力，具有关键作用。

空警－2000 的成功研制和部署使用，不仅使我国在武器装备体系功能上弥补了空中预警探测的空白，而且在防空作战指挥上也实现了从“平面”到“立体”的跨越。这对于我国防空由“立足境内”转向“立足境外”，具有划时代意义。

复习思考题

1. 简述燃油测量的几种方法并分析其特点。
2. 试分析影响飞机油量测量精度的各种因素。
3. 采用带微处理器的油量测量系统有哪些优点？
4. 油箱中燃料的容积随温度而变化，温度变化时燃料的质量和容积是怎样变化的？
5. 查阅最新油量测量的新方法资料，总结油量测量的发展趋势。
6. 为什么油箱要惰性化？

参 考 文 献

[1] 钱正在，钱坤. 军事航空航天技术概论［M］. 北京：国防工业出版社，2014.

[2] 马文来，术守喜. 民航飞机电子电气系统与仪表［M］. 北京：北京航空航天大学出版社，2015.

[3] 周洁敏，陶思钰. 飞机电气系统［M］. 2 版. 北京：科学出版社，2017.

[4] 魏建，陈振坤. 飞机系统［M］. 北京：清华大学出版社，2016.

[5] 宋静波，李佳丽. 波音 737NG 飞机系统［M］. 北京：航空工业出版社，2017.